国外城市规划与设计理论译丛

城市建筑学

[意] 阿尔多·罗西　著
　　 黄士钧　　　　译
　　 刘先觉　　　　校

中国建筑工业出版社

著作权合同登记图字：01-2003-3943 号

图书在版编目(CIP)数据

城市建筑学/(意)罗西著；黄士钧译. —北京：中国建筑工业出版社，2006（2023.8重印）
(国外城市规划与设计理论译丛)
ISBN 978-7-112-08398-5

Ⅰ. 城...　Ⅱ.①罗...②黄...　Ⅲ.城市建筑—建筑设计—研究　Ⅳ.TU984

中国版本图书馆 CIP 数据核字(2006)第 060693 号

L'architettura della citta (The Architecture of the City)/Aldo Rossi

Copyright © 1982 UTET Libreria
Chinese Translation Copyright © 2006 China Architecture & Building Press

本书经意大利 UTET Libreria 授权翻译出版

丛书策划：王伯扬　张惠珍　黄居正　徐　纺　董苏华
责任编辑：戚琳琳　徐　纺　董苏华
责任设计：郑秋菊
责任校对：张树梅　王金珠

国外城市规划与设计理论译丛

城市建筑学
[意] 阿尔多·罗西·著
　　黄士钧　　　译
　　刘先觉　　　校
*
中国建筑工业出版社出版、发行（北京海淀三里河路9号）
各地新华书店、建筑书店经销
北京嘉泰利德公司制版
廊坊市海涛印刷有限公司印刷
*
开本：787×1092毫米　1/16　印张：14　字数：400千字
2006年9月第一版　2023年8月第十三次印刷
定价：58.00元
ISBN 978-7-112-08398-5
　　（30174）

目　录

城 市 建 筑 学

The Architecture of the City

1a

1b

图 1a
建于公元135—139年的哈德良陵墓的平面图。该陵墓后来变为圣安基洛城堡

图 1b
1611年雷利（Dom Nicolas de Rély）根据亚眠主教堂的铺地图案绘制的迷宫图。这个图案于1288年完成，以"狄德勒斯之屋"（House of Daedalus）而闻名

英文版前言

在意大利的建筑历史中，很早就有建筑师兼理论家的传统。从文艺复兴到19世纪，系统的论著已经成为某些建筑师陈述自己观点的特有方式。在维特鲁威（Vitruvius）写作模式的基础上，阿尔伯蒂（Alberti）创立了文艺复兴的写作模式。塞利奥（Serlio）和帕拉第奥（Palladio）又发展了这种模式。塞利奥的一系列著作如同一部建筑手册，从古代建筑一直写到对未来建筑的构想。与他本人那些已经完工的质朴作品相比，书中那些未被建造的设计方案更为重要。这些方案已经超出了本身作为设计作品的意义，因为它们被开始用来阐述许多建筑类型。这种写作模式后来为帕拉第奥所借鉴。在临终的前10年，帕拉第奥写下了有点儿像其生平简历的《建筑四书》。在书中，他重新绘制了自己的设计方案和作品，以记录自己的思想观念和实际工作。无论是描绘古罗马的遗迹，还是重新绘制自己的设计方案，帕拉第奥都首先关注现有建筑原型中那些类型的起源、创新和变形。绘图和写作之间的这种相互关系因而成为建筑传统的一部分。

在意大利，这种传统一直延续到本世纪（指20世纪——编者注）。斯卡莫齐（Scamozzi）、米利齐亚（Milizia）和洛多利（Lodoli）等人的著作，更不用说最近帕加诺（Giuseppe Pagano）的论著和设计，自然都是这种传统的产物，罗西的《城市建筑学》一书也不例外。为了理解罗西的建筑，我们还有必要去研究他的著作和绘图。《城市建筑学》一书与以往的论著很不一样，因为它一方面和文艺复兴时期的论著一样，意在论述一种科学理论，另一方面又奇特地预示了罗西后来的作品。

建筑师撰写理论著作是意大利的传统，这篇前言的目的是向美国读者表明本书在此传统中以及在意大利60和70年代时期中的地位。本书由罗西的演讲稿和笔记组成，在1966年推出第一版；在那个学生们心怀不满的创伤年代中，它对城市的现代建筑运动进行了论战性的批判。意文第二版连同新写的绪论于1970年出版。以后，此书被译为西班牙文、德文和葡萄牙文。1978年问世的意文第四版新增了图例。现我们以英文版的形式，重新发表这部著作以及在其出版历史过程中出现的所有补充材料，目的是为了使人们认识此书产生和不断发展的特定文化背景；所有这些材料都是本书历史的一部分。采用这种方法，本书就能独特且平行地记录罗西在过去15年中，在绘图和其他论著中所发展的那些思想。本书因此也是一个"类比作品"。

英文版并没有对原文进行逐字翻译，而是对之做了审慎的修改，以便在保留原文风格和特点的同时，又不为其中那些过度修饰和重复的段落所拖累。意文中那些颇具学术味的表达方式有时在英文中显得造作。在这种情况下，我们宁可选择了行文的明确性和简洁性。

在后面的序言中，我从某些方面对本书以及它所预示的罗西进行了讨论。序言因此有点像关于罗西思想的类比文章。同罗西的类比绘图和可以被视为类比工具的写作一样，序言试图消除和摆脱罗西思想演变的时间和空间局限。我研读了罗西后来写的著作，其中包括《科学的自传》一书；我也与他进行了多次私下交谈；根据罗西的论著和这些交谈，我写成了后面的序言。同《城市建筑学》一书意文第四版一样，本书汇总了其出版史中的所有具有独自记忆的文章，从而同样甚至在更大程度上成为一个"集合"的作品。我的序言力图加入到这个记忆的行列之中，成为一种类比的类比，以创造出另一个具有自身历史和记忆的作品。我试图运用这种方法来揭示贯穿于罗西绘图和论著中的那股来回冲击的类比激流。

彼得·埃森曼
（Peter Eisenman）

英文版编者序言

记忆的住所：类比的论题

……当充满活力和意义的内容处于中性状态时，结构的形象和设计就显得更加清晰，这有点儿像在自然或人为灾害的破坏下，城市的建筑遭到遗弃且只剩下骨架一样。人们并不会轻易地忘记这种再也无人居住的城市，因为其中所萦绕的意义和文化使她免于回归自然……

——雅克·德里达（Jacques Derrida）

《写作与差异》（*Writing and Difference*）

《城市建筑学》一书（意文第四版）封面上的图像以其浓缩的形式，不仅总结了罗西建筑的矛盾属性，而且概括了图像与书中城市思想之间关系的内在问题。这个螺旋形的图像就是罗马圣安基洛城堡中的哈德良陵墓的平面图。螺旋形与迷宫的形式相联系，而在古代神话中，迷宫出自狄德勒斯（Daedlus）之手。在神话传说中，狄德勒斯是惟一的一位建筑师，他被认为是许多"奇妙"建筑作品的设计者；他已成为历史中人文主义建筑师的杰出象征。因此，狄德勒斯所创造的迷宫可以看作是人文主义建筑的标记。然而，这并不是螺旋形所具有的惟一的意义。作为逐步展现的通道或路径，它还可以被认为是具有心理学意义的图形，象征了一种转变的过程。所以，我们必须从两方面来理解这个螺旋形：一方面，作为陵墓，它是死亡场所的象征，也是人文主义场所的象征，尽管罗西本人并没有意识到后面这一点；另一方面，作为迷宫，它代表了一种转变的场所。

对罗西本人来说，螺旋形还有更深一层的含义：它象征了罗西自己的行进方式，即他作为同代人的一分子所扮演的角色：用脱离历史时间的办法来逐渐远离现代主义的实证主义的立场，任凭自己飘入变化无常的现实之中。虽然，《城市建筑学》从许多方面批判了现代建筑运动，但书中却表现出对现代建筑的一种矛盾心理。罗西对现代建筑运动的普遍思想和现代建筑特定理想的失败同样地将信将疑。因此，他在对现代建筑所深切关注问题的赞同中，也折射出对现代建筑的忧虑。毕竟正是现代建筑运动才把城市作为建筑的中心问题之一来加以强调的。在现代主义之前，城市被认为是通过模仿自然法则这种过程在时间中演变发展的。而现代建筑运动的辩护者们则认为，这种自然的时间已经耗尽，其地位已由历史决定的时间所取代。

在20世纪初期的建筑师们看来，在城市的历史和自然演变中进行恰当的干预无疑是合适的。在已经取代了自然演变模式的巨大社会道德力量和技术需要的支持下，这些建筑师力图从"纯净的堡垒"中，对19世纪的城市这座邪恶的堡垒发起猛烈的攻击。他们认为，此举的厉害关系似乎比以往更加重大。在现代运动的这种英雄主义气氛中，特定的历史条件逐步推动了被认为是产生于历史裂缝之中的现代城市的发展，使它朝着纯净的理想目标迈进。

然而，现代建筑的理想既没能取代19世纪的城市，也没能减轻城市在第二次世界大战中因轰炸而遭受的破坏。这种失败成为于60年代初期成熟起来的那代建筑师们所面临的主要情形。他们的醒悟和忧虑同现代建筑未能实现其抱负（即成为纯净的城堡）的失败，同他们自身的失落感以及不可回归性有着直接的联系；他们的情绪因现代建筑的失败及其所造成的状况而直接与现代建筑运动的英雄倡导者们针锋相对。因为罗西这一代人已不再可能成为英雄人物和理想主义者：产生这些记忆和幻想的可能性已经永远不存在了。同其他任何一代人都不相同，这一代人不得不以这种失落感来接替那种期望之感。玩世不恭和悲观主义填塞了由失望所造成的心灵空白。

类比的论题

让我们……假设，罗马不是一个人类居所，而是一个具有与之相当的悠久和丰富历史的精神产物。在此产物中，物体一旦出现就不再消失，以往的所有发展阶段一直与最新的发展阶段并肩相存……我们只有通过不同空间的并置，才能表示出空间意义上的历史顺序，因为同一个空间不可能具有两种不同的内容……这种不同表明了我们在用形象来表现精神生活特征方面所存在的距离。

——西格蒙德·弗洛伊德（Sigmund Freud）
《文明及其不满》（Civilization and Its Discontents）

《城市建筑学》一书连同罗西其他所有的研究所力图建造的堡垒与现代建筑运动所构筑的不同。这种堡垒是一些人为自己修建的一个精细构架，他们不再会登上其阶梯去充当英雄。他们根据自己的理解，用这个构架提出了另一种建筑、另一种建筑师以及最为重要的另一种过程，从而努力摆脱人文主义关于主客体之间关系的传统观念以及现代主义关于此种关系的最新观念。现代建筑从来就没有体现过现代主义有关主体的新见解；在这个意义上，现代建筑可以认为仅仅是19世纪功能主义的延伸。罗西所创立的新学说始于对现代主义城市的批判，并在此基础上提出另一种客体。

本书书名中的建筑表示了另一种客体，我们可以从以下两个方面来理解：它既是实际城市中可以考证的基本资料，同时又是一种自主的结构。然而，这些资料的收集和运用不是通过现代主义城市的倡导者们所采用的那种缩减式的科学方法，而是通过由城市地理学、经济学，以及尤其是历史学所提供的更为复杂的理性主义方法。自主结构的自主性也不完全是现代主义那种建筑自身领域的自主性，而是存在于建筑的特定过程和建成实体中。

城市这种既是基本资料即考古研究的实体又是自主结构的双重概念，不仅把新的城市描述为一个客体，而且也许在无意中重新定义了建筑师这个主体。后面这点更为重要。与16世纪时期的人文主义建筑师和20世纪时期的功能主义建筑师形成对比的是，罗西眼中的建筑师似乎是非英雄的自主研究者，就像同时期的精神分析学家一样，与分析对象保持一定距离并且不再相信科学和进步。不过，这种把建筑师重新定义为中性主体的观点无疑是有问题的。

人文主义的概念追求主体和客体的统一，而现代主义则试图分开两者。不过，与现代主义理论相关的现代建筑实践却恰恰没有能够实现主体与客体的分离，因而与人文主义概念中的规则相混淆。虽然，罗西凭直觉认识到了这个问题，但他却无法面对现代主义尚未实现的计划所造成的结局。因此，他的新理论强调一种媒介元素：工作的过程。如果主体和客体都要彼此独立，那么原被认为是中性的过程现在就应具有存于主体和客体本身之中的那些力量。在这个有关过程的新概念中，罗西重新引入了历史学和类型学的基本原理，但这种引用并不是要留恋往事或是运用缩减式的科学方法。相反，历史被类比为一个度量时间而且又被时间所度量的"构架"。正是在这个构架中，城市中已经发生和将要发生的事情都留下了各自的印记。在罗西看来，建筑的历史就在建筑的实体之中，正是这种实体构成了城市这个分析客体。另外，类型学是一种工具，即一种度量时间的"仪器"，这个借用之词后来出现在罗西的《科学的自传》一书中；它力图既逻辑又科学。这种构架和度量仪器成为过程，并最终成了自主研究者的探讨对象。作为研究组成部分的历史和类型允许自身发生"事先设定但却无法预见"的转变。

罗西的《科学的自传》一书中也出现了这个构架，它是这种城市概念的特别有用的类比物。构架把城市和历史联结起来。这种历史纯粹是关于以往知识的一部历史，而不带有决定未来的历史需求。罗西认为，历史决定论这个现代主义者对历史的评论阻碍了创造。历史决定论研究原因和需要，而历史学则强调结果和事实。因此，上述的构架为罗西理解城市提供了一个类比物，它既是结构又是遗迹，既是事件又是时间的记录，因而它所记载的是事实而不是原因。但这些并不是构架仅有的性质，因为它还是一个可以用来研究自身结构的物体。这个结构由两个方面组成：一是本身的抽象意义，二是单体部分的明确性质。其中后者具有特别重要的意义，因为对罗西来说，仅仅研究结构即构架的脊椎未免过于笼统。任何总体构架都像筛眼一样，总是让最重要的部分通过，这个部分在此是指城市中最独特和使城市具有特性的那些元素。

构架也许可以在某种程度上被比作城市布局，它既是由各个部分组成的总体结构，同时本身也是一个实在的建筑体：集合建筑体。我们可以通过这种集合建筑体的性质，来理解罗西所做的比喻：城市是一间巨大的房屋，是单体住房的宏观世界。我们在后面将会看到，在比喻中，尺度的融解至关重要。城市这个巨型房屋是通过一种双重过程产生的：一个是生产过程，人们在此过程中，用双手创造了城市这个产品；另一个是时间过程，它最终产生了自主的建筑体。第一个过程的时间只是制造的时间，它没有之前和以后之分；它与产生的物体有关，这个物体对人来说并没有广延或不确定的历史。第二个过程不仅以其独特性同集合性相对，而且还因自身的理由和动机取代了人的作用，因而它本身的自主形式因不受人们的主观支配而与其功能无关。

我们可以在罗西的经久性概念中看到这个时间过程。这个过程以不同的方式影响着城市中的集合和单个的建筑体。住房和纪念物是城市中两个主要的经久实体。罗西把前者分为集合意义上的住房和单体的住房。集合意义上的住房是城市中的经久实体，而单体住房则不是；因此，城市中的某一居住区也许可以延续许多世纪，而其中的单体住房则易于发生变化。与单体住房形成对照，纪念物是城市中持续存在的单个建筑实体。纪念物是城市中的首要元素，是特有且经久的城市建筑体。纪念物与集合意义上的住房这另一种首要元素有着不同的特性：前者在本质上具有象征功能，因而与时间有关，而后者则只与普通使用功能相联系。

作为城市中的经久和首要元素，纪念物与城市发展之间的关系是辩证的，这种经久和发展的辩证关系是罗西构架中城市的时间特征。这种关系表明，城市不仅有之前和以后之分，而且它们彼此之间相互联系。罗西把首要元素定义为"城市中那些既可阻碍也能加速城市化过程的元素。"这些元素因此具有催化剂的作用。罗西认为，阻碍城市化过程的纪念物是"变态的"，格拉纳达的阿尔罕布拉宫（Alhambra in Granada）就是一个例子，它现为城市中的博物馆。在罗西的构架城市中，这样一座博物馆如同一具木乃伊：只在外表上给人一种活着的印象。

以干枯形象出现在城市中的这些保留或变态的经久建筑，通常易于把其自身的经久特征归结为它们在特定环境中所处的位置。罗西认为，正是在这个意义上，当代"文脉主义论者"的伪自然主义城市观与发展着的时间概念相对立。在罗西看来，真正的时间会侵蚀和取代具有明确范围且深为人们熟知的特定城市环境的形象。在本书意文第一版问世15年后，城市文脉主义的观点已在城市思想中占据了统治地位；从这种观点的最新发展来看，文脉仅仅成了图底布局的相互关系，而罗西的理论可以认为是对这种"空洞形式"的文脉观点预先提出的批判。

当然，城市中的经久建筑物并不都是"变态的"，它们有时具有"推进的"作用。这些建筑物把"过去"带入"现在"，从而使人们"现在"仍然能够体验到"过去"。像阿尔勒的剧场（Theaterat Arles）或帕多瓦的拉吉翁府邸（the Palazzo della Ragione in Padua）这类的建筑物，就容易与城市化过程同步；它们长期存在的原因并不仅仅是其初始或先前的功能，也不是文脉，而恰恰是它们自身的形式，这种形式能够容纳因时间变化而产生的不同功能。在此，罗西的城市构架的类比性表现得相当明确：起有推进作用的经久建筑物，就像一个已不存活且失去初始功能但形式却保存完好的构架一样，持续地记载着时间。这个论点包含了罗西的独特场所和地方概念，它批判了"幼稚的功能主义"。

场所是由单体建筑物组成的，就像经久的物体一样，不仅是由空间、时间、地形和形式来决定的，而且更重要的是由其作为古代和现在在事件连续出现的地点来决定的。对罗西来说，城市是上演人类事件的剧场。这个剧场不再只是一种象征，而是一种实在。城市凝聚了事件和情感，每一次新事件都包含了历史的记忆和未来的潜在记忆。场所因此是可以容纳一系列事件的地点，它本身也同时构成了事件。从这个意义上看，它是一个独有和特殊的地方，人们可以从表明这些事件发生的标记上，看到这种独特性。在这种独特场所的概念中，也包括了特定地点与其中建筑物之间的那种既特殊又普遍的关系。建筑物也许是发生在特定地点中那些事件的标记；地点、事件和标记之间的这种三重关系构成了城市建筑体的特征。因此，场所可以认为是能够留下建筑或形式印记的地方。建筑给予了场所独特的形式，而场所正是在这个特定的形式中历经许多变化（尤其是功能的转变）而延续下来。罗西引用了现南斯拉夫的斯普利特城（Split in Yugoslavia）的例子，他写道："在戴克里先宫（Diocletian's Palace）围墙内发展起来的斯普利特城赋予不变的建筑形式以新的用途和意义。这就是城市建筑意义的象征，其中那极为明确的形式与容纳多种功能的最大适应性相一致。"

这种一致的关系表示了历史不同的范围。只要物体还在使用，就有历史存在。这就是说，只要物体的形式与其初始的功能还有联系，历史就会存在下去。但是，当形式与功能相分离而且只有形式保有活力时，历史便转入到记忆的王国之中。历史的结束就是记忆的开始。斯普利特城的独特形式在今天不仅展现了自身的个性，而且也同时是一个标记，记下了作为集合记忆即城市记忆一部分的那些事件。人们是通过事件的集合记忆，场所的独特性以及表现在形式中的场所标记之间的相互关系来了解历史的。

我们因此可以说，城市留下形式印记的过程就是城市的历史，而事件连续则构成了城市的记忆。"城市的灵魂"这个罗西从法国城市地理学研究中借用的思想存在于城市历史之中；这个灵魂一旦被赋予形式，便成为场所的标记，而记忆则是理解场所结构的向导。古代那种年代顺序意义上的时间和现代那种历史决定意义上的时间如果一旦和记忆而不是历史联系在一起，就具有心理学的意义。

建筑的新时间因此就是记忆的新时间，它取代了历史。人们第一次在集合记忆的心理学构架中来理解单体建筑物。作为集合记忆的时间使罗西产生了类型概念的转变。随着记忆的引入，物体既表现了自身，又带有以往自身的记忆。类型不再是历史中的中性结构，而是可以成为作用于历史构架的一种分析和实验的结构，一种度量的仪器。如上所述，这个力图成为科学和逻辑的仪器不是简化的，它使被考察的城市元素总有一种初始和真实的意义，尽管这种意义在类型上是事先注定的，但却常常无法预见。因此，这种意义的逻辑先于形式而存在，同时又以新的方式产生了形式。

我们因而可以认为，用于度量客体的仪器本身就在客体之中。这使我们又回到了构架的类比物上：它既是工具，同时又是客体。这种认识产生了新的客体即仪器，这个与主体相对的客体第一次被用于分析和创造。这就是介于建筑师和建筑物之间的另一种过程。以往建筑中的创新一般不是通过客体产生的；在设计过程中，类型学从来不被认为具有一种活力。而罗西从类型学中发现了创造的潜力，因为类型现在既是过程，同时又是客体。作为过程，类型包含了在自身中体现形式的综合特征。一些类型元素因在时间中的改变而激发了创新，同时记忆对类型的影响也使得新的设计过程成为可能。与历史融为一体的记忆所赋予类型形式的意义，超出了初始功能给予形式的意义。原先仅仅是对已知事物进行分类的类型学在此成了创新的催化剂和自主研究者的设计要素。

历史因物体的形式不再包含其初始功能而结束，类型因而从历史领域进入记忆天地。这个思想使罗西提出了内在的类比设计过程的概念。类比是罗西最为重要的设计工具。在他看来，类比在写作和绘图中同样有用。正是在这个意义上，此书本身可以认为是一类比的产品，即与建筑和绘图作品相当的写作类比作品。写作类比物和绘图类比物一样，与场所和记忆有着密切的关系。然而，这种类比物与城市构架不同，它从具体的地点和时间分离出来，成为纯类型或纯建筑上的时间场所中的抽象场所。这样，罗西用从历史中移植类型来联系场所和记忆的方法，试图抹去历史并且超越实际的场所，从而调解现代主义幻想与人文主义现实之间关于场所的矛盾，即前者的在实际意义上并"不存在的场所"和后者的"已建的某种场所"。

类比时间同时关注历史和记忆，它包含并折叠了自然时间（事件发生的时间）和氛围时间（地点的时间）：地点和事件，即独特的地方加上时间场所。类比场所因此是从实际城市中抽象而来的，它连接类型形式和特定场所，从而取消、重组和转变了真正的时间和场所。这种场所也是"不存在的场所"，但它却与现代主义所幻想的那种不同，其差别正是在于前者根植于历史和记忆之中。在类比过程中，由时间和场所明确界线的消失所产生的逻辑等同于记忆之中的记住和忘却之间的逻辑。

类比城市意在改变实际的城市，其中的构架成为城市中特定时间和场所的形式和量具；而类比设计过程则以基于记忆之上的心理学现实取代了城市中的特定时间和场所。构架是嵌入人文主义和现代主义背景之中的有形和分析客体，它是可以证实的考古实体，而记忆和类比却把建筑过程带入心理王国，同时转变着主体和客体。类比过程如被运用到城市的实际情况中，就会产生一种侵蚀的作用。

罗西研究中的类比物具有一种破坏作用，它包括了两种转变：场所的错位和尺度的融解。在前者中，类型上的创新取代了构架中的逻辑场所。罗西以卡纳莱托（Canaletto）一幅绘有帕拉第奥三个设计作品的画为例：在画中，作品所在的不同场所被折叠成一个场所。在后一种转变中，尺度的融解使单体建筑物可以与城市的整体进行类比。罗西在例举斯普利特城中的戴克里先宫时，清楚地表明了这一点："从宫殿的类型形式中可以看到整个城市。因此，单体建筑的设计可以通过与城市的类比来进行。"这种类比设计更重要地表明，城市的设计潜藏在单体建筑物之中。罗西认为，城市的规模并不重要，因为其意义和质量并不取决于规模，而是取决于城市的实际建设和单体建筑物。正是时间将不同规模和环境中的事物连接起来。这种时间场所的连续性与现代建筑运动所声称的现代工业城市和人文主义历史城市之间的不连续性相互对立。

罗西对城市环境中尺度意义的否定直接抨击了20世纪中的大多数城市化观念。但这种否定恰恰在此方面是有问题的。因为类比过程中尺度融解的想法似乎回到了由阿尔伯蒂首先提出的人文主义的观念上，他在有关房屋与城市的相互隐喻中指出："城市就像一座大的房屋，而房子也像一座小城市。"通过类比，罗西试图提出另一种城市模式，它与这种15世纪时期所特有的视城市为和谐宏观世界的城市模式合为一体。罗西认为，他提出的模式反映了城市的巨大的集合房屋与单体的特定房屋即城市建筑物之间的辩证关系。只要这种关系是建筑所内在因而是自主的，作为客体的城市就与人们相分离。它就像一个真正现代主义的客体一样，影响和参照自身并获得意识和记忆。然而，一旦这种客体是建立在单体住房的隐喻概念基础之上的，它就再次回到了阿尔伯蒂式的人文主义关系和15世纪的客体概念之上。罗西从来没有在其研究中克服这种矛盾心理。因为尽管在这种潜在的新启蒙运动的立场中含有人文主义的思想，但总有一种占压倒地位的悲观主义情绪削弱了这种立场。用罗西自己的话来说，就是"属于每个人的时间都是有限的，因此未来就应当是现在。"

如上所说，类比同时考虑了记忆和历史。它融合了"个体和整体文明的历史"，融合个人和集体。在罗西的论述中，所有社会生活的重要事件和伟大的艺术作品都产生于一种无意识的生活。这个观点也许无意中使他面临第二个矛盾。从心理学方面来看，城市这个社会实体是一种集体无意识的产品，与此同时，城市作为许多有形建筑物的构成体，又是很多个人的产品。因此，城市既是集体的产品，又是为集体而创造的作品。在此，集合的主体是一个重要的概念。这使我们回想起罗西关于场所的概念：独特的场所限定了客体的属性，而集合的市民则框定了主体的性质。单个客体与集合主体之间的矛盾进一步背离了罗西的新人文主义立场。尽管罗西对个人统治历史的权力持悲观态度，但他仍然视城市为"人类的杰出成就"。

罗西的研究最终并没有提出20世纪的城市模式，也没有阐明与集合心理主体相对应的城市客体。他也最终没能说明心理环境的存在，因而减弱了提出心理学模式的必要性。文艺复兴时期单个主体（个人）和单个客体（房屋）之间的关系，现在成了集合心理的主体（现代城市中的人们）和单个客体（被视为不同尺度房屋的城市）之间的关系。这两种相同的关系表明，一切都没有发生变化：体现人文主义思想的城市和注重心理尺度的城市是同样的场所。罗西的心理学主体即自主的研究者仍然继续在城市的集合房屋中寻找自己的位置。

记忆的住所

城市实际上是生存与死亡的大本营，其中有许多元素就像标记、符号和警示一样。当节假日结束时，建筑上便留下伤疤，砂土又重新占据了街道。除了固执地重新进行修建以期待另一次节假日之外，什么都没剩下。

——阿尔多·罗西
《科学的自传》（A Scientific Autobiography）

罗西认为，欧洲的城市已成为死亡的住所。它的历史和功能已经结束；它已抹去早期单个住房的特有记忆而成为一种集合记忆的场所。作为一个巨大或集合的住所，城市所具有的心理现实是由其作为幻想和错觉的场所而引起的，这与生和死的转换状态相类同。在罗西看来，写作和绘图都是一种努力，它们可以探索城市这个巨大的记忆住所，探索在带有幻想和希望的孩提时代的建筑与错觉和死亡住所之间的所有那些特定的居住场所。

罗西幼年时期出现的中产阶级的住房虽然富于幻想，但却否定了类型的秩序。《城市建筑学》一书试图通过类型这个仪器，向人们展示这样一种城市：虽有历史，但记忆可以构想和重建富于幻想的未来时间。这种记忆是通过类型仪器即类比设计过程的创新潜能而发生作用的。罗西绘制的"类比城市"可以认为是《城市建筑学》这本书的直接产物。类比绘图体现了绘画作品的变化，它以其自身历史的记录而存在。因此，罗西有关城市的绘图具有其自身的历史形式，它们成为城市的一部分，而不仅仅是在描绘城市。这些绘画具有一种真实性，即幻觉的现实。这种现实也许又会体现在具体的建筑物之中。

建筑绘图原先被认为纯粹是一种表现的形式，而现在则成为另一种现实的场所。它不仅是传统意义上的那种幻觉场所，而且也是生命和死亡都已静止的真正场所。这种现实既不是向前的时间即进步，也不是过去的时间即怀旧，因为作为一个自主的客体，它不应当具有历史决定论中的那种进步和倒退的力量。建筑绘图因不是写实的表现而成为建筑艺术，一种死亡的集合概念的场所，并且通过自身的自主创新，成为新的形而上学生活的场所，其中的死亡已不再是最终的结局，而只是一个转变的阶段。类比绘图接近这种与客体（城市）相关的主体（人）状况的改变。

罗西的类比绘图和他的类比写作一样，主要研究时间的问题。但与类比写作不同的是，这种绘图表现了两种时间的静止：一种是过程时间的中止，即所绘物体虽向前运动但尚未达到建成状态；另一种是氛围时间的中止，即图中那些表示时钟停摆的阴影，以凝固不变的特征体现了这种新的生死平衡。类比绘图已不再通过光线的精确度量即影子长度的测定或事物的衰老程度来表现时间。相反，时间被表现为一种无限的过去，使事物回到永恒的童年和幻想之中，回到作者所疏远的童年自传形象和情感的永恒片断之中，而历史的记叙已不能有力地说明这些。罗西认为，这种个人对建筑的情感并不是伤感的。在他对时间的理解中，同样的逻辑也适用于城市：历史提供了传记的资料，而记忆则提供了自传的素材；就像在城市中一样，历史的结束就是记忆的开始。这里的时间包含了未来和过去的时间：一个是应当去做的，另一个是已经完成的。遗迹的形象刺激了这种无意识的记忆，从而将那些被抛弃和不完整的事物同新的开端联系起来。这再一次表明，逻辑的明显内在秩序是传记性的，而片断则是自传性的。通过这种辩证关系，我们现在把作为构架属性的遗弃和死亡视为某种转变过程的组成部分；死亡是新的开始，它与未知的希望相联系。

尽管罗西力图使《城市建筑学》一书具有"科学"研究城市的传统，但它却带有相当的个人见解。它是另一种类比过程的写作类比物，它无意地揭示了人与物体之间的新的潜在关系。它所期望的是集体无意识的心理主体即集体市民；同时，它也怀旧般地召唤单个的主体，即房屋的发明者：神秘的人文主义英雄建筑师。人文主义诗人的影子一直跟在自主研究者的身后。从个体向集合主体进行转变的可能性还悬而未决。类比城市这个客体开始再次含糊地把主体定义为复杂的、分离的和受到伤害的孤独生存者，而不是人文主义英雄或心理集体，这种主体呈现在历史的集合意愿前面，但却不抗拒它。

彼得·埃森曼（Peter Eisenman）

图 2
马萨诸塞州，南塔克特岛（Nantucket）的景象

英文版作者引言

在第一版发行以来的15年中，本书已用四种语言发行了很多版本，影响了年轻一代的欧洲建筑师。在意文第二版的引言中，我第一次提出了类比城市的概念，后来又在葡文版的引言中对其进行了一些阐述。从那以后，我就不想再加写什么了。如同一幅画、一座建筑物或是一部小说一样，一本书也成了集体的作品。尽管有了作者，但任何人都可以用自己的方式来修改它。图像是清楚的，就像亨利·詹姆斯（Henry James）的"毛毯中的图案"一样，但每人的看法却各不相同。詹姆斯设计的形象表明，明确的分析会使问题变得很清楚而无需进一步讨论。因此，在撰写此书时，我同以往一样，特别注意了书中的文体结构，因为只有十分清晰的理性体系，才能使人们正视非理性的问题，从而迫使人们通过惟一可行的理性方法去思考非理性的问题。

我认为，场所、纪念物和类型这些概念已经引起了一场广泛的讨论。这场讨论虽然有时为学院风气所阻碍，但有时却产生了重要的研究成果，引发了至今还远未得出结论的争论。出于年代上的考虑，我在修改此书时极为审慎，修改主要是对图例的调整和对翻译语言的阐明。

我特意为美国读者写上这个特别的引言。尽管我在年轻时，受到美国文化尤其是她的文学和电影的影响，但在这影响中，幻想的成分大于科学的成分。由于对美国语言了解不多，也缺乏在这个国家的直接经历，所以，我没有对美国进行研究。对我来说，美国的建筑、人们和事物还没有那么宝贵。更进一步认真地来看，我还不能用我的建筑即我的思想和作品来度量美国这个不可度量的实体，它既静止又变化，既清醒又疯狂。我认为，意大利学术界官方是不了解美国的，电影的导演和编剧比建筑师、批评家和学者更懂得这一点。

最近几年，我在美洲访问和工作期间，又想到了《城市建筑学》这本书。虽然，极为敏感的批评家们认为，这是一本允满矛盾的书，但我却发现，美洲大陆的城市和乡村有力地证实了书中的观点。也许有人会说，这是因为美洲大陆已经成为一个充满纪念物和传统的"古老"地方，或是因为在美洲，由不同部分组成的城市，成了历史和变化的实体；但更为重要的是，美洲大陆似乎就是根据本书的论点而建成的。

3

4

5

6

7

这是什么意思呢？

当先驱者们踏上这片广袤而陌生的疆土时，他们必须建造城市。这些城市仿效了以下两种模式中的一种：一种是方格网布局，如大多数拉美城市，纽约城和其他中心城市那样；另一种呈"主要街道"村落的结构，这种城市的形象在西部电影中已具有传奇性的色彩。在这两种模式中，都出现了欧洲中产阶级城市中的那些建筑：教堂，银行，学校，酒吧和市场。甚至美洲的住房建设也严格依照了欧洲住房的两种基本类型：拉美国家的带有栅栏和凉廊的西班牙式住宅和美国的英国式乡村住宅。

虽然，我可以举出很多这方面的例子，但我并不是研究美国建筑和城市历史的专家。因此，我宁愿停留在根源于历史的上述印象上面。普罗维登斯（Providence）的市场、类似加尔维斯顿（Galveston）的港市、南塔克特（Nantucket）岛中的许多市镇中，那些犹如船只片断的渔家白屋和与灯塔相呼应的教堂塔楼，所有这些似乎都是由原先存在但后来在具体环境中变形的元素建成的。这正如美国的大城市一样，得益于由石头、混凝土、砖块和玻璃构成的城市整体。也许世界上没有任何一个城市与纽约城相同。我曾认为，像纽约这样的纪念物似的城市是不存在的。

在现代建筑运动中，欧洲很少有人懂得这一点；但阿道夫·路斯（Adolf Loos）在《芝加哥论坛报》报馆新厦设计方案竞赛中却表现出这种认识。在许多欧洲人看来，那根多立克巨柱也许只是一个游戏，一种维也纳的嬉游曲，但此方案却在美国的构架中，将尺度的变形效果和"风格"的运用综合在一起。

美国城市景观的这种构架给人以深刻的印象，星期日走在华尔街上，就仿佛走进了塞利奥或其他文艺复兴理论家在透视图中所描绘的景色一般。欧洲经验的贡献和交织在此所产生的"类比城市"具有令人意想不到的意义，"风格"和"柱式"运用的意义也同样出人意料。这种意义与下面现代建筑史学家的典型观点全然不同：美国有全新的优秀建筑作品，这些作品可以通过指南手册来找到；一个必然具有"国际式风格"的美国，其中那些伟大艺术家的孤立杰作会被淹没在平庸和商人建筑的海洋之中。但情况恰恰相反。

美国建筑首先是"城市的建筑"：主要元素、纪念物和各个部分。因此，如果从文艺复兴、帕拉第奥和哥特建筑的意义上来谈论"风格"，我们就不能不考虑美国。

所有这些建筑都出现在我的设计方案之中。当我完成了在奇耶蒂（Chieti）一学生宿舍设计之后，一位美国学生送给我一本有关托马斯·杰斐逊（Thomas Jefferson）设计的弗吉尼亚大学学术村的出版物。尽管之前我对此设计作品一无所知，但作品却与我的设计有惊人的类似之处。卡洛·阿莫尼诺（Carlo Aymonino）在一篇题为"乐观的建筑"（Une architecture del'optimisme）的文章中写道："让我们来做一个可笑的推测，

图 8
巴西，巴希亚城的罗萨里奥教堂（Church of Rosário, Bahia, Brazil）

图 9
巴西，巴希亚城的圣纽尔杜邦芬圣殿（Sanctuary of Senhor do Bomfim）

图 10
1926年老沙里宁（Eliel Saarinen）绘制的匡溪艺术学院（Cranbrook Academy of Art）鸟瞰图，该学院位于密歇根州的花田山（Bloomfield Hills, Michigan）

图 11
密苏里州圣路易斯城的贝尔方丹墓地（Bellefontaine Cemetery, St. Louis）

8

9

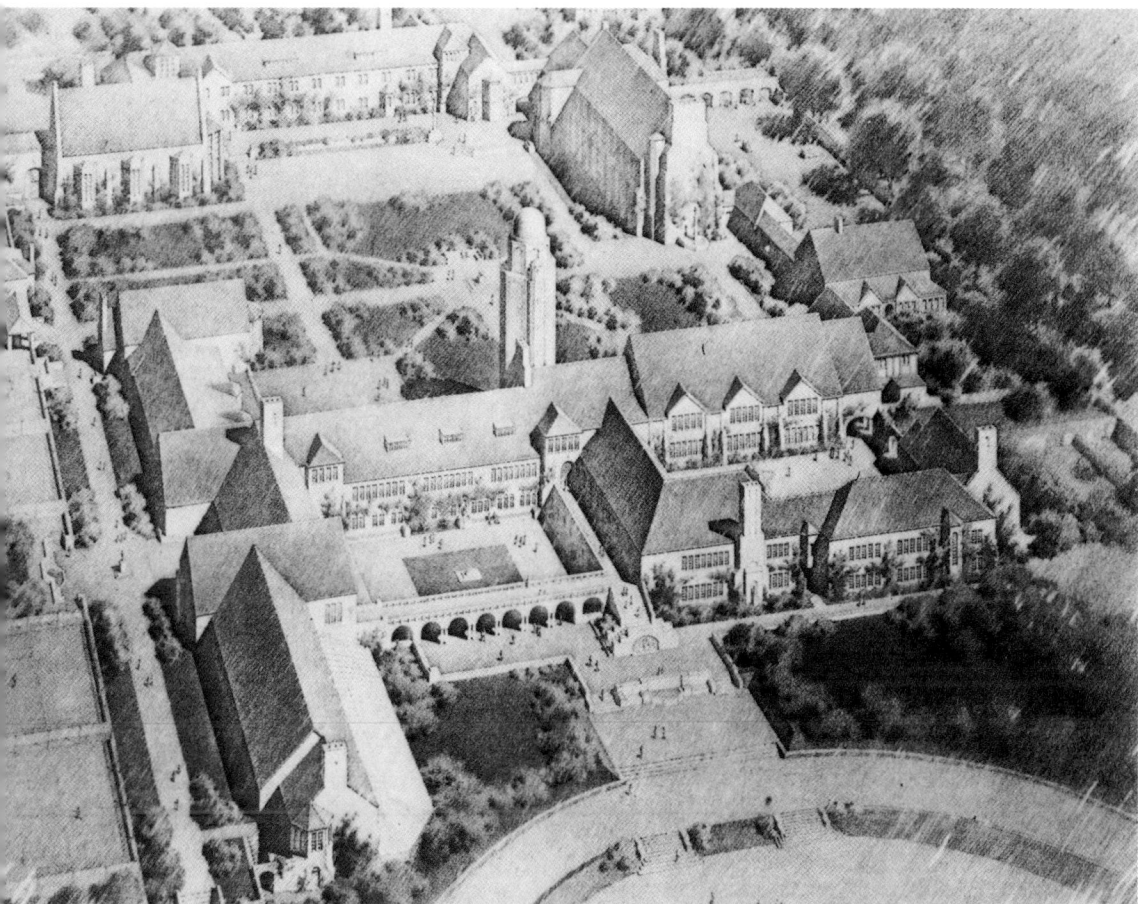

10

11

如果阿尔多·罗西来做一个新城的设计方案，那么我相信，他的方案将类似于200多年前就已出现且成为许多美国城市规划基础的布局：便于地产分开的街道网络，教堂就是教堂，公共建筑物功能显而易见，还有剧院、法院和单体住房也都如此。每个人都可以作出判断，建筑物是否与自己的理想一致，这是一个给设计者和使用者同等自信的过程和结构"。从这个意义上看，美国的城市应成为本书新的一章，而不只是一个引言。

我在本书意文第一版的引言中说过，书中应有当时我还无法写出的有关殖民地城市的章节。在罗哈斯（Javier Rojas）和莫雷诺（Louis Moreno）合写的《美洲西班牙式城市化》[1]这部精彩论著中，某些城市规划特别值得研究，因为在这些难以置信的规划中，塞维利亚（Seville）和米兰（Milan）城的教堂、宫廷和美术馆被转变为城市设计的新元素。在早先的引言中，我使用了"城市的建造"而不是"城市建筑"一词。在古老的拉丁语和文艺复兴的概念中，建造一词含有历时持续的建设这样一种意义。直到现在，米兰人仍然称其主教堂为"穿顶的建造"，以表明教堂建设的规模和艰难，表明单体建筑在时间中被持续建设的思想。显然，米兰和雷焦艾米利亚（Reggio Emilia）城的主教堂以及里米尼（Rimini）城的马拉泰斯提亚诺教堂（Tempio Malatestiano）的未完成状态在过去和现在都是优美的。它们过去和现在都有点像被时间、机遇或城市命运抛弃的建筑。由这些历时建造的建筑物所规定的城市发展，敞开了很多的可能性，包含了尚未开发的潜力。这种发展与开敞形式或开敞作品的概念没什么关系，而是表现为一种被中断了的作品。类比城市实质上是含有不同变化的城市整体。从威尼斯的东部和北部的呼应中，从纽约城的片断结构中，从每一个城市的记忆和类比中，我们可以看到这个事实。

个人无法预见到中断的作品。这就是说，这种中断是城市历史中的一次意外、一个事件和变化。然而，正如我在本书后面讨论拿破仑时期的米兰城规划时所指出的那样，任何单体建筑物和城市命运之间最终都有某种联系。只要建筑物或形式并不是空想和抽象的，而是从城市的特定问题中发展而来的，那么它就通过自身的风格、形式和多种变形来延续和表现这些问题。这些变形或改变的意义是有限的，恰恰是因为建筑，或城市的建设组成了基本的集合建筑体，城市从这些集合体中获得自身的特征形象。

1966年，我在本书第一版的结尾部分写道："城市的复杂结构出现在一种涉及范围至今尚未得以充分发展的论述之中。这个论述也许正像控制个人生活和命运的法则一样；虽然每部传记都限于生与死之间，但都包含了很复杂的事物。显然，作为人类卓越成就的城市建筑是这部传记的真实体现，它甚至超越了我们对城市的情感和对城市意义的认识。"

这种单体与集合记忆的重合，加上发生在城市时间中的创造，引发了我的类比概念。类比在建筑设计过程中表现自身，其元素是预先存在和规定的，但类比的真正意义在一开始却无法预见，而只是在过程的结尾才展现出来。因此，过程的意义等同于城市的意义。

这就是先存元素的最终意义：如同个人的传记一样，城市是通过意义明确的元素如住宅、学校、教堂、工厂和纪念物来表现自身的。城市及其建筑物传记的内容是相当明确的，它自身丰富的乐趣和想像力正是来源于城市的建筑实体，并且最终在一种由建筑物和情感组成的结构中叙述着城市，这种结构比建筑或形式都更为强壮有力，它超越了任何空想或形式主义的城市观念。

我想到了大城市和街道以及居住区中的无名建筑，想到了散布于乡间的住房，想到了像圣路易斯这类城市的墓地，想到了生者与死者，想到了还在建设城市的人们。我们也许会冷漠地看待现代城市，但假使我们具有在迈锡尼（Mycenae）工作的考古学者的眼光的话，我们就会在建筑物的立面和片断之后，看到人类文化中最为古老的英雄形象。

我之所以急切地为本书的英文第一版写这个引言，一是因为这次重读此书就像每一次经历或设计一样，反映了我的思想发展；二是因为正在美国形成的城市特征，为此书又增添了一个特别的例证。

正如我在开头所说的那样，这就是城市建筑的意义。这就像本文开始提及的毛毯中的图案一样，图案虽然清楚，但每个人的理解却各不相同。或者反过来说，图形越清楚，就越敞向一种复杂的演变。

阿尔多·罗西
1978 年于纽约

图 12
迪肯曼（R.Dikenmann）于 19 世纪时期绘制的版画，瑞士圣高特哈德山口上的迪亚沃罗桥（Ponte

绪论　城市建筑体和城市理论

　　城市是本书的研究对象，它在此被理解为建筑。我所说的建筑，不仅是指城市视觉形象与城市不同建筑的总和，还包括城市的历时建设。从客观上讲，这种观点是分析城市的最全面的方法，因为它涉及人们集体生活中最根本的事实，即生活环境的创造。

　　从积极和实际的意义上看，建筑是一种创造，与文明的生活和社会有着不可分割的联系。建筑在本质上具有集合的属性。最初的人们带着对美的追求建造了住房，为自己的生活提供一种更为有利的人工环境。建筑与城市的最初成分一起出现，它深深地根植于文明的形成过程之中，因而是一个永恒、普遍和必然的人造物。

　　体现美学意图和创造更好的生活环境是建筑的两个永恒特征。所有视城市为人类创造的重要研究都提到了这两个特征。但是，由于建筑赋予社会以具体的形式，并且与社会和自然有着密切的关系，因此它根本不同于其他的艺术和科学。这就是我们具体研究城市的基础。城市从人类最早的聚居地演变而来，并且随着时间的推移而发展，从而获得了自身的意识和记忆。城市的初始主题在其建设过程中延续下来，但城市同时也修改这些主题，使它们在城市的发展中表现得更为明确。因此，尽管佛罗伦萨是一个具体的城市，但其记忆和形式的价值也同样适用于其他城市。但与此同时，这种价值的普遍性并不足以解释佛罗伦萨的确切形式。

　　在城市及其建设中，存在着特殊与普遍，个体与集合之间的差别。这种差别是本书研究城市的一个重要出发点。这种差别以不同的方式表现出来：在公共与私密领域的关系中，在公共建筑与私人住房的关系中，在理性的城市设计和地方场所的价值关系中。

　　对定量问题以及定量和定性问题的关系的兴趣，也是促使我写成此书的另一个原因。我在城市研究中总是感到下述的困难：建立一个全面的综合体系，对分析资料作出定量评估。每一次城市工程介入似乎都要取决于总体布局的原则，但城市的每一部分似乎都是一个独特的地方，一个特别的场所。虽然仅仅根据地方的情况，人们是无法用任何理性的方法来决定这些城市工程介入的，然而，正是地方的独特性构成了地方的特征。

城市研究还从来没有给予独特的建筑物以足够的重视。忽视了现实生活中这些最富个性、十分独特、很不规则且非常有趣的方面，我们所建立的城市理论就是杜撰和无用的。考虑到这个情况，我已努力来建立一种利于定量评价的分析方法，从而可以收集那些在统一标准下进行研究的资料。这种方法就是建筑物的理论，它来源于城市是为建筑物的思想，来源于城市划分为单体建筑物和居住区的特性。* 尽管这种城市划分的思想已出现过多次，但却从来没有被置于这种特定的领域之中。

作为人类事件的一个固定舞台，建筑反映了世代的趣味和态度，展现了公共事件与个人悲剧，表明了新与旧的事实。在城市中，公共与私密，社会与个人互相并存，互相平衡。城市由许多人组成，他们追求一种与自己身处的环境相一致的总体秩序。

住宅和留有其印记的土地变化是这种日常生活的标记。从考古学家们发掘出来的不同地层的城市遗迹，人们不难看到一种根本和永恒的生活组织，一种经久不变的形制。任何对二次大战中遭受轰炸的欧洲城市还有印象的人们，都会记得那幅破败杂乱但却亲切熟悉的景象：废墟中的断壁残垣，褪色的墙纸，晾晒的衣服，吠叫的狗儿。我们那时总能看到，我们童年时期的那些住宅，以奇异的衰老面目，出现在动荡的城市之中。

图片、雕刻和照片记下了城市的这种破败景象。毁坏与拆除，土地征用及其使用性质的迅速改变，土地开发和废弃所造成的结果，所有这些都成了城市变迁中的最明显的标记。除此而外，这种景象还意味着个体命运的中断，即个体对集体命运忧伤而艰难参与的中断。这种情形似乎以一种永恒的质量被反映在城市的纪念物中。纪念物是用建筑原则来表达集合意愿的标记，是首要元素，即城市变迁中的固定元素。

现实的法则及其他有关法则形成了人类创造物的结构。本书的目的是要组织和整理这些城市科学的主要问题。完整地研究这些问题及其全部意义，会使城市科学回到更为广泛的人类科学的综合之中；我认为，城市科学在这种构架中，仍然有其自主性（尽管在此研究中，我会常常质疑这种自主性和其作为一门科学的范围）。然而，只有把城市作为建设和建筑这样一种基本事实，只有实实在在地分析了城市建筑物这种综合作用下的产品，并同时全面研究这种作用而且这种研究并不能为建筑史学、社会学和其他科学所替代，城市科学才具有自主性。在这个意义上的城市科学是全面的，可以成为文化历史中的一个重要篇章。

---

　　* 意文中的"fatto urbano"来自法文的"faite urbaine"。这词在意文和英文中被译为"urban artifact"（在中文版中为"城市建筑体"）。——中文版译者注）（约翰·萨默森爵士曾在 1963 年的一篇题为"城市的形式"的文章中用过这个词语，见第一章注释 7）。这种翻译并没有表达原词本身的完整意义，这个意义不仅是指城市中的某一有形物体，而且还包括它所有的历史、地理、结构以及与城市总体生活的联系。书中的"urban artifact"（即"城市建筑体"）一词都具有这种意义。——英文版编者注

在我所采用的各种城市研究方法中，比较的方法是最重要的。由于城市是通过比较来考察的，因此我特别强调了这种历史方法的重要性；但另一方面，我们不应当仅仅从历史的角度来研究城市，而应当详尽阐述城市中的那些经久元素，以避免将城市历史仅仅视为这些元素的一种功能。我认为，经久元素有时是变态的，它们在城市研究中的意义可以与语言学中的固定结构相比，这一点由于城市研究和语言学研究的类似性而表现得特别明显，首先是在转变和经久过程的复杂性方面。

费迪南德·德·索绪尔（Ferdinand de Saussure）[1]有关语言学发展的论述，可以转用于城市科学的发展：描述现有的城市及其历史，研究所有建筑物中那些以永恒和普遍方式产生作用的力量，划定和定义研究的领域。然而，我并不想在转用方面进行系统地发展，而只想着重研究历史问题和描述城市建筑体的方法，探讨地方因素和建造城市建筑体的关系，阐明在城市中以永恒和普遍方式发生作用的力量。

本书最后一部分试图讨论城市的政治问题，这个问题在此是指选择的问题。通过选择，城市来实现自身的思想。我们应当更多地研究城市思想的历史，即理想城市和乌托邦城市的历史。据我所知，尽管在建筑史和政治思想史中有一些这方面的研究，但这种研究还很少，而且也不完整。实际上，城市建筑物是在一个连续发展的过程中相互影响、相互交流甚至通常是相互对立的，城市和理想方案具体体现了这个过程。在我看来，建筑和建成的城市建筑体的历史总是统治阶级建筑的历史；在革命传统年代中出现了其他的组织城市的方案，其局限性和具体的成功经验还有待研究。

在开始研究城市时，我们面对着两种截然不同的立场。希腊城市就是最好的例证：在对城市实体的分析中，亚里士多德学派的方法和柏拉图共和派的方法相对立。这种对立引出了重要的方法论问题。我认为，亚里士多德学派的方法以城市建筑体为研究内容，因而有力地为城市研究、城市地理学和城市建筑学开辟了通道。毫无疑问，我们如果想要解释某些经验，我们就必须同时运用上述两种分析方法。某种纯空间类型的构想有时会以直接或间接的方式，明显地影响城市变化的方式和时间表。

有许多令人注目的有关城市理论的研究，我们有必要集中这些相当零散的研究，然后利用它们来帮助建立一种总体参考构架，最终把这方面的知识运用到特定的城市理论之中。在此，即使不为城市研究的历史勾画出这样的总体参考构架，我们也能注意到现有的两种主要研究体系：一种是视城市为其建筑和空间在形成功能体系上的产品，另一种是将城市看作一种空间秩序。前一种体系是从政治、社会和经济体系等方面以及相应的学科来分析和研究城市的，而后一种体系则更接近建筑学和地理学。虽然，我以第二种体系来展开讨论，但我也会关注第一种体系中那些能够引出重要问题的事实。

在此研究中，我会提及不同研究领域中的一些学者，他们所阐述的理论是很重要的，尽管我有些保留意见。从现有的大量资料中，我发现有价值的研究并不算多。在此研究中我坚持这样一个原则：如果某位学者或某本书的论点对分析不起什么重要作用，对研究工作没有重要贡献，那么，我就不去讨论它们。我只想讨论那些在此研究中具有重要作用的学者及其研究成果。事实上，这些学者的某些理论构成了我的研究假设。不管人们从何处着手，来建立一种自主城市理论的基础，都不能不涉及这些理论的贡献。

我也很想讨论其他一些重要贡献，例如菲斯泰尔·德·库朗热(Fustel de Coulanges) 和莫姆森 (Theodor Mommsen) 的深邃的直觉[2]，但这些却超出了我要讨论的范围。我要特别指出，前一位学者论述了风俗习惯作为历史生活中真正经久元素的价值以及它与神话之间关系的重要性。神话来了又去，慢慢地从一地传到另一地；每代人对它们的描述都不相同，并在这些祖传的遗物中，加进新的内容。然而，在这种变化的存在后面，还有一个不受时间影响的永恒存在。我们应当在宗教的传统中来认识这种存在的真正根基。古代城市中人与神的关系，人们向神奉献的崇拜仪式，人们用来呼唤神灵的名字以及贡神的礼物和祭品，所有这些都与神圣不可亵渎的法则紧密联系在一起。个体的力量是无法超越它们的。

我认为，仪式具有集合的属性和作为保护神话要素的基本特征。仪式的这种重要性不仅是理解纪念物意义的关键，而且也是理解城市的建立以及城市思想传递意义的关键。在我看来，纪念物特别重要，虽然其意义在城市变迁中有时并不明确。我们应当促进这方面的研究，为此我们有必要在库朗热研究的基础上，来深入探讨纪念物、仪式和神话元素之间的关系。如果仪式是保持神话的经久元素，那么，纪念物也是如此，因为它在关键时刻证实了神话，使仪式成为可能。

这种研究也还是要从希腊的城市开始，因为它深刻揭示了城市结构的许多意义，并且从一开始就与人们的行为和存在方式密不可分。现代人类学对原始村落中社会结构的研究，也提出了与城市规划研究相关的新问题；这些问题要求我们根据城市建筑物的基本主题来研究城市建筑物。这些基本主题成为研究城市建筑物的基础，理解这些基本主题需要知晓大量的建筑物及其在时间和空间中的整合，或更确切地说，需要阐明所有城市建筑物中以永恒和普遍方式产生作用的那些力量。

让我们来考虑一下实际的城市建筑物和理想的城市思想之间的关系。有关这种关系的研究在总体上还限于历史的某一时期，还处在一种温和的构架之中，其结果通常是有问题的。在什么范围内，我们可以将这些有限的研究，综合到城市中永恒和普遍的作用力这个更大的构架中

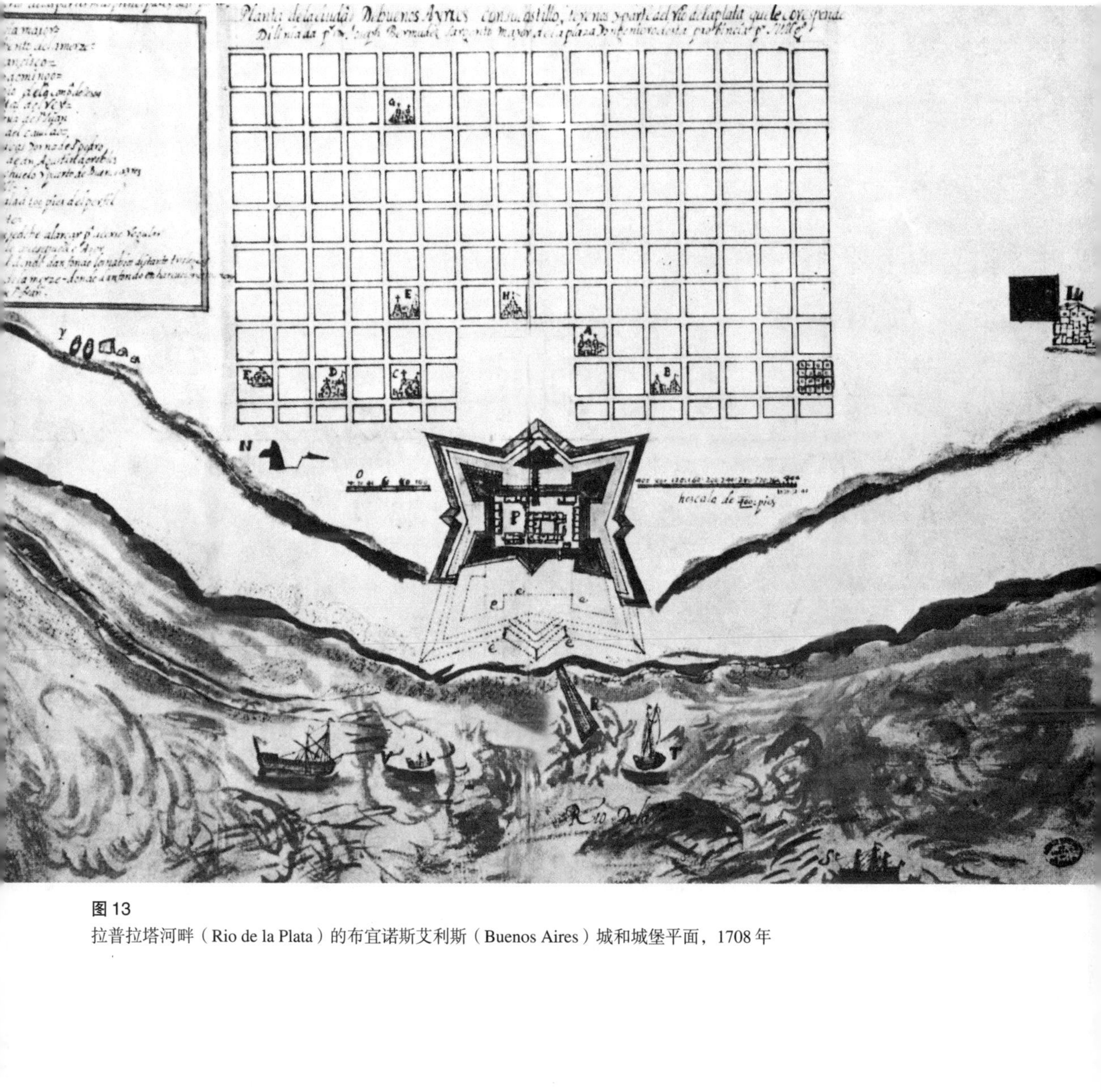

图13

拉普拉塔河畔（Rio de la Plata）的布宜诺斯艾利斯（Buenos Aires）城和城堡平面，1708 年

图 14
西班牙的圣地亚哥 – 德 – 孔波斯特拉（Santiago de Compostela），从城市通往农村的乡间道路

呢？我认为，出现在19世纪下半叶的空想社会主义和科学社会主义之间的争论是重要的研究素材，不过，我们不能仅从纯政治的角度来看待这些争论，而应当把它们与城市建筑物的实际状况结合起来，否则就会使严重的曲解一直延续下去。我们必须这样来研究所有的城市建筑物。我们所看到的现实，只是城市历史中部分结局的作用与延伸。人们一般通过将历史分为不同时期的方法，来解决城市历史中的最困难的问题，因而忽视了城市变化力量的普遍和永恒特征；在此，比较的方法显得相当重要。

由于研究城市的学者们沉醉于工业城市中的某些特征，因此在他们的研究中，对一系列极为重要且必然会创造性地丰富城市科学的城市建筑体却变得模糊不清。例如，欧洲人所建立的聚居处和殖民地城市，尤其是美洲被发现后所建的那些。只有极少数人在此方面进行了研究。例如，吉尔伯特·弗雷尔（Gilberto Freyre）研究了葡萄牙某些城市和建筑类型对巴西的影响，探讨了它们与巴西社会结构之间的相互关系。[3]在巴西的葡萄牙殖民地中，农户和大庄园主家庭之间的关系与耶稣会所主张的神权政治有着密切联系，这种联系连同西班牙和法国的影响一起，对南美城市的形成产生了巨大的作用。这方面的研究对于城市乌托邦和城市建设是十分重要的。

本书由四部分组成：第一部分讨论有关描述，分类和类型学的问题；第二部分通过城市中的不同元素来分析城市的结构；第三部分研究城市的建筑和留有其印记的场所以及城市的历史；第四部分探讨城市动力的基本问题和政治作为选择的问题。

城市形象和城市建筑中充满了这些问题，并使所有的人类居住地和建成王国获得价值。建筑不可避免地要出现，因为它深深地根植于人类的生活之中。正如布拉什所写的那样："野地，树木，耕地和荒地相互联系成一个不可分割的整体，留在人们的永久记忆之中。"[4]这个不可分割的整体是自然与人工相结合的人类家园，它所包含的有关自然物的定义也适用于建筑。这使我想到了米利齐亚关于建筑在本质上就是模仿自然的定义："虽然在自然中并没有建筑的原型，但人类却从最初的房屋建造劳动中获得了另一种原型。"[5]

这个定义使我相信，本书所提出的城市理论构架能够引起许多方面的发展，不过这些发展的着重点和方向是难以预测的。我确信，只要不是片面地理解城市整体以至于看不清城市的更广泛的意义，我们在认识城市方面的进步就是真正有效的。应当在此构架中来评价我为建立城市理论而提出的纲要。这个纲要是长期研究的结果，其目的在于发展和研究一种理论，而不是简单地用它来证实结果。

图 15
意大利帕多瓦的拉吉翁府邸（Palazzo della Ragione，Padua，Italy）

第一章　城市建筑体的结构

城市建筑体的个性

我们对城市的描述主要集中在其形式方面。这种形式取决于实际的情况，因而与雅典、罗马和巴黎这些具体的城市特征相联系。城市建筑概括了城市形式，我们可以从这个形式出发，来考虑城市问题。

城市建筑包含两种不同的意义：一方面，它表明城市是一个巨型的人造物体，一种庞大而复杂且历时增长的工程和建筑作品；另一方面，它指城市某些至关重要的方面即城市建筑体，其特征和城市本身一样，是由它们自身的历史和形式来决定的。在这两种意义中，虽然建筑只能反映复杂和庞大的实体或结构的某一方面，但作为这种实体或结构的最终和确定的事实，建筑却构成了讨论问题的最为具体的实际出发点。

通过考察具体的城市建筑体，我们可以更清楚地理解这一点，因为我们很容易发现一系列明显的问题。我们同时也能看到某些不那么明显的问题：每个城市建筑体的质量和独特性的问题。

几乎所有的欧洲城市都有大型宫殿、建筑群，或是功能已经改变了的成片区域。在参观这类纪念建筑物如帕多瓦的拉吉翁府邸时，人们总会对与建筑物密切相关的一系列问题感到惊讶。人们会尤其强烈地感受到这类建筑物在历史中容纳多种功能的能力以及建筑形式完全超出于这些功能的魅力。正是形式感染了我们，它给我们以经验和享受，同时又赋予城市以结构。

这种建筑物的特性始于何处而且又取决于什么呢？显然，它更多地取决于形式而不是材料，尽管后者具有实在的意义；建筑形式还取决于建筑物在时空中发展为复杂实体的属性。新近完工的建筑物就不可能具有同样的价值，因为它缺乏赋予城市建筑物以特征的丰富历史，因此我们只能对这种建筑物本身进行评价，来讨论它的风格和形式。

在城市建筑体中，有些原本的价值和功能被保留下来，而另一些则彻底地被改变了；我们对形式的风格方面比较了解，而对其他的一些方面则不那么清楚。我们思考着这些留存的价值包括精神价值，探讨这些价值是否与建筑的物质性有关，是否构成了与我们所研究的问题相关的经验事实。

16

图 16
意大利帕多瓦的拉吉翁府邸

图 17
意大利帕多瓦的拉吉翁府邸

图 18
意大利帕多瓦的拉吉翁府
邸。上图：佛萨蒂（Giorgio
Fossati）绘制的"1956年8月
17日遭受飓风袭击之后的大
厅建筑"。下图：从1425年到
现在的底层平面图，其中13
世纪时期的墙体被涂黑。根
据莫塞蒂（A. Moschetti）复
原图绘制

17

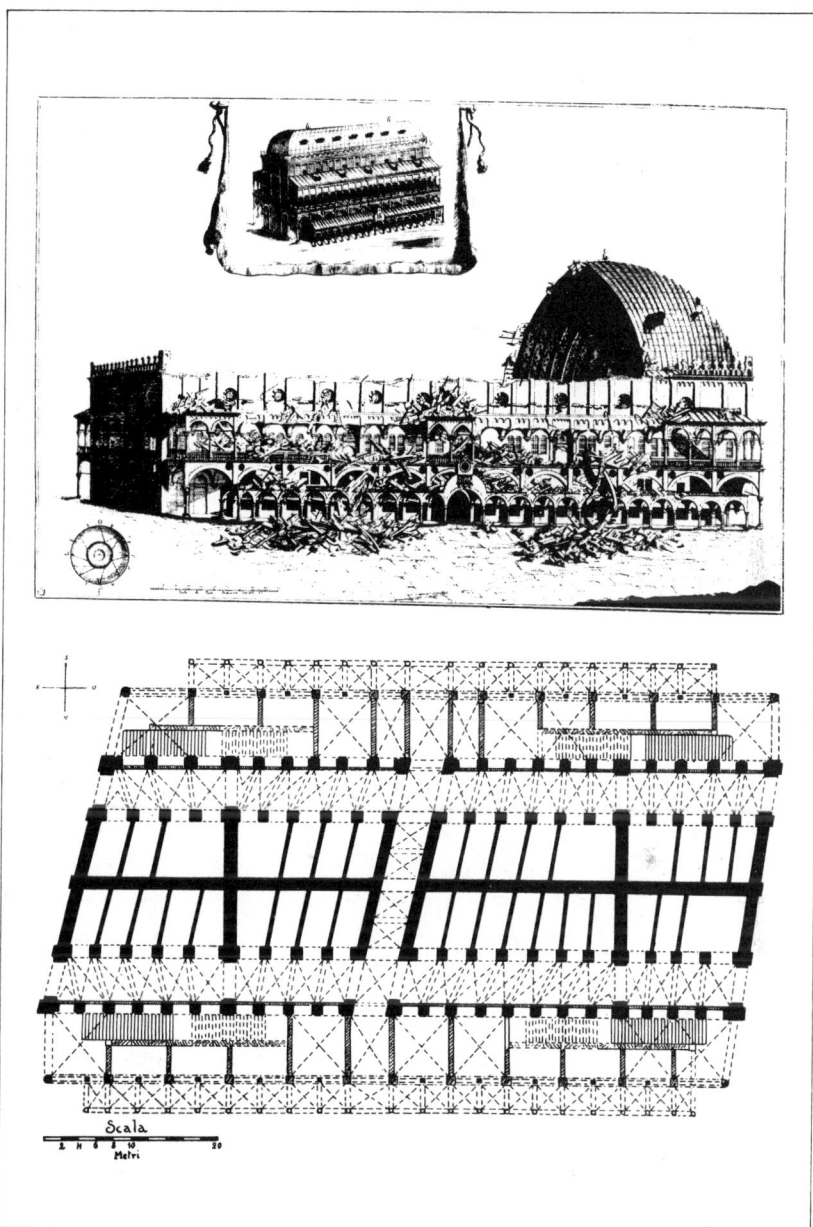

18

这样，我们就可以来讨论人们关于建筑物的思想，研究建筑物作为人们最普遍记忆之中的集合产品的问题，探讨建筑物与这种集合属性的关系。

在参观一座类似帕多瓦的拉吉翁府邸的建筑物时，或是在一个独特的城市中旅行时，我们会获得不同的经历和印象。有些人因为其生活中的某些不祥事件与某地相关而不喜欢这个地方；而另一些人则会视吉利为某个场所的特征。所有这些经验及其总和组成了城市。我们正是应当从这个意义上，来评价空间的质量，我们的现代感觉力也许很难理解这种空间质量的概念。祖先们使某一地变得神圣的事实体现了这种概念，与仅仅基于可辨形式之上的简单心理学分析相比，这种空间质量所包含的分析要深刻得多。

正如我说的那样，我们只需要从一个具体的城市建筑体，就可以展开一系列的问题。因为，城市建筑物的一个普遍特征，就是能使人们回到下面的重要议题上来：个性、场所、设计和记忆。每个建筑体都含有一类特殊的知识，它不仅不同于我们所熟悉的知识，而且它比我们所熟悉的知识更加完整。这类知识的真实程度还有待于我们去探索。

我再重复一下，我在此所关注的存在就是城市的建筑即城市的形式，它似乎概括了城市建筑物的所有特征，包括它们的起源。在描述形式时，我们需要考虑上述的所有经验事实，并且通过严密的观察来量化这种描述。这就是城市形态学的一部分：描述城市建筑物的形式。但另一方面，这种描述不过是一种工具，它使我们更加接近一种结构的知识，但它本身并不是这种知识。

尽管所有研究城市的学者都开始探讨城市建筑物的结构，但其中许多人已经认识到，城市精神即城市建筑物的质量并不在他们的研究范围内。例如，法国地理学家们曾专注于发展一种重要的描述体系，但却没能用它攻下这个最后的堡垒；在指出城市是一个整体而且这个整体就是城市存在的理由之后，他们对城市结构的意义只匆匆掠过而未加考察。他们也不可能用他们自己所提出的前提来解决这个问题，因为所有这些研究都没有分析具体城市建筑物的实际质量。

城市建筑体是艺术品

我将在后面考察这些地理学研究的要点。让我先来介绍一种重要观点和一些对探讨这种观点具有指导意义的研究。

一谈到具体城市建筑体的个性和结构，我们就会遇到一系列的问题，而这些问题在总体上又构成了一种可用于分析艺术品的体系。鉴于目前的研究是要确定和阐明城市建筑物的性质，我们应当首先说明，城市建筑体的某些属性使其与艺术品十分相似，这不仅仅是隐喻意义上的。尽管城市建筑体是物质构成的实体，但却与物质有所不同：它们既受到制约，也同时起制约作用。[1]

城市建筑体中的这种艺术属性与它们的质量和独特性密切相关，与人们对它们的分析和定义紧密相联。这是一个极为复杂的问题，即使排除心理学的因素，城市建筑物本身也是复杂的，我们也许可以分析它们，但却难以定义它们。我对这个问题一直有着特别的兴趣，我确信，它与城市的建筑有着直接的关系。

如果有人试图描述一个城市建筑物，一座房屋，一条街道或是一个地区，那么我们之前在分析帕多瓦的拉吉翁府邸时所碰到的难题就会出现。有些困难源于语言的模糊性，其中的一些是可以克服的，但总有一类经验只属于那些在特定房屋、街道和地区中生活过的人们。

因此，人们有关城市建筑物的概念不同于生活其间者对建筑物的概念。这些情况可以限定我们的研究范围；我们的主要任务是从建造的角度来定义建筑物，即先对街道和城市进行定义和分类，然后研究街道的位置、功能及其建筑；接着再分析城市中的街道系统和其他许多情况。

我们为此应当关注城市地理学、城市地形学、建筑学和其他一些学科。做到这一点很不容易，但也并非不可能；下面的分析就是试图从这些方面着手的。我们可以用一种相当普遍的方法来建立任何一座城市的逻辑地理学，它主要用来研究语言、描述和分类等问题。我们因而可以讨论像类型学这样的一些根本问题，在城市科学中，这些问题还从未被认真和系统地研究过。从现有的分类学的基础来看，那些未经证实且必然会引出无意义讨论的假设实在太多了。

运用上述的那些学科知识，我们可以对城市建筑体进行更为广泛、具体和完整的分析。城市是人类的卓越成就，人们只有通过实际体验具体的城市建筑体才能领会到。在以往的城市研究中，一直就有这种视城市或城市建筑体为艺术品的概念。这个概念也出现在所有时期的艺术家们那些展现不同直觉和描绘形式的作品中，出现在许多社会和宗教生活的现象中。这后一种情况总是和城市中的特定场所、事件和形式紧密相联。

城市作为艺术品的问题，首先明确而科学地表现在它与集合建成体性质的概念相关。我认为，任何城市研究都不能忽视这一点。集合城市建筑体与艺术品是怎样关联的呢？所有社会生活的重大表现和艺术品的共同之处在于，它们都产生于无意识的生活之中。这种生活在前者中是集合的，在后者中是个人的，不过这种差别并不重要，因为一个是公众的产品，另一个是为公众而创作的产品，公共性是其共同的特征。

莱维－斯特劳斯（Claude Lévi-Strauss）[2]从这方面进行了研究，把城市研究带进了一个有许多意外发展的领地。他认识到，城市比其他艺术品更能获得自然和人工元素之间的平衡：城市是自然的实体，也是文化的产物。阿尔布瓦什（Maurice Halbwachs）[3]进一步发展了这个思想，他认为，想像力和集合记忆是城市建筑物的典型特征。

在研究城市的复杂结构方面，卡塔内奥（Carlo Cattaneo）的工作要算是一个令人意外且鲜为人知的先例。虽然，他从未明确谈论过城市建筑体的艺术属性问题，但他以下的见解却预示了这种思想：作为人们思维发展的两个具体方面，艺术和科学之间有着密切的联系。在后面，我将讨论他的有关研究是如何与城市建筑物相关的，这些研究包括：城市作为历史的理想原则的概念，有关城乡联系的论说，以及他所提到的其他问题。尽管我对卡塔内奥研究城市的方法很感兴趣，不过，他却从未对城市和乡村加以区别，因为在他看来，所有的居住地都是人类的作品："……每一个地区都凝结了巨大的劳动，从而与荒野区别开来……。这块土地不是自然的造物，而是我们双手创造的产品，是人造的家园。"[4]

城市、地区、农田和树林因人们的巨大劳动而成为人类的作品。作为"人造家园"和建成的实体，这些作品证实了价值，构成了记忆和永恒。城市就在自身的历史之中。人和场所之间的关系和艺术作品一起为我们提供了研究城市的综合方法，其中艺术品是根据美学规律来影响和指导城市演变的根本和关键的因素。

我们当然也应考虑人们在城市中的定位问题，研究他们空间感觉的形成和发展。对这些问题的探讨，成了美国的某些研究尤其是凯文·林奇（Kevin Lynch）研究[5]的最重要的特征。这种研究与空间的概念化相关，而且多半可以建立在人类学和城市特征的基础之上。索尔在这方面进行了研究，特别值得一提的是莫斯关于爱斯基摩组群名称和地名之间对应关系的研究。[6]这些研究现在只能作为我们进行探讨的一个引子。城市建筑体是人类生活伟大和综合的体现，在我们考虑了这种体现的其他方面之后，再回到这些研究，会对我们更有帮助。

我想通过建筑这个最为固定和最有意义的舞台，来说明城市是人类生活伟大而综合的体现。建筑的重大价值在于它是塑造现实和根据美学概念组织材料的人类产品，我时常问自己，为什么没有人从这方面去分析建筑呢？这种意义上的建筑不仅是人们生活的场所，而且也是人们生活的一部分，它体现在城市及其纪念物中，体现在区域和住房中，体现在所有城市建筑空间中。很少有理论家试图从这方面来分析城市的结构，来领悟作为城市中真正结构联合体且引发人们思考的那些固定元素。

我现在从以下的假设着手来展开讨论：城市是一个人造的物体，是历时发展起来的建筑或工程作品。这是我们开展研究的一个最为实在的假设。[7]

西特（Sitte）的研究似乎仍然可以解答许多问题。在研究城市建设的规律时，他并没有仅限于纯技术方面，而是充分考虑了城市规划即城市形式的"美感":"在城市规划中有三种主要和若干辅助的方法,前者是指方格网、放射形和三角形这三种体系,后者多半指这三种体系的混合。从艺术的角度来看,这些体系因没有艺术价值而毫无趣味。三种主要体系都只关注街道组织的形式,所以其意图是纯技术性的。街道网络总是为交通而不是为艺术服务的,因为人们不可能从感官上去理解它,而只能在规划图中去把握它的整体。由于这个原因,我们在讨论中还没有提及街道的体系,也就没有谈论古代雅典、罗马、纽伦堡或威尼斯的街道体系。这些体系没有艺术性,因为它们在整体上是不可理解的。只有人们视觉范围内的景象才具有艺术价值,比如一条街道或一个广场。"[8]

从经验上看,西特的这个忠告是重要的,它使我们回到了上述某些美洲大陆城市的经验上来,即艺术质量表现为一种功能,它以具体的形式来表达一种符号。毫无疑问,西特的研究对我们免于陷入许多困惑之中是有帮助的。它提出了城市建设的技术;在城市建设中,会有这样一种实际的情况,一个广场的设计可以产生其逻辑传递的原则,产生其设计的学说。具体的街道和广场设计总是以某种方式成为典范。

另一方面,西特的研究中有一个重大的错误概念,那就是把城市这个艺术品缩减为多少可以感知到的艺术情节,而忽视了一种具体和整体的经验。这种关系如果调换一下就对了,因为整体比部分更重要;只有完整意义上的城市建筑物,即从街道体系、城市地形,直到人们漫步街头所见到的景象,才能构成这个整体。我们自然应当通过局部来考察这个整体建筑。

我们的研究应当从建筑类型学以及建筑物与城市的关系入手。这种关系是此项研究的基本前提,它始终视建筑物为组成城市整体的元素和部分,我将从不同的角度来分析它。启蒙运动时期的建筑理论家也持有相当的观点。迪朗(Durand)在其授课笔记中写道:"正如墙体,柱子等是组成建筑物的元素,建筑物是构成城市的元素。"[9]

类型学的问题

城市作为人造的产品由自身的建筑构成,由所有那些真正转变了自然的作品构成。青铜器时代的人们为使环境适应社会的需求,开井、建造人工砖岛、修筑水渠和河道。最初的住房为人们提供了有别于外部环境的庇护所,形成了人们开始控制的环境。城市核心的发展将这种控制扩展为小气候的创造和延伸。新石器时期的村落就是人们根据需要而改变世界的先例。"人造家园"和人类的历史一样悠久。

正是在这种改变的意义上,住房、神庙以及更为复杂的建筑物有了最初的形式和类型。类型根据需要和对美的追求而发展;特定的类型与某种形式和生活方式相联系,尽管其具体形状在各个社会中极不相同。

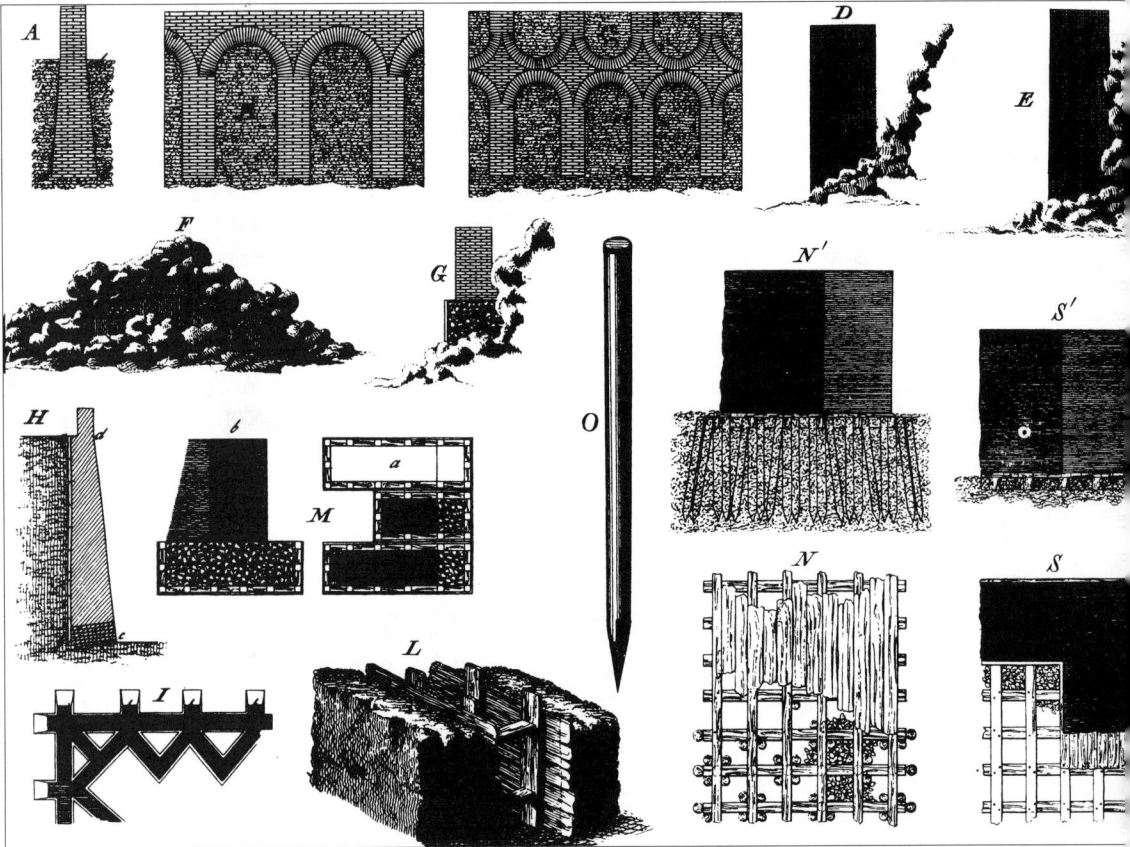

19

图19
各种不同类型的基础。出自《民用建筑原理》一书，米利齐亚（Francesco Milizia）著于1832年

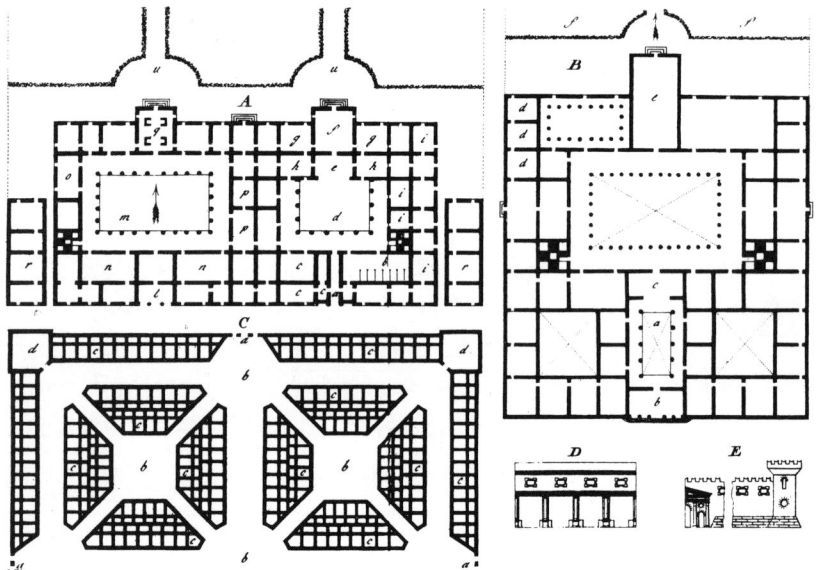

图20
院落住宅和墙围市场。
A.希腊住宅平面图；
B.罗马住宅平面图；
C.维罗纳（Verona）城市市场平面图的一半，设计者为马费（Scipione Maffei）；D.市场商店的局部立面（在平面图中用"c"标出）；
E.围合市场的外墙局部立面。出自米利齐亚《民用建筑原理》一书

20

21

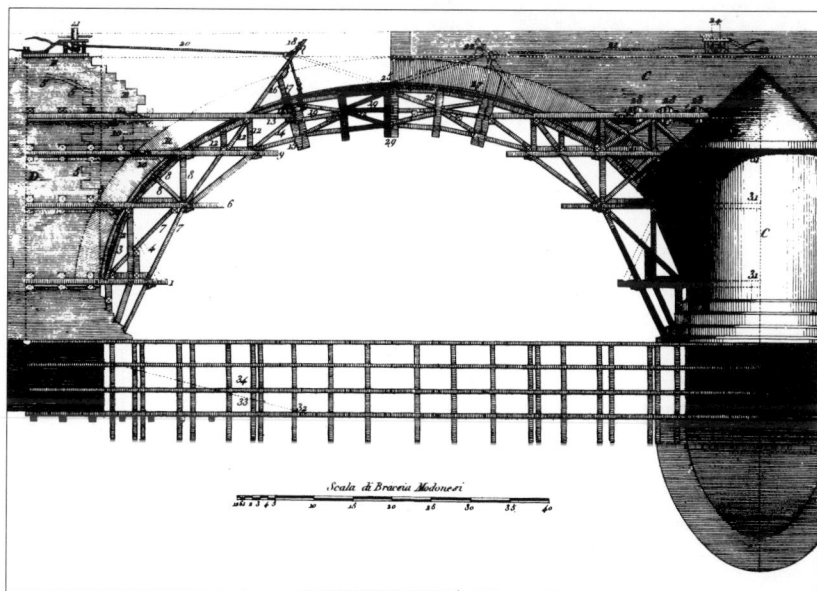

22

图 21
多立克柱式。出自米
利齐亚《民用建筑原
理》一书

图 22
用于建造拱顶的木支
架。出自米利齐亚《民
用建筑原理》一书

23

24

图 23
西班牙塞维利亚城（Seville）的巴尔
瓦内拉庭院

图 24
西班牙塞维利亚城（Seville）的巴尔
瓦内拉庭院

图 25
西班牙比亚纳镇（Viana）巴斯克巷，
与镇内主要街道平行

图 26
米兰城中位于圣戈塔尔多街和纳维
利奥运河之间的"洗衣女巷"

25

26

类型的概念因而是建筑的基础，这个事实已为理论和实践所证明。

显然，类型的问题是重要的，它们一直就在建筑历史之中，而且一遇到城市问题就会出现。像米利齐亚（Francesco Milizia）这类理论家从未这样定义过类型，但他的下面这段话却预示了类似的思想："任何建筑物都由三个主要因素构成：地点、形式、以及各个部分的组成。"[10] 我想将类型概念定义为某种经久和复杂的事物，定义为先于形式且构成形式的逻辑原则。

昆西（Quatremère de Quincy）是一位重要的建筑理论家，他认识到这些问题的重要性，给类型和原型下了一个精妙的定义："'类型'这词不是指被精确复制或模仿的形象，也不是一种作为原型规则的元素……。从实际制作的角度来看，原型是一种被依样复制的物体；而类型则正好相反，人们可以根据它去构想出完全不同的作品。原型中的一切是精确和给定的，而类型中的所有部分却多少是模糊的。我们因此看到，对类型的模仿需要情感和精神……。"

"我们也看到，一切发明创造尽管在以后会出现变化，但却始终明确保留和表现了自身的基本原则。这与原子核的情况类似，它在周围集聚了不同形式的发展和变化。每一种物体都有成千上万个变体流传下来。科学和哲学的一个基本任务，就是要探究它们的起源和主要成因，以把握其出现的目的。像其他人类发明和制度分支一样，这就是建筑中'类型'的含义。我们的讨论是为了明确地认识以隐喻形式出现在许多研究之中的类型一词的含义，同时也想指出两种错误观点：一是因为类型不是原型而被忽视，二是把原型那种对应复制的严格性强加给类型。"[11]

在这段话的第一部分中，作者否认了模仿或复制类型的可能性，因为那将出现他在第二部分中所断言的情况，即没有"原型的创造"，也就是没有建筑的产生。作者在第二部分表明，建筑（不管是原型还是形式）中有一种扮演自身角色的元素，它不是建筑实体所要服从的元素，而是存于原型之中的某种东西。这就是规则，建筑的组织原则。

事实上，这个原则可以认为是永恒的。这种观点的前提是视建筑物为一种结构，而建筑物本身可以表现和揭示这种结构。这个永恒的原则可以称为典型元素，或简称为类型，它存在于所有的建筑物中。类型也是一种文化元素，可以通过不同的建筑物来加以研究。类型学因而成为分析建筑的要素，也是分析城市建筑物的要素。

类型学所研究的是不能再进行缩减的元素的类型，即城市和建筑的元素类型。例如，有关单中心城市的问题，建筑物是否为集中式布局的问题，都是具体的类型问题；类型不可能只等同于一种形式，尽管所有的建筑形式都可以被缩减为类型。这种缩减过程是必要而逻辑的，没有这个前提，我们就无法谈论形式的问题。从这个意义上看，所有的建筑理论也是类型学的理论，而且在具体设计中很难区分这两者。

类型因此是经久的，其自身表现出一种需要的特征；尽管它是预先决定的，但却与技术、功能、风格以及建筑物的集合特征和个性有着某种辩证的关系。例如，集中式布局显然是宗教建筑中一种固定不变的类型，尽管如此，每当人们选定集中式布局后，教堂建筑的功能与建造技术，以及参与教堂活动的集体便会相互影响和作用。我认为，住房的类型从古到今都没有发生过变化，这并不是说人们的实际生活方式没有改变，也不表示总也不可能出现新的生活方式。带有凉廊的住房有着悠久的历史；布局中所需要的连接各个房间的走道出现在任何一个城市住宅中。不过，在不同时期的住房中，这些元素的具体表现形式却是千变万化的。

我们可以说，类型就是建筑的思想，它最接近建筑的本质。尽管有变化，类型总是把对"情感和理智"的影响作为建筑和城市的原则。

虽然类型学从未被系统而广泛地加以研究过，但现在开始出现在建筑界的这种研究令人乐观。我确信，如果建筑师想要扩大和创立自己的研究成果，他们就应当再一次地关注这方面的讨论。[12] 类型学是经久的元素，它在形式构成中发挥自身的作用。问题在于研究它产生作用的方式和实际价值。

这个问题在许多这方面的研究中还没有得到足够的重视，只有个别和那些坦诚补遗的研究例外。多数的研究总是回避或变换这个问题，忽而又追求别的叫做功能的东西。由于功能是个非常重要的问题，我想概要地讨论一下，它是怎样在城市和城市建筑物的研究中出现的，又是如何发展的。需要指出的是，只有在研究了与之相关的描述和分类问题之后，我们才能讨论功能问题。现有的分类法多半没能突破功能的框框。

批判幼稚功能主义

我们已经指出了与城市建筑体相关的主要问题：个性、场所、记忆和设计本身。我们没有提到功能。我认为，如果我们想阐明城市建筑体的结构和组成，我们就不能从功能的角度来解释城市建筑体。我们将在后面举例说明，一些重要的城市建筑体的功能随着时间的推移而改变，甚至某一特定功能已不复存在。这项研究的一个议题，就是要肯定城市分析中的建筑价值，否定用功能来解释城市建筑体的方法。我认为，这种方法并不能揭示城市建筑物，恰好相反，这种方法是倒退的，因为它阻碍了我们对形式的研究，阻碍了我们根据建筑的真正法则来理解建筑世界。

当然，这并不是要否认功能概念的合理意义，即它可以作为相关函数的代数值，也不是反对人们在功能与形式之间建立一种比线性因果关系更为复杂的联系（现实中不存在这种线性关系）。更确切地说，我们反对天真经验主义所支配的功能主义概念，因为这种概念认为，功能汇集了形式，功能本身构成了城市建筑体和建筑。

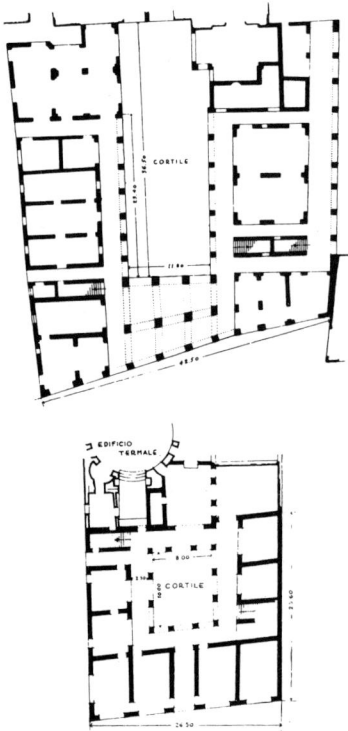

27

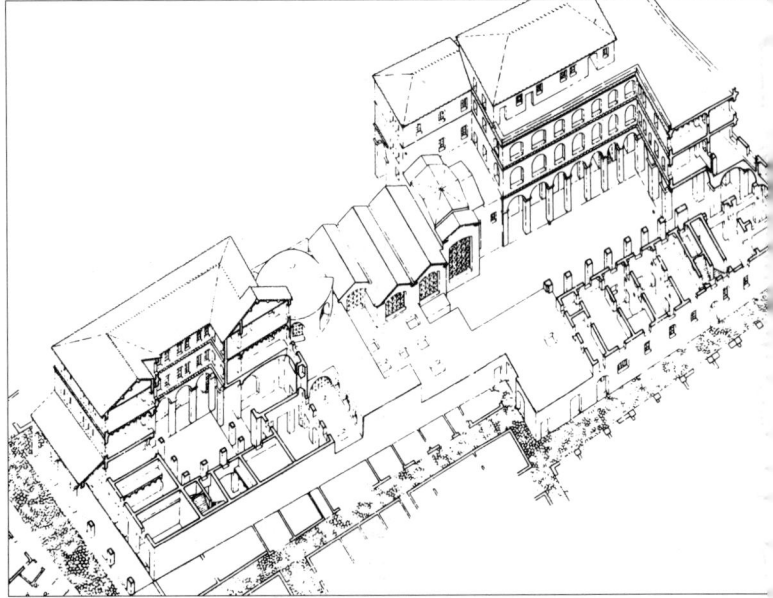

28

29

30

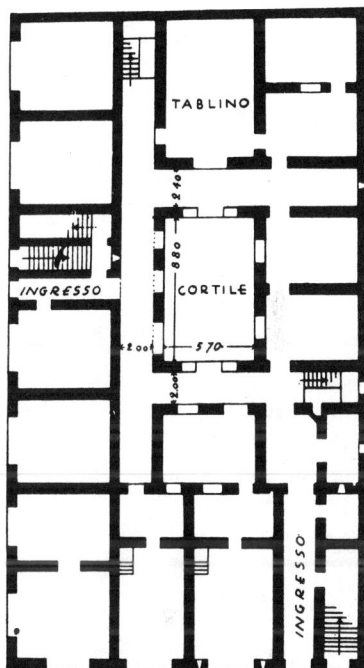

31

图 27
罗马古奥斯提亚（Ostia Antica）的住宅平面复原图［上图为
奥瑞吉住宅（House of Aurighi），下图为塞拉皮德住宅（House
of Serapide）］，吉斯蒙迪（Italo Gismondi）1940 年绘制

图 28
罗马古奥斯提亚，由奥瑞吉住宅和塞拉皮德住宅以及中部浴
室构成的公寓空间轴测图，吉斯蒙迪绘制

图 29
罗马古奥斯提亚地区复原图，其中有奥瑞吉住宅和塞拉皮德
住宅，吉斯蒙迪绘制

图 30
罗马古奥斯提亚，戴安娜住宅（House of Diana）内院透视
图，吉斯蒙迪绘制

图 31
罗马古奥斯提亚，戴安娜住宅平面复原图，吉斯蒙迪绘制

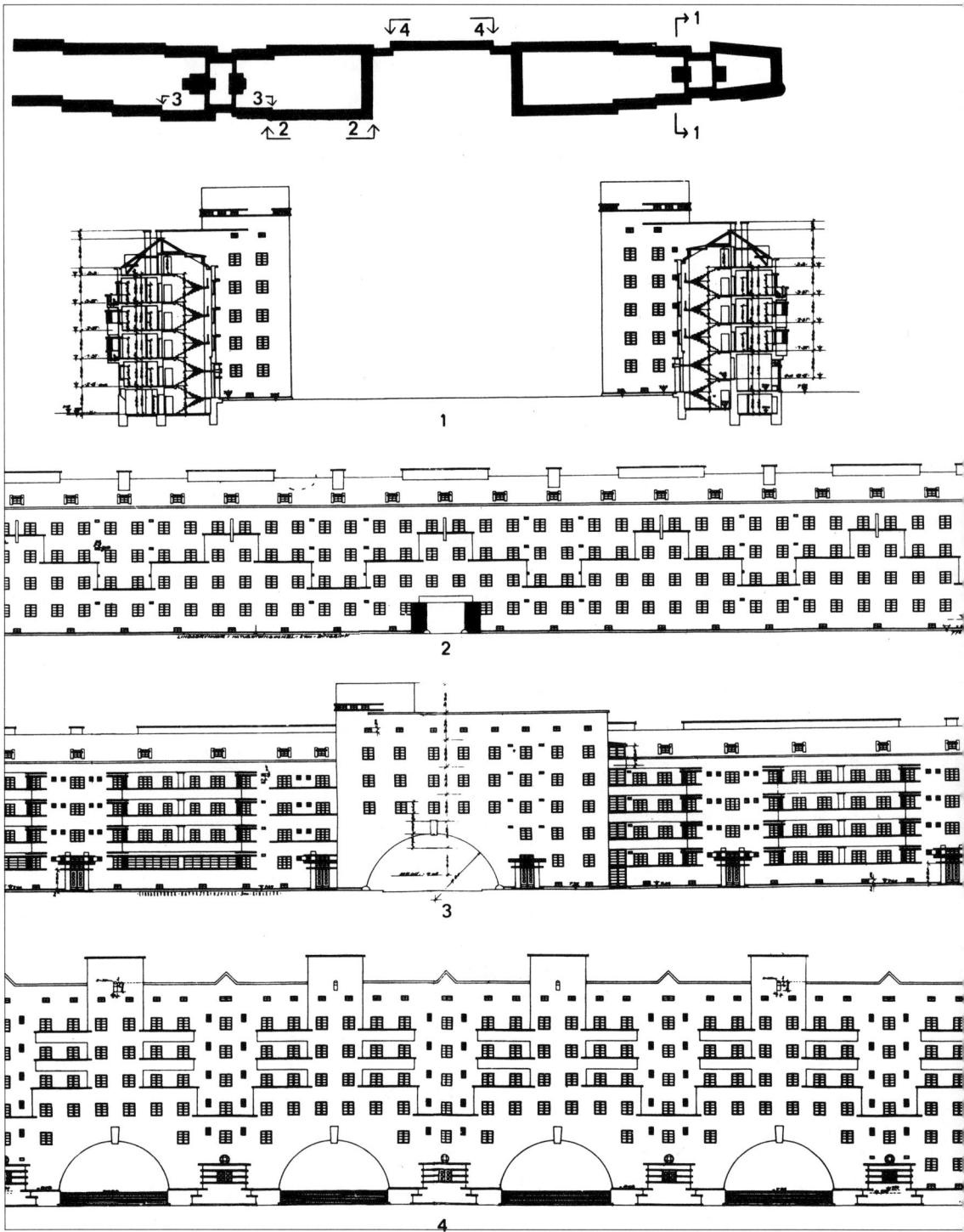

1

2

3

4

32

33

图 32
维也纳神圣居民大街（Heiligenstädter）
82—90号，卡尔·马克思公寓（Karl Marx-
Hof）的剖面图和不同方向的立面图，埃
恩（Karl Ehn）设计

图 33
维也纳卡尔·马克思公寓，1927 年兴建

这种基于生理学的功能可以被比作为身体的某一器官的作用,其功能表明了器官的形成和发展,而功能的变化也就意味着形式的改变。从这方面看,现代建筑中所盛行的功能主义和机能主义这两种主要思潮,表现出相同的根源以及造成自身弱点和模糊性的原因。这些思潮抽掉了产生形式的最复杂的起因,把类型缩减为简单的组织方案和交通流线图,并且认为建筑没有自主的价值。因此,人们无法进一步分析产生城市建筑体特征及其之间复杂关系的美学意图和需求。

虽然,功能主义学说产生于更早的时期,但却是由马利诺斯基明确提出并加以运用的。在谈到人造物、物体和住房时,他明确指出:"以人们住房为例……在研究其不同的技术阶段和结构元素时,人们应当考虑住房的整体功能。"[13]此类观点从一开始就让人们只关注人造物、物体和住房所服务的目的。"为什么目的"的问题仅用简单的理由来回答,因而阻碍了对真正目的的分析。

这种功能概念开始被认为出现在所有的建筑和城市思想尤其是地理学领域中,它造成了多数现代建筑的功能主义和机能主义的特征。在有关城市的分类的研究中,这种功能概念的地位比城市环境和形式更重要和优先;尽管许多学者怀疑这种功能分类的价值和准确性,但他们认为,没有其他可行的分类方法能够取而代之。因此,沙博(Georges Chabot)[14]断言,人们不可能精确地定义城市,因为其中总有某种"剩余物"是无法精确描述的;于是,他把眼光转向了功能,尽管他很快承认这种方法的不足。

在这些理论中,城市中居民的功能性活动成了分析城市这个集合体的基础。城市的功能成了城市存在的理由,并在形式中表现自身。在许多情况中,形态学研究被缩减为简单的功能研究。事实上,功能的概念一经确立,人们便会作出明确的分类:商业城市、文化城市、工业城市和军事城市等等。

此外,在对功能概念进行某种一般性批判的情况下,我们还是需要指出,这种分派功能的体系难以用来确立商业功能的作用。基于功能之上的分类概念实在太表面化了,它视所有类型的功能都是等价的,而事实并非如此。实际上,商业功能的主导作用越来越明显。

从生产的角度来看,这种商业功能是用"经济"来解释城市的基础。这种解释首先出现在韦伯(Max Weber)[15]的精辟论述中,其后经历了一个特定的发展阶段,我们将在后面讨论它。基于功能的城市分类只能得出如下的结论:在城市的形成和发展中,商业功能和城市的经济理论联系在一起,并且最能令人信服地解释众多的城市建筑体。

当我们认为不同的功能有不同的价值时,我们也就否定了幼稚功能主义的有效性。按照这种思路,我们会发现,幼稚功能主义与其初始的假设相矛盾。进一步来说,如果城市建筑体可以简单地通过新功能的确立来不断地改变和更新自身的话,那么,通过城市建筑所表现出来的城市结构价值就会延续且易于获得。建筑物和形式的经久性就会没有意义,文化传递(城市是其中的一个元素）的真正思想就是有问题的。所有这些都不符合事实。

不过，幼稚功能主义的理论倒很适合初级分类，在这方面还难以找到替代物。它可以用来保持某种秩序，提供简单而有用的事实——只要它不认为能说明更为复杂的事实就行。

另一方面，我们为城市建筑体和建筑而提出的类型定义，最先在启蒙运动中得到阐述，它使我们能够对城市建筑物进行精确的分类，也能最终获得一种基于功能之上的分类，不过功能分类只是类型定义中的一个方面。如果反过来，我们先进行基于功能之上的分类，我们就会以大不相同的方式来看待类型，坚持功能的首要作用就是要把类型理解为功能的组织原型。但这种把类型乃至城市建筑体和建筑理解为某些功能的组织原则的思想，几乎完全否定了我们对现实的基本认识。即使基于功能之上的建筑和城市分类可以作为对某种数据的概括，但把城市建筑体结构削减为组织某些功能的作法是令人难以理解的。正是这种严重曲解已经而且在很大程度上还将继续阻碍城市研究中的任何真正进步。

因为如果城市建筑物仅仅只有组织和分类的问题，它们就既没有连续性，也没有个性。纪念物和建筑就没有存在的理由；它们对人们无所"表白"。显然，这些观点把城市建筑物计量化和客观化，以获得某种观念特征；这些表现出功利属性的思想，就像消费的产品那样被采用。在后面，我们将会看到这种概念在建筑中更为具体的含义。

总之，功能分类是一种实用和带有条件的标准，和其他一些标准（如社会构成、建设系统、地区发展等）相当，因为这些分类具有一定的实用性。这些分类的作用显然更多地在于告诉人们有关分类的观点，而不在于谈论元素的本身。有了这些先决条件，我们就可以接受这些分类观点。

分类的问题

在对功能主义理论的概括中，我特意强调了使功能主义占有如此突出地位并被广为接受的那些方面。这部分是由于功能主义已在建筑世界中取得了重大成功，也因为在过去50年中受到功能主义教育的那些人还难以摆脱其影响。人们应该探究一下，功能主义是曾经怎样决定了现代建筑的，而今天又是如何阻碍其进步和发展的；不过，这并不是我想在此讨论的问题。

我倒是想着重于建筑和城市领域中的其他研究的重要性，因为它们构成了我正在进行发展的论点的基础。这些研究包括特里卡（Jean Tricart）的社会地理学，博埃特（Marcel Poète）的经久理论，启蒙运动尤其是米利齐亚的理论。我之所以对这些研究感兴趣，主要是因为它们对城市及其建筑所进行的考察是连续的，因而与城市建筑体的普遍理论相关。

在特里卡[16]看来，城市的社会内容是理解城市的基础，在描述最终使城市环境具有意义的城市地理环境之前，应当先研究城市的社会内容。作为特定内容的社会情况先于形式和功能，并且包括这两方面。

人类地理学的任务就是结合城市所在地的形式来研究城市的结构；这需要对地方进行社会学研究。在分析地方之前，我们有必要先验地来确立地方的范围。特里卡提出了三种不同规模的地方：

1. 街道，包括其周围的建成区域和空地；

2. 地区，由一组具有共同特征的街区组成；

3. 城市，由一组地区组成。

社会内容是使它们相同并彼此关联的原则。

在特里卡论点的基础上，我将发展一种特别的与特里卡论点相应的城市分析方法，它是从地形学这个相当重要的角度出发的。但在此之前，我想说明一下，我根本不能同意特里卡研究中的规模即把城市分为三个部分的观点。确实，我们只能从地方的角度来研究城市，但却不能接受根据不同规模来解释地方的观点。况且，即使这种观点有助于教诲和实际研究，但其中包含了某些不能接受的东西。这与城市建筑体的质量有关。

我们并不完全否认不同规模的研究，但同时也不接受那种把城市建筑体的变化归结为其自身规模的观点。与这种观点相反的论点认为，城市随着发展而变化，或是城市建筑体因规模的大小而不相同。正如拉特克利夫（Richard Ratcliff）指出的那样："仅仅在大都市环境中考虑布局不当的问题，会给公众一种假象：它们是规模上的问题。我们将会看到，所要考察的问题在村落、城镇、城市以及大都市中都不同程度存在着，因为城市化的力量在凡有人和物聚集的地方总是生气勃勃的，城市有机体都遵从于相同的自然和社会法则，而与它们规模的大小无关。把城市问题归咎于规模意味着解决问题的答案在于与生长过程相反，即用分散的方法来解决问题。这种假设和方法都是有问题的。"[17]

在街道范围内，城市环境中的一个基本元素就是居住的不动产以及城市的不动产结构。我之所以说是可居的不动产而不是住房，是因为此定义在不同的欧洲语言中相当精确。不动产与主要用于建设的土地的契约注册有关。可居之地虽然多半用于居住，但也可以是特别的不动产和混合的不动产，这样的分类虽然有用，但还有欠缺。

我们可以从布局入手，对这类用地进行如下的分类：

1. 开敞空间所围绕的住房街区；

2. 相互并列且面向街道的街区，它们构成了连续的与街道平行的墙体；

3. 几乎占满所有可用空间的纵深住房街区；

4. 带有封闭院落和较小内部结构的住房。

对用地的几何或地形特征的描述产生了这种分类。我们可以进一步来发展它，积累与技术设备、风格现象、绿地与实占空间关系等相关的其他分类资料。这些资料可以使我们来研究下面的重要议题：

图 34
维也纳卡尔·马克思公寓

1. 客观事实;

2. 不动产结构和经济情况的影响;

3. 历史和社会的影响。

不动产结构和经济问题特别重要,与历史和社会影响紧密联系。在本书第二章中,我将通过对住房和居住区的考察来表明这种分类的长处。现在,我们继续讨论不动产结构和概要研究一下经济问题。

城市中地块的形状及其形成和发展,展示了一部与城市密切相关的城市财产和阶级的悠久历史。特里卡已经说得很清楚,对土地形式之间差别的分析证实了阶级斗争的存在。历史上的财产注册图极为准确地向人们展示了不动产结构的改变,这种改变表明了城市资产阶级的出现和资本日益集中的现象。

当我们用同样的标准来分析像古罗马城这样有着非凡生命周期的城市时,我们就可以得到相当清晰的城市发展情况。我们可以追溯从农业城市到帝国时期大型公共空间形成的演变过程,以及从共和时期的院落住宅到大型平民公寓的转变过程。占据大片土地的公寓是一种超常的住房区,它们预示了现代资本主义城市及其空间划分的概念,同时也有助于说明城市的机能失调和矛盾。

如果我们从社会和经济的角度(先前是从地形学角度)来看待不动产,我们还可以进行其他的分类。我们可以区别下列住房:

1. "资本主义之前"的住房:有房主建造并且没有剥削目的;

2. "资本主义"的住房:供出租用,赚钱是最重要的目的。这种住房也许最初是为富人或穷人而建的,但随着常规需求和社会的变化,为富人而建的住房地位迅速下跌。这种地位上的变化产生了衰败的区域,成为现代资本主义城市中的一个典型问题,也是美国人专门研究的课题。与意大利相比,这种问题在美国更突出;

3. "半资本主义"住房:为一户居住,其中有一层出租;

4. "社会主义"住房:出现在土地公有制的社会主义国家和先进的民主国家中的一种新型住房。维也纳城在一次世界大战后所建造的一些住房,就是欧洲这类住房的最早例子。

当把这种社会内容的分析仔细地用于城市地形学上时,我们便可以获得相当完整的城市知识;通过连续的综合使那些基本事实显现出来,最终包含更为普遍的事实。此外,社会内容的分析可以使城市建筑体的形式得到令人信服的合理解释,并且会产生一些在城市结构中起重要作用的论题。

从科学的角度来看,博埃特[18]的理论无疑是最现代的城市研究之一。他认为,城市建筑体是城市有机体的指示物,它们提供了在现有城市中可以证实的准确资料。城市建筑体的连续性就是它们自身存在的理由:当地理、经济、统计和历史事实一起考虑时,以往的知识便构成了现在的词汇和未来的尺度。

这种知识可以从对城市布局的研究中获得；这些布局具有明确的特征：城市的街道可以是笔直的、弯曲的或呈曲线状。城市的总体形式具有自身的意义，城市自身的需要在建筑作品中必然会表现出来。这些作品具有明显的相似之处，尽管它们还有些显而易见的不同之处。在整个历史中，城市建筑中的作品形状或多或少都有一种明确的联系。在不同的历史和文明时期的背景下，我们可以证实某些城市主题的永恒性，这种永恒性确保了城市表现的相对统一性。城市和地形之间的关系从此而发展，我们可以通过街道的作用来有效地分析这种关系。街道因而在博埃特的分析中具有重要的意义；城市出现在一个固定的地方，街道使城市具有活力。城市命运和交通要道的关系是一个根本的发展原则。

从对街道和城市关系的研究中，博埃特得出了重要的结论。任何一座城市的街道都可以进行分类，而且应当将这种分类反映到地图上。无论是文化街还是商业街，都可以从自身所引出的变化属性来获得特征。博埃特引述了希腊地理学家斯特拉波（Strabo）对沿弗拉米尼安大道（Flaminian Way）上“阴影城市”的观察，沿街的发展被解释为“更多地是因为它们是沿着那条大道的，而没有其他任何重要的内在原因。”[19]

博埃特的分析从街道延伸到城市土地；城市土地包含了自然和人工两类作品，因而与城市的构成有关。在城市构成中，所有东西都应尽可能真实地表现出集合有机体的特定生命，而布局的经久性就是城市这个有机体的基础。

在博埃特的理论中，这种经久性概念十分重要。这个概念也使人联想到拉夫当（Pierre Lavedan）[20]的分析，这个分析是迄今为止最完整的分析之一，其中运用了地理学和建筑史学中的基本原则。拉夫当认为，经久性是布局的发生器，而此发生器又是城市研究的主要对象，因为通过对发生器的理解，人们可以重新发现城市空间的构成。这种发生器包含了体现在城市结构，街道和纪念物中的经久性概念。

博埃特、拉夫当以及地理学家沙博和特里卡的研究，成为法兰西学派对城市理论所做的最有意义的贡献。

启蒙运动思想对城市建筑物综合理论的贡献值得专门的研究。18世纪时期的理论家们意欲确立建筑原则，这些原则可以在逻辑基础上发展且在某种意义上不依赖于设计。他们的论著因而由一系列彼此关联的论点构成。其次，他们总把单个元素视为城市系统的一部分，因而正是城市为单体建筑物定出了需要和现实的标准。第三，他们把最终体现结构的形式和对结构的分析相区别，形式本身因此具有一种“标准的”经久性，而不可能被缩减为某一时刻的产物。

人们可以详细地讨论第二种观点，但这需要掌握更为实际的知识。显然，这个观点适用于现有的城市，同时也对未来的城市以及建筑物构成与其环境之间的不可分割的关系提出了要求。然而在对大时代的分析中，伏尔泰却指出了这种建筑的局限性：如果每一个建筑作品都与城市本身有直接关系的话，那么城市就将是乏味的。[21]具有拿破仑一世时期特征的规划和方案体现了这些概念，成为城市历史中重要的平衡时期之一。

在启蒙运动中所发展的这三种论点的基础上，我们可以来考察米利齐亚的理论。[22]米利齐亚是一位关注城市建筑体理论的建筑评论家，他所提出的分类法既研究单体建筑，也探讨城市的整体。他把城市建筑物分为私密和公共两大类，前者为住房，后者则指那些我称之为首要建筑物的"重要元素"。此外，他还细分门类，以便弄清它们之间的差别，进而在总体功能或城市的总体思想中，把每一种重要元素都视为一种建筑类型。例如，别墅和住宅属于第一大类，而警察局、公共设施和仓库设备等属于第二大类。公共建筑还可以进一步细分为大学、图书馆等等。

米利齐亚在分析中首先提到了建筑的种类，其次涉及了建筑物在城市中的位置，最后讨论了建筑物的形式和组织。"为了更好地方便公众，这些公共建筑应靠近城市中心，位于大型社区广场的周围。"[23]总的体系就是城市，城市中建筑的发展与城市体系的发展密切相关。

米利齐亚心目中的城市是什么样的呢？它是一种与建筑并重的城市。"即使没有奢华的建筑物，城市也可以是美丽而理想的。美丽的城市等于优秀的建筑。"[24]这种论点几乎出现在启蒙运动时期的所有建筑论著中；美丽的城市等同于优秀的建筑，反之亦然。

根深蒂固的思想方法使启蒙运动的思想家们坚持这种论点。我们知道，他们之所以对哥特城市缺乏了解，是因为他们看不见那些单体建筑与更大的某种体系之间的关系，从而无法认识构成城市环境的单体建筑的价值。虽然，他们因无法认识哥特城市的意义和美丽而显得目光短浅，但这并不会影响他们思想体系的正确性。在我们今天看来，哥特城市的美丽恰恰在于它是一个非凡的城市建筑体，城市的独特性明确地体现在组成它的元素之中。通过对城市各个部分的考察，我们可以领悟这种城市的优美：它也参与到体系之中。把哥特城市看作是有机的或自发的观点是错误的。

米利齐亚的见解中还有另一方面的现代性。在确立了分类概念之后，他就在整体构架中对建筑进行了分类，并且根据功能来确定特征。这种功能概念不依赖于形式，更多地是指建筑物的目的，而不是建筑物的自身功能。因此，具有实际用途的建筑物和功能并不那么具体明确的建筑物就被列在同一类建筑中。例如，服务于公共卫生和安全目的的建筑物因其宏大或庄严而同属一类。

至少有三种论点支持这种见解。第一种论点最重要，它视城市为一种综合的结构，其中的部分具有艺术品的功能。第二种论点牵涉对城市建筑体进行类型综合的评价,通过将城市建筑体简化和归纳为类型实质,人们就可以对复杂的城市问题作出技术性的解释。第三种论点认为,这种类型实质在原型的构成中能起一种"自身的作用"。

例如,在对纪念碑的分析中,米利齐亚得出了三条标准:"面向公众,位置恰当,根据合适的法则构成。"[25]"从影响纪念碑建造的习俗来看,纪念碑无非是具有意义和富于表现的一种简单结构,上面刻有简要的碑文。人们只需一瞥便会明白它们的意义。"[26]换句话说,尽管在涉及纪念碑的性质时,我们只能说纪念碑是纪念碑,但我们仍然可以设立一些条件来表明纪念碑类型和构成的特征,而不管这些能否准确地说明纪念碑的性质。这些特征多半具有城市的性质,但它们同样也是建筑即构成的条件。

这是我们在后面所要讨论的一个基本问题,即原则和分类在启蒙运动概念中成为建筑的一个总体方面,而在实际的建设和评价中,建筑又主要与单体建筑和建筑师个人相关。米利齐亚曾嘲笑过那些把建筑秩序和社会秩序混为一谈的人们和推崇客观的功能组织模式(如后来由浪漫主义时期所产生的)的倡导者们,他指出:"要从蜂窝上得知功能的组织,就要去捕捉昆虫……"[27]在此,我们又一次从一个系统论述中看到了两个论题:抽象的组织秩序和对自然的参照。它们在其后的建筑思潮的发展中是十分重要的,并且以其有机主义和功能主义的两重性成为浪漫情调的先导。

米利齐亚在讨论功能时写道:"……功能的组织因千差万别而不可能总是根据固定的法则来进行,因此不应采用一刀切的做法。多半说来,当最有名望的建筑师在考虑建筑功能时,他们主要是绘制设计图纸和编写设计说明,而不是创造供人学习的规则。"[28]这段话清楚地表明,功能只是一种关系,从而否定了将功能视为组织纲要的观点。不过,这种态度并没能阻止同时期的人们去探索那些使建筑原则得以传递的规则。

城市建筑体的复杂性

现在,我想讨论有关上述各种理论的一些问题,并着重探讨那些对此研究至关重要的某些观点。我最先谈到的理论是法国地理学家们提出的;我曾指出,这个理论提出了合适的描述体系,但却缺乏对城市结构的分析。我特别提到了沙博的研究;他认为,城市的整体构成了城市本身,其中的所有元素共同创造了城市的生命。这种观念是怎样与沙博对功能的研究相协调的呢?问题的答案已在前面的讨论中有所暗示,我们也可以在索尔对沙博论著的评论中找到部分答案。索尔为沙博写下了这样一句话,实质上,"生命只能用生命本身来解释。"这就是说,如果用城市来解释城市的话,那么,根据功能的分类就不是一种解释,而只是一种描述的体系。这个意思可以改写为:对功能的描述是易于证实的,就像对城市形态的研究那样,它只是一种工具。进一步来看,这种描述并不像幼稚功能主义者那样，来试图确定生活方式和城市结构之间的连续元素，因此，这种描述的作用与其他任何一种分析方法相同。我们应当从沙博的研究中吸取城市是一个整体的概念，学习他通过研究城市中各种表现和活动，来理解城市这个整体的方法。

在讨论特里卡的研究时，我曾试图说明以社会内容为出发点的城市研究的重要性。我相信，用这种对社会内容的研究可以具体地阐述城市演变的意义。我特别强调了该研究中与城市地形、边界形成和城市土地价值这些城市基本元素相关的方面；我们将在后面从经济理论的角度来研究这些方面。

有关拉夫当的研究，我们可以提这样一个问题：如果他所提出的结构是一个由街道和纪念物等元素组成的真实结构的话，那么，它与我们目前的研究有什么关系呢？拉夫当所理解的结构是城市建筑体的结构，它相似于博埃特的布局经久性和布局为发生器的概念。这种发生器的实质既实在又抽象，不能像功能那样被归类。况且，每一种功能都可用一种形式来明确表现，而形式反过来又含有以城市建筑体方式存在的潜能，人们因而可以认为，形式具有使自身明确地成为城市元素的倾向。如果某种形式被明确充分地表现出来，某种特定的城市建筑体将与之一起经久地延续下去。正是在一系列变化中经久不变的形式构成了卓越的城市建筑物。

我批评了幼稚功能主义的分类方法；我在此重申，这种方法如出现在合适的建筑手册中，有时就是可以接受的。这种分类的前提是：创造城市建筑体的目的在于用静止的方式来为特定的功能服务，城市建筑体的结构与其在某一时刻所服务的功能完全吻合。我的看法与这种观点完全相反：城市在自身的变化中延续下来，它所先后经历的简单或复杂的功能变化表现了其结构实体中的不同时刻。功能在此仅仅表示许多事物秩序之间的复杂关系。我反对把因果关系解释为线性关系，因为这些解释与实际情况不符。我的解释不同于"使用"或"功能组织"的解释。

我还想强调一下，我对某种有关城市及其建筑物的语言和见解持保留态度，因为它们成了城市研究中的一个很大的障碍。从许多方面来看，这种语言既与幼稚功能主义相关，又同某种浪漫主义的建筑形式有联系。这种语言就是有机和理性这两个被建筑语言所借用的术语。虽然，这两个术语在区分建筑风格和类型方面具有不容置疑的历史价值，但它们对阐明概念或理解城市建筑体却没有帮助。

"有机"一词来自生物学；我已在别处指出，拉策尔（Friedrich Ratzel）的功能主义是以下面的假设为基础的：城市如同一有机体，其形式是由功能本身构成的。[29] 尽管这种出自生理学的假设是高明的，但对城市建筑体的结构和建筑设计却是不适用的（有关此假设在设计上的运用是一个需要分开研究的课题）。在这种有机语言中，最突出的词语有：有机体、有机生长和城市肌理。即使在一些相当严肃的生态学研究中，也同样地把城市与人体器官和生物世界过程等同起来，尽管这些观点很快便被抛弃。事实上，建筑领域中某些研究中到处引用这些术语，以至于乍看上去，这些术语与研究材料密切相关，人们因而难以避免使用像建筑有机体这类词语，难以用建筑物这种更为合适的术语。肌理这词也同样如此。有些学者甚至把现代建筑仅仅定义为有机建筑；巨大的吸引力使这些术语很快地从严肃的研究[30]中，传到职业界和新闻业中。

所谓的种种理性主义术语并不准确。谈论理性的城市化只是一种同义反复，因为空间选择的理性化本身就是城市化的一个条件。不过，"理性主义"的解释无疑有其长处，因为它们总是把城市化视为一门学科（这正是因为它的理性特征），从而提供了一种显然是极为有用的术语。视中世纪城市为有机城市的观点，完全忽视了中世纪城市的政治、宗教和经济结构，更不用说城市的空间结构了。但另一方面，"米利都城是理性的"说法却是正确的，尽管这个规划因相当普遍而显得一般，并且没能澄清理性与简单几何规划之间的关系，从而未能表现出米利都城布局的任何真正思想。

前述米利齐亚有关功能组织和蜂房的评论，恰当地概括了上述两方面的特征。[31] 因此，尽管上述有关功能和理性的术语无疑会以某种诗一般的表现力而引起人们的兴趣，但它们却与城市建筑体理论毫无关系。它们只会使人困惑，应该被彻底抛弃。

如前所述，城市建筑体是复杂的；构成它们的每一部分都有不同的价值。我们在讨论建筑的类型时曾说过，类型实质"在原形中起有自身的作用"，换句话说，这种实质是一个组成元素。在城市建筑体及其结构理论的基础上，我们将从类型学的角度来研究城市，但在此之前，我们有必要逐步地给出一些准确的定义。

城市建筑体究竟有多复杂？沙博和博埃特的理论已经部分地回答了这个问题。他们有关城市灵魂和经久概念的论点超越了幼稚功能主义，涉及对城市建筑体质量的理解。但另一方面，很少有人真正关注这种主要出现在历史研究中的质量问题，尽管人们对以下方面有了进一步的认识：城市建筑体的性质在很多方面与艺术品的性质相似，城市建筑体的集合特性是理解城市建筑物的关键。

在这些讨论的基础上，我们可以描述一类认识城市结构的方法。我们首先应当提出带有普遍性的两类问题：第一，我们从什么方面才能认识城市？有多少种认识城市结构的方法？是否可以说，这意味着这种认识是跨学科的？某些学科是否比另一些学科更重要？这些问题显然都是密切相关的。第二，产生自主的城市科学的可能性是什么？

在这两类问题中，第二类显然具有决定性的意义。实际上，如果有了城市科学，第一类问题最终就几乎没有意义；今天通常所说的跨学科只不过是一个专门化的问题，它出现在任何一个知识领域中。对第二个问题的解答取决于以下这种认识：城市是一个整体，其中的所有元素共

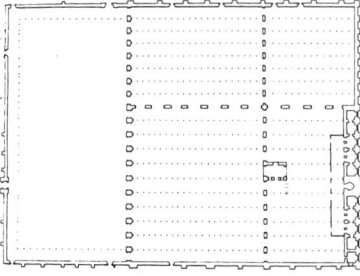

图 36

图 35
8 至 10 世纪时期的西班牙科尔多瓦（Córdoba ）
大清真寺，1599 年改为大教堂。上图：阿拉伯
统治时期的清真寺平面图；下图：大教堂平面图

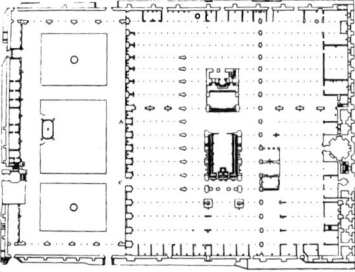

图 36
西班牙科尔多瓦大教堂(原为大清真寺)剖面图

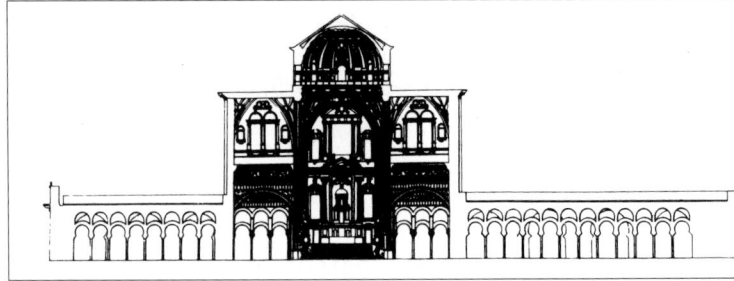

图 37
西班牙科尔多瓦大教堂(原为大清真寺)鸟瞰图

图 38
西班牙格拉纳达的阿尔罕布拉宫平面图

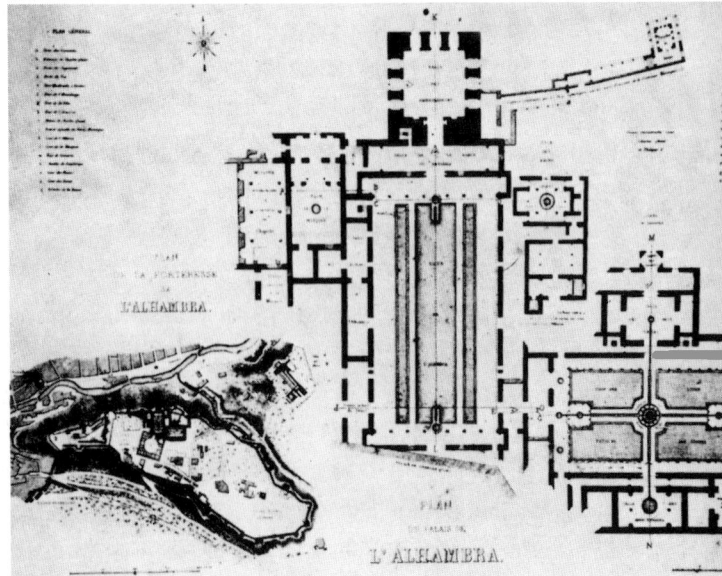

图 37

图 38

同组成了城市这个建筑物。换句话说，我们应当看到，城市在最普遍的意义上表现了人类理性的进步，是人类卓越的创造；只有强调城市和每个城市建筑体在本质上都具有集合特征，上述论点才有意义。常常有人问我，为什么只有史学家才能描绘出完整的城市画面？我认为，这是因为史学家是从整体上来认识城市建筑体的。

纪念物和经久理论

显然，把城市科学看成历史科学是错误的，因为这会使我们只谈论城市的历史。但我想指出的是，从城市结构的角度出发，城市历史似乎比其他研究城市的学科更为有用。我将在后面较为深入地说明史学对城市科学的贡献，不过，由于这个问题特别重要，我们最好先来进行一些具体的观察。

这些观察与博埃特和拉夫当的经久理论有关。在某些方面，这个理论又与我在一开始提出的城市是人造物的假设相联系。人们应当记住，从知识理论的观点出发，历史与未来的区别在很大程度上表现了以下的事实：往昔现在仍然被部分地体验着。这也许就是经久物所具有的意义：它们是一种我们仍在经历的"过去"。

关于这一点，博埃特的理论并不很明确。我现在力图把他的理论简单地归纳一下。虽然，在他所提出的许多假设中，有关经济的与城市演变相关，但实际上，这是一种以"经久"现象为中心内容的历史理论。经久性通过纪念物这种过去的实体标记展示出来，也通过城市基本布局的历时延续显现出来。这最后一点是博埃特的最重要的发现。城市会保持自身的发展轴线，维持城市最初布局的状况，根据城市中古老建筑物的方位和意义发展。这些古老的建筑物常常和现代建筑物相距遥远。有时这些建筑物长期没有发生变化，因而具有一种持续的活力；而在另外一些时期里它们却耗尽了自身，只留下经久的形式、实体标记和地点。最有意义的经久性体现在街道和平面布局中。布局在不同层次上延续下来；虽然布局变得有所不同而且通常会产生变形，但在本质上并没有被取代。这是博埃特理论中最正确的部分。他的理论并不完全是一种历史理论，但却产生于对历史的研究。

初看起来，经久性似乎就是所有城市建筑体的连续性，但事实并非如此。因为，并不是城市中的所有东西都能长期保留下来，如果即使这样，它们的存在方式也因多种多样而无法比较。根据这种经久性理论，人们在解释某一城市建筑物时，就不得不超越其本身，注意今天使其发生变化的那些力量。史学的方法实际上就是分离的方法；它不仅有助于区别各种经久物，而且完全专注于这些经久物，因为只要通过了解这些经久物的过去与现在的不同，人们就可以知道城市的过去。城市中的经久物就像孤独和异常的建筑物，它们使城市带有过去形式的特征，从而使我们在今天仍然能够体验到过去的形式。

经久元素在此表现出两种尺度：一方面，它们可以是具有推进作用的元素；另一方面，它们也可能是变态元素。建筑物要么可以使人们理解城市的整体，要么是一系列与城市体系关系不大的孤立元素。我们可以再一次以帕多瓦的拉吉翁府邸为例，来说明富有活力的经久元素和变态的经久元素之间的差别。之前我曾评论过它的经久特征，现在我想强调的是，这种经久性不仅表示人们可以从此纪念物上感受到过去的形式，而且也指它过去的具体形式承担过不同的功能，并且一直在其所在的地区发挥城市中心的作用。尽管人们都认为该建筑是一件艺术品，人们仍在部分地使用这幢建筑，其底层是一个相当适用的零售市场。这表明了帕多瓦的拉吉翁府邸的活力。

在格拉纳达的阿尔罕布拉宫（Alhambra in Granada）可以作为变态的经久元素的例子。宫中已不再住有摩尔人或卡斯蒂尔人的国王，如果按照功能主义的分类法，我们就会说，该建筑曾经体现了格拉纳达的主要功能。显然，从帕多瓦的拉吉翁府邸和阿尔罕布拉宫上所感受到的过去的形式很不相同。前者的古老形式尽管承担了不同的功能，但却一直与城市密切相关；建筑发生了变化，我们还可以想像建筑未来的变化。而在格拉纳达，过去的形式则孤立于城市之中，什么也加不上去。实际上，阿尔罕布拉宫所构成的经历是如此重要，以至于人们不能去改变它（从这个意义上看，格拉纳达的查尔斯五世（Charles V）宫是个例外，它之所以被轻易地毁掉，是因为它缺乏这种质量）。不过，在这两种情形中，城市建筑体都是城市中不容抹杀的一部分，因为它们组成了城市。

在选择这两个实例时，我已经阐明，经久的城市建筑物与纪念物十分相似。我也会以同样的观点来谈论威尼斯的总督府、尼姆的剧场，或是科尔多瓦的清真寺。我认为，城市建筑物的经久性使建筑物等同于纪念物，而纪念物又是以其实体和象征意义在城市中延续下来的。纪念物的经久性反映出其构成城市、城市的历史、艺术、存在和记忆的能量。

我们刚刚讨论了具有推进作用的经久元素和变态的经久元素之间的区别：前者是我们仍在体验的过去的形式，而后者则是孤立和异常的。由于特定的环境关系，变态的形式在很大程度上是可以辨认的，因为环境关系本身要么是一种历时功能的持续，要么与城市结构无关，即环境处于技术和社会的发展之外。通常环境关系被认为主要与城市中的居住部分有关，在这个意义上，环境关系的保护与城市的实际动态相对立；所谓的环境关系保护与城市之间的关系终究会像以下的关系一样：一具经过防腐处理的圣人尸体和他个人的历史形象。在环境关系保护中，有某种城市自然主义在起作用，它能够引发联想的意向，例如，参观一个死亡的城市总是一种值得记忆的经历；但在这种经历中，我们就远远地站到了我们仍在经历的过去世界之外。我自然是指那些不间断发展的富有活力的城市。死亡城市的问题与城市科学只擦了点边，属于史学家和考古学家研究的问题。这种擦边关系最多是力图把城市建筑体抽象为考古对象。

到目前为止，我们仅仅谈论了纪念物，因为它们是城市结构中的固定元素，体现了真正的美学意图，不过这可能是一种简化。在视城市为人造物和艺术品的假设中，住房或任何其他一般作品都和纪念物一样，有着同样的表现意义。但此假设会使我们离题太远；我主要想肯定一下，城市的动态过程更多地趋于演变而不是保护。纪念物不仅在城市演变中延续下来，而且一直作为推动城市发展的元素。这是可以证明的事实。

此外，我已力图表明，仅仅功能本身还不足以说明城市建筑体的连续性；如果城市建筑体的初始类型中只有功能的话，那么就难以解释持续生存的现象。功能总是应当在时间和社会中来加以定义：取决于功能的事物总是与功能的发展密切相关。仅由单一功能所决定的城市建筑体只能视为是对那个功能的注解。我们在现实中常常不断地欣赏那些因时间推移而失去功能的元素；这些建筑物的价值往往只体现在它们的形式之中，这是城市总体形式中不可缺少的一部分或一种常量。这些建筑物也常常与构成元素和城市起源密切相关，因而位于城市纪念物之列。我们在城市建筑体的研究中，看到了时间参数的重要性；城市科学中的最大谬误之一，就是把经久的城市建筑体仅仅视为与某一个别历史时期相关的作品。

城市的形式总是城市在某一特定时间内的形式；然而，城市的形成经历了很多这样的时间，一个城市的面貌甚至在人的一生这段时间中就会改变，从而失去初始的形象。正如波德莱尔所写的那样："古老的巴黎已经不存在了；城市的形式比凡人之心变得还要快啊。"[32]我们看到，我们童年时期的住房令人难以置信的变老了，城市的变化常常抹去了我们的记忆。

本章所讨论的各种问题，已为我们力图以一种特有的方式来理解城市做好了准备。城市将被认为是由不同部分或元素组成的建筑，这些部分主要是指居住和主要元素。这就是我要发展的那种对城市的特有理解，我将从研究区域这个概念入手。由于住房覆盖了城市的大部分土地，而且鲜有经久的特征，因此我们应当把它们的演变和它们所在的区域联系起来研究；所以，我将讨论"居住区域"。

我还要考虑主要元素在城市的出现和构成中所具有的决定性作用。就纪念物而言，这种作用是通过本身的经久性而表现出来的，这种性质与主要元素有一种特别的关系。我们还要进一步探讨主要元素在城市建筑体结构中的有效作用，研究城市建筑体为什么可以被视为艺术品的问题，或至少要讨论城市结构和艺术品相似的问题。前面的分析应使我们清楚地认识城市的整体构成及其建筑的原因。

所有这些都不是什么新东西。在努力创建一个与现实相吻合的城市建筑体理论的过程中，我从众多不同的资料中受益匪浅。这些资料使我相信，功能、经久性、分类法和类型学这些上面讨论过的论题具有特别的意义。

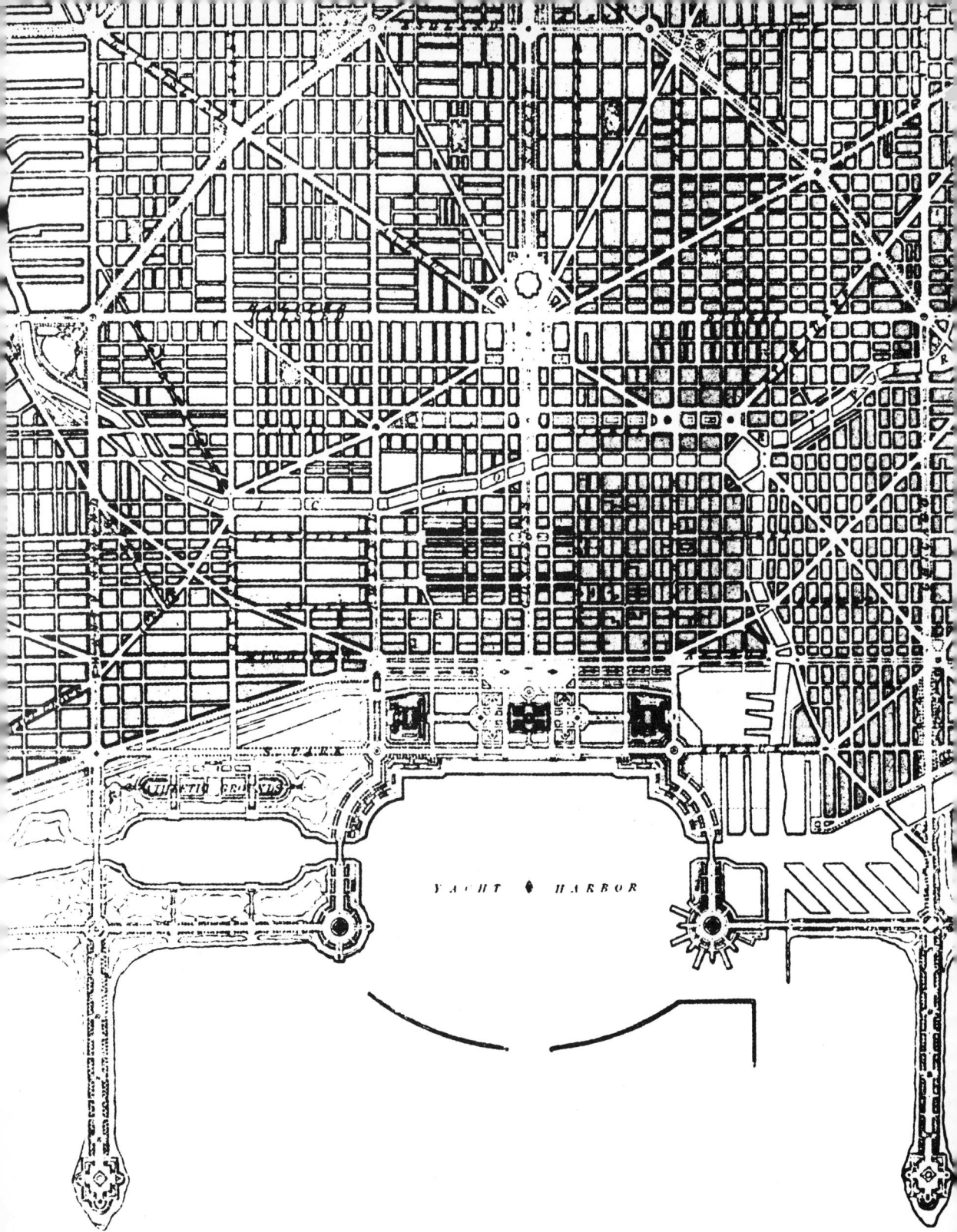

图 39
芝加哥城街道体系平面图，伯恩哈姆（Daniel Burnham）作于 1909 年

第二章　主要元素和区域概念

研究区域范围

　　我们所提出的城市是人造物即整体建筑的假设具有三个方面的明确内容。首先，城市的发展有一个时间的尺度，即城市有先后之分。这意味着我们可以根据时间的坐标，把那些本质不同的可比现象联系起来。经久的概念来自这个方面。第二方面与城市空间的连续性有关。接受这种连续性就等于认为，我们在某一地区或某城市区域中所见到的所有元素都是连续且具有相同性质的建筑物。这是一个很有争议的观点，我们应不断地回到这个观点及其含义上来（例如，这种观点会否认从历史城市到工业革命城市是一个质的飞跃，否认开敞城市和封闭城市是不同种类的建筑体）。再来看第三方面：我们已经认识到，城市结构中有某些带有特殊性质的主要元素，它们具有延缓或加速城市过程的力量。

　　现在，我想具体讨论一下展示城市建筑体的场所，即它们所出现和占据的区域或地点。这种区域虽然在某种程度上取决于自然因素，但它也是公众创造的物体，成为城市建筑中的重要部分。我们可以把这种区域看作一个整体，看成是城市形式在水平面上的展开，我们也可以考察其中的个别部分。地理学家称区域为场地，即城市出现的区域或城市实际占据的地面。这种地理学对于我们结合地点和位置来描述城市是必不可少的，其中地点和位置是区分不同城市的重要元素。

　　这就引出了研究区域范围的概念。既然我们认为，城市元素和城市建筑体相互关联，而且这种关系的特殊性又与具体的城市相关，我们因此有必要说明周围城市环境的性质。这种最小的城市环境构成了研究区域，它是城市的一部分，我们可以通过与整个城市中较大元素（如街道系统）的比较来定义或描述研究区域。

　　研究区域是有关城市空间的一个抽象概念，它因此能够更为清楚地定义具体的元素。例如，为有助于说明某块地皮的特征及其对住房类型的影响，我们应当考察临近的地皮和限定特定环境的那些元素，看看它们的形式是纯属偶然，还是与更为普遍的城市条件相联系。研究区域也可以通过与特定城市建筑体相重合的历史元素来界定。仅仅对这种区域本身的考虑就会使我们认识到，在更为广泛的城市整体中，各个部分都有特定和不同的质量。城市建筑体的这种特质是极其重要的；对这种特质的认识会使人们更好地理解城市建筑体的结构。

研究区域的其他方面也应提一下。比如，研究区域的空间概念和"自然区域"的社会概念之间的某种关系引出了居住区的概念。研究区域的另一个方面，是它作为城市中竖向部分的特征。在所有这些方面中，我们有必要限定一下城市的整体范围，这是避免下述在研究中常见的严重曲解的最好办法：城市的发展和城市建筑体的演变是连续的自然过程，它们之间没有什么实际的差别。城市建筑体结构的真实性在于，城市在时间和空间上都是独特的，每一时空中的城市都是不同的。城市建筑体的每一个变化都包含了量和质的变化。

我将试图表明，建筑类型学和城市形态学之间存在着一种具有揭示意义的双重关系。研究这种关系对于理解城市建筑体的结构是很有帮助的。尽管这种结构并不是这种关系的一部分，但却多半可以通过这种关系来加以阐述。

我认为，研究区域具有优先的重要意义，这种意义反映了我所确信的下述观点：

1. 考虑到现在的城市干预，研究工作应该在城市中某一限定的范围内进行，虽然这并不能排除某种城市发展的抽象规划和出现某种完全不同观点的可能性。从知识和程序的角度来看，这种自加的限定更为实际。

2. 城市这个创造物在本质上不能被缩减为某种单一的东西。现代大都市是这样，下面的概念也如此：城市是由各种不同社会和形式特征的地区组成的整体。实际上，地区之间的差别构成了城市的典型特征之一。把这些方面简化为一种解释和一种形式法则的做法是错误的。城市的整体和优美是由许多不同的形成时期组成的，这些时期的综合就是城市整体的统一。城市的主导形式和空间特征使人们有可能来理解城市的连续性。[1]

作为城市的一个组成部分，研究区域的形式有助于分析城市本身的形式。这类分析既不涉及公有社会的区域概念，也不包括与邻里相关的社区概念中的任何含义，因为这些问题在性质上主要与社会学有关。就目前情况而言，研究区域总是含有两个方面统一的概念：在各种发展和变化过程中出现的城市整体的统一以及城市中具有各自特征的单个区域和部分的统一。城市被视为"杰作"，人们从时间即不同的时期中（这是难以准确预测的）来理解这个体现在形式和空间之中的杰作。对历史和城市本身的记忆从根本上形成了这些部分的统一。

这些区域和部分基本上是由其位置、地盘、地形条件和具体形象来限定的。这样，它们就可以在城市整体中被区别开来。我们因而在此问题上获得了更为一般和观念上的进展：研究区域可以被定义为含有一系列空间和社会因素的概念，这些因素会对相对完整的文化和地理区域中的居民产生决定性的影响。

从城市形态学的角度来看，这个定义就更为简单：研究区域包括所有那些具有形式和社会特征同质的城市地区（尽管定义事物尤其是形式的同质性并非易事，但我们仍然可以定义类型学意义上的同质性：以相似的建筑物来体现一贯的生活方式和各类的所有区域，如居住区的同质性等等）。对这些特征的研究最终会专注于社会形态学或社会地理学（在这个意义上，我们也可以定义社会学意义上的同质性），从而分析社会集团的活动以及这些活动是怎样连续地体现在固定的领地特征之中的。

研究区域因而是城市研究中的一个特殊要素，能够引出真正合理的城市生态学，而这又是研究城市的一个必要前提。体量和密度是这种关系中的两个特点，它们体现在水平和竖向空间占有的统一性中。研究区域与城市中某一部分的特定体量和密度有关，同时也是城市生活中一个跃动的元素。

居住区是研究区域

刚刚讨论过的区域概念与居住区概念密切相关。在谈到特里卡的理论时，我已介绍过这个概念。我认为，我们应当回到城市由部分组成的思想上来，应当视城市为一个由各具特征的部分构成的空间体系。舒马赫（Fritz Schumacher）也发展了这种理论，而且有相当的价值。正如我们所指出的那样，有关城市居住地区的研究只是研究区域概念的延伸。*

居住区因而是一个要素，是城市形式的一部分。它与城市的演变和性质密切相关，它自身由部分组成，这些部分又反过来构成了城市的形象。我们确实体验了城市的这些部分。从社会学的角度来看，居住区是一个形态结构和单元，具有一定的城市景观，社会内容和功能方面的特征，其中任意一个元素的变化都足以限定居住区的范围。我们应当记住，那种在社会或经济阶级划分和经济功能基础上，把居住区当作社会建筑体来分析的观点在本质上与现代大城市的形成过程相对应；古罗马和今天的大城市都同样经历了这个过程。此外我认为，这些相对自主的居住区并不那么彼此从属，它们之间的关系并不是简单的相依功能，而是似乎与整个城市结构有关。

---

* 意文中的 "quartiere" 相当于法文中的 "quartier"，在此和书中的其他地方被译为 "地区"（district），不过这并不能充分表达该字的原意。我们多少可以从像 "工人阶级区" 这种表达中体会到该字的原意。在这种表达中，它意指在城市中演变而成的居住区域，而不是强制方法（例如分区制）的产物。——英文版编者注

大城市的某一部分是一小城市这个观点，是对功能主义理论中另一个内容即分区制的挑战。我在此所说的分区制并不是指某种技术实践，因为这种实践还有可接受之处和另一种意义；我是指由帕克（Robert Park）和伯吉斯（Ernest Burgess）于1923年首先用科学方法提出的与芝加哥城相关的分区制理论。在对芝加哥城的研究中[2]，伯吉斯把分区制定义为城市布局的发展趋势：具有相同中心的居住区围绕中心商业区或政府机构集中区布置。在描述该城时，伯吉斯指出了一系列与明确功能相对应的具有同一中心的地带：汇集商业、社会、管理及交通运输的商业和行政管理区；环绕中心且呈衰败景象的过渡区，这是由黑人和新移民组成的贫穷居住区，其中有些小型办公机构；靠近工厂的工人居住区；富人居住区，其中有独户住宅和多层住宅；最后是外围地带，每日上下班的人流都拥塞在汇聚于城市的交叉路口上。

这个理论甚至对芝加哥来说似乎都过于图解化了；在对此理论的批判中，霍伊特（Homer Hoyt）[3]的观点有某些可取之处。他也试图用过于图解化的方法，来建立一个以交通或运输轴线为依据的发展原则，并依此在有相同中心的部分加上从城市中心向四周发射的辐射状道路。这种理论与舒马赫的理论有关，尤其与他为汉堡城所做的规划方案有关。

应当看到，虽然分区制一词以理论的形式出现在伯吉斯的研究中，但它却于1870年首先出现在鲍迈斯特（Reinhard Baumeister）的研究中[4]，并被用于1925年的柏林城规划中。在这个规划中，分区制出现了完全不同的形式：虽然城市也被分为五个区域即居住、公共用地、商业、工业和混合区，但布局却不是中心放射式的。商业中心虽与历史中心重合，但工业区、居住区和空地的交错布局却与伯吉斯的理论相反。[5]

我不想对伯吉斯的理论提出争辩；许多人已经这么做了。我只想在此强调一下，那种把城市不同部分认为只是体现功能的观点有着根本的缺陷，因为它对整个城市的描述非常狭隘，好像除了功能之外，就没有其他因素存在似的。这个理论的局限性在于，它把城市看成是可以用简单方法进行比较的一系列要素，看成为基于功能划分的简单规则的一系列要素。这种理论因而抹杀了城市建筑体结构中最为重要的固有价值。与这种理论相反，我们提出了下面的可能性：整体考虑城市建筑体，完整地分析城市的某一部分，确定其中所可能具有的一切关系。

就此而论，鲍迈斯特的理论和其他的理论一样有用，因为毫无疑问，专门化区域确实存在。我们也许会说，这些区域是有特征的，是有着特殊面貌的自主部分。这些区域在城市中的分布并不取决于或至少不仅仅取决于城市所需求的各种彼此相关的功能，而是主要有赖于产生这些具有独特构造的区域的全部城市历史过程。哈辛格尔（Hugo Hassinger）因此把1910年的维也纳城描述为由以下几个区域组成：老城、围绕老城的环行区域、

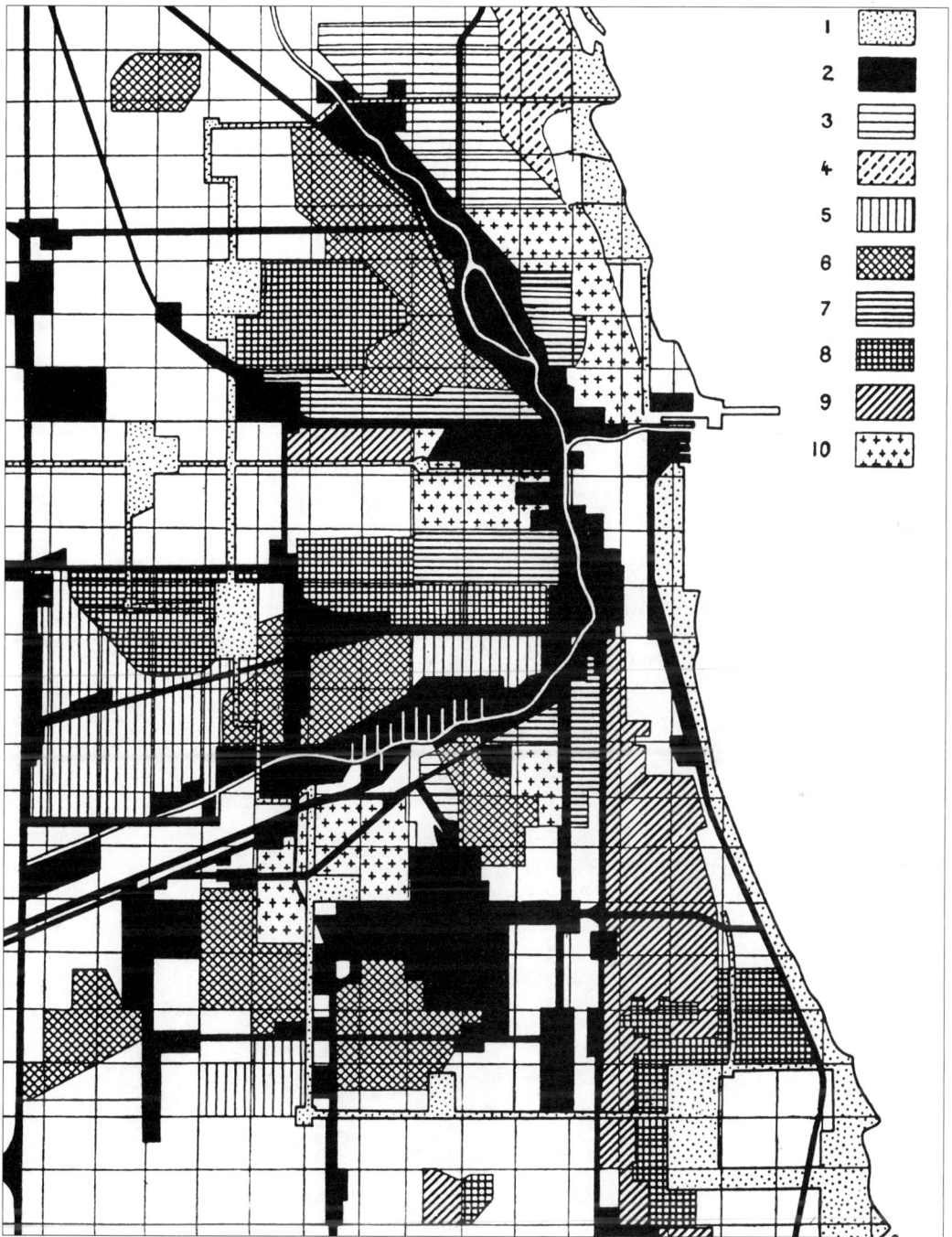

图40

芝加哥城用地和种族区域规划。

1. 主要公园和干线；2. 工业和铁路用地；3. 德裔居民区；4. 瑞典裔居民区；5. 捷克斯洛伐克裔居民区；6. 波兰和立陶宛裔居民区；7. 意大利裔居民区；8. 犹太裔居民区；9. 黑人居民区；10. 混合区

图41
德国美因河畔的法兰克福城平面图。1. 古老的中心；2. 15世纪时期的城市；3. 现代城区；4. 铁路线；5. 公园；6. 林地

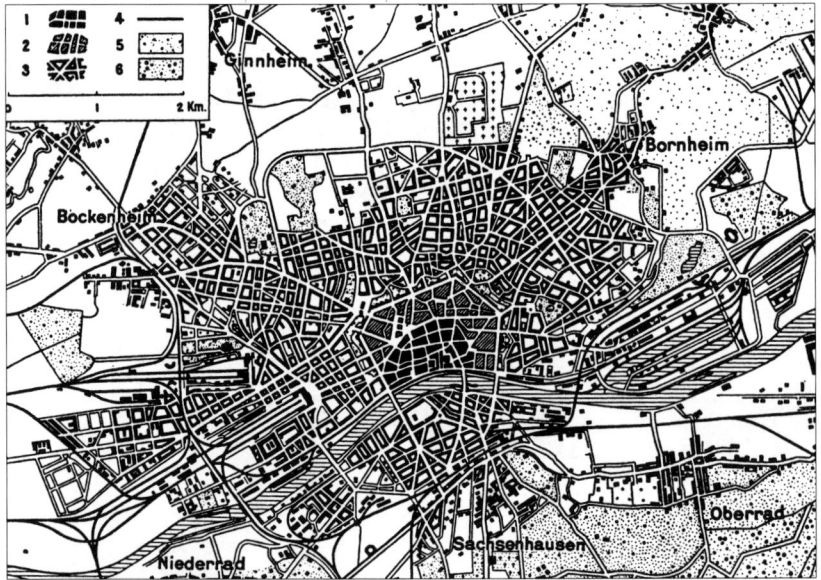

图42
维也纳城平面图。右上角的图解平面反映了城市发展的不同阶段。1. 1683年的维也纳城；2. 18和19世纪初期的老城区，位于1703年所建城墙之内；3. 环形区域；4. 1860年时的城区；5. 19世纪末和20世纪初发展起来的城区

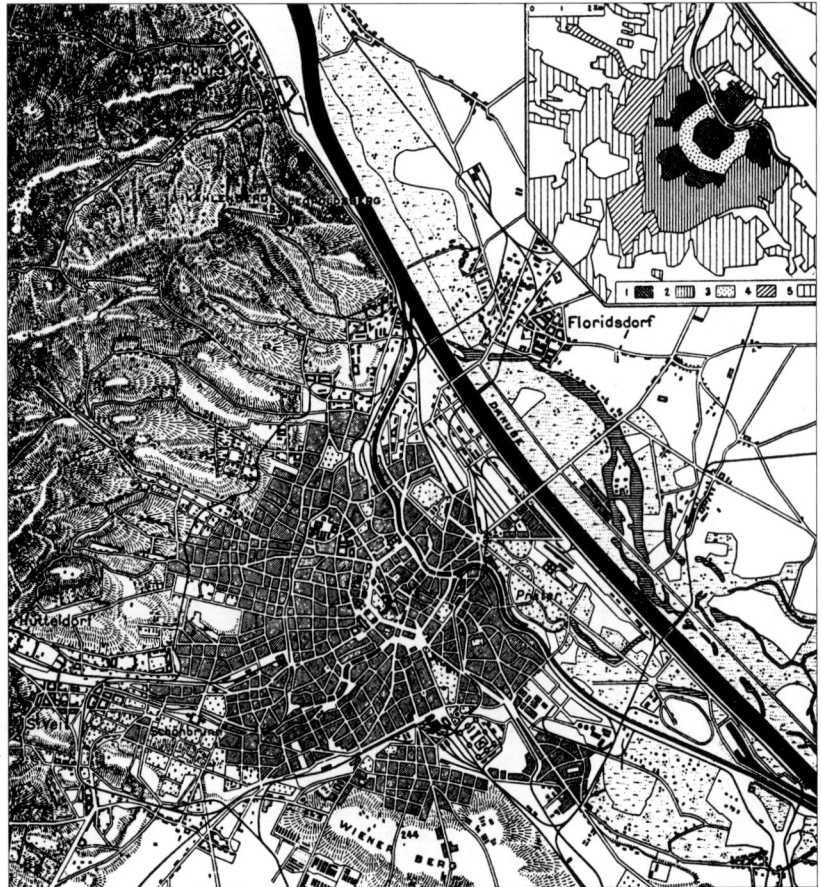

41

42

环行区域外围的地区以及位于后两者之间的密度最大的大都市近郊。此外，他还划分出城市的核心，谈到了后来被美国学者定义为城市边缘的由半城市和半乡村组成的大都市市区。尽管哈辛格尔的规划比较刻板，在城市的棋盘式规划中划分地块，但他却掌握了一个至今仍然正确的基本特征，这个特征是维也纳城形式的不可分割的一部分。在此，问题不仅仅是城市功能的划分，而是通过部分、形式和特征来定义城市；这些特征是功能与价值的综合。[6]

每座城市一般都有一个中心。这个或多或少比较复杂的中心都具有不同的特征，在城市生活中起有特殊的作用。第三产业一部分集聚在此中心内，且多半沿外围交通轴线布置，而另一些则分布在大型住宅群中。从区域之间的总体关系来看，综合和多核心的第三产业网络构成了城市的特征。然而，我们只能通过主要城市建筑体来研究城市中心和其他的副中心。只有了解了这些建筑体的结构和位置，我们才能认识它们的特殊作用。

如上所说，城市因其不同的部分而形成特征，从形式和历史的观点来看，这些部分组成了复杂的城市建筑体。这与着重结构而不是功能的城市建筑体理论相一致，我们因此可以认为，城市中的单个部分都有明确的特征。由于居住区有着举足轻重的影响，它们所经历的明显的环境变化更多地赋予其场地而不是其中的建筑物以特征，所以我打算使用居住或住宅区域这个词（区域一词还是来自有关社会学的文献中）。

人们普遍认为，古代城市中的居住区、市中心、纪念物和城市生活都是明确地区别开来的，城市历史和建筑现实本身可以证实这一点。这些特征在现代城市首先是欧洲大城市中也同样明显，无论是在把城市纳入宏大的全盘设计之中的地方（例如巴黎），还是在形式特征产生于不同的区域和情况的地方（例如伦敦）。

这后一种现象在美国城市中也很突出，它的许多成分常常戏剧性地发展为某种主要的城市问题。我们甚至不用涉及问题的社会方面，就可通过美国城市的形成和演变的事实来证实"城市是由部分组成"的观点。

凯文·林奇写道："许多被询问者都小心地指出，虽然波士顿城的道路形式令富有经验的居民感到困惑，但那些富有活力的不同地区却使城市具有一种特别的质量。正如有一人说的那样：'波士顿的每一部分都不相同。你可以相当准确地认出自己所在的区域……'纽约也被提到……因为在它那由河流和街道组成的秩序构架中有许多特征明确的地区。"[7]林奇一直关注居住区，他写道："参照区域"尽管"没有什么知觉方面的内容，但却有助于组织概念……"，他还将"只顾自身而不注意周围"的内向地区同那些与所在地带无关的孤立地区划分开来。[8]林奇的这些研究支持了城市是由不同部分组成的论点。

对语言学的研究应当有可能与林奇的心理学分析同时进行，以揭示城市结构的最深层次。人们会想到维也纳人所说的"家乡地区"一词，它表示居住区既是人们的家园，又是人们的生活空间。黑尔帕赫（Willy Hellpach）也曾正确地指出，大城市是现代人的"家园"。家乡地区这词尤其表达了维也纳城的形态和历史结构，该城既是一个国际性的场所，同时又是哈普斯堡王朝（Hapsburgs）国家统一观念中的惟一真正的场所。让我们来看另一个例子，只有通过对形态和历史的仔细研究，人们才能理解米兰城的西班牙墙外地区为何被划分成borghi；在此，某种经久现象在语言中保持了极大的活力，以至于圣戈塔尔多的主要地区仍被米兰人称为"el burg"。

和心理学研究一样，这类语言学的研究可以产生有关城市形成的有用资料。例如，地名常常在有关城市发展的研究中意义重大。显然，所有城市中都有许多发生过重大物质变化的地方，这些变化被记载在古老的街名和路名中。在米兰，Bottonuto, Poslaghetto Pantano, San Giovanni in Conca 这些街名很快使人联想到沼泽和古代水磨坊区域。我们也可以在巴黎的沼泽地区中看到同样的现象。这些研究证实，城市是由各个特征部分组成的。

单体住房

把住房作为一种范畴并不意味要采用划分城市土地的功能标准，而只是简单地把一种城市建筑体看成是组成城市的重要元素。为此，使用前述的居住区域一词可以将单体住房的研究置于城市建筑体的普遍理论之中。

住房总是在很大程度上构成了城市的特征。可以这么说，没有居住功能的城市是不存在的，或是没有存在过。在那些居住功能最初从属于其他城市建筑体（城堡、军营）的地方，城市结构很快就会发生变化，以使住房变得重要起来。

历史和实际情况告诉我们，住房并不是无形的，也不是很容易被迅速改变的物体。居住建筑的形式及其类型特征与城市形式密切相关，住房体现人们生活方式和文化，它的变化是极其缓慢的。在对法国建筑进行全景透视的《11至16世纪法国建筑大词典》一书中，维奥莱－勒－迪克写道："在建筑艺术中，住房无疑最能体现人们的风俗、趣味和习惯；住房的秩序就像其组织一样，只有经过相当长的时间才会发生。"[9]

在古罗马城中，住房被严格地划分为私人住宅和多层公寓这两种类型，它们成为奥古斯都时期罗马城和十四个地区的特征。多层公寓自身的类别和演变实际上是城市的一个缩影。其中的社会融合比人们通常所认为的要多；而在1850年以后建成的巴黎住房，楼层的变化反映出人们不同的社会地位。这些极为简陋和临时的多层公寓被不断地更新，构成了城市的基础，成为浇筑城市形式的材料。在多层公寓和任何其他大量性住房中，人们可以感受到城市生长的最重要的力量之一：土地风险投资。居住环境中土地风险投资机制的运用，使古罗马城出现了最富特征的发展时期。如果不承认这个事实，我们就无法理解公共建筑的体系以及它们的变位，无法理解城市发展的逻辑。古希腊城市中也有过类似的情况，尽管其建筑密度并没有那么大。

维也纳城的形式也来自住房的问题。居住区法的实施[10] 使中心的密度急剧增加，尤其影响了多层住宅这种建筑类型并且对刺激郊区的发展起到了决定性的作用。从一次大战后所出现的工人居住区的概念中，人们可以看到，住房成为影响城市形式的决定性元素和一种典型的城市建筑体。维也纳的城市规划首先是要建设那些与城市形式密切相关的典型建筑群。彼得·贝伦斯（Peter Behrens）就此写道，"用从绘图桌上得出的原则来批评这些建设是错误的，特定地区中的人们的需要、习惯和许多情况很不相同，而且易于改变。"[11] 因此，住房和其所在地区的关系是首要的。

如果不了解低密度的独户住宅这一发展趋势，人们就无法解释美国城市中的广大地区。戈特曼（Jean Gottman）对"特大城市"的研究很好地说明了这一点。[12]

住房的位置取决于地理、形态、历史和经济等许多因素，其中地理因素是由经济因素决定的。居住区域及其特有类型结构的交替似乎主要取决于经济结构，而土地风险投资机制则促进了这种交替。这种情况在当代城市甚至社会主义城市中也很明显，由于存在着难以说清的困难，目前似乎还没有其他途径来替代这种以经济为基础的城市发展过程。显然，即使在没有土地风险投资机制的地方，人们在选择住处时，总会表现出难以解释的偏爱倾向。这些问题最终在城市变化中的总体选择构架内得以解决。

居住建筑群体的成功与公共服务设施有关，理解这一点既是逻辑的，又是重要的。它们使居住区得以分开布置。公共交通的缺乏和很少的私人交通工具造成了古代城市和帝国罗马城中的集中居住区域。但也有一些城市是例外的，例如古代的希腊城市和一些北边城市的形态结构。

图43
法国勃艮第（Burgundy）地区的13世纪住宅复原图，维奥莱-勒-迪克绘制。上图：正立面图；下图：底层平面图

43

但我们却难以证明，这种关系就是一个决定性的因素。这就是说，城市的形式并不是由某种特别的公共交通系统来决定的；就一般而言，这种系统也不可能产生某种城市形式或是依随城市形式。换句话说，我认为除了技术效率外，任何大城市中的地铁都不可能成为论争的话题，但居住区却不是这样，从其结构作为城市建筑体的方面来看，它们是人们不断论争的议题。因此，住房问题有一个独特的方面，它与城市问题，城市的生活方式和城市的具体形式和形象——即与城市的结构紧密相关。这种独特元素与任何技术服务设施无关，因为后者无法构成城市建筑体。

研究住房是研究城市的最好方法之一，反之亦然。也许没有其他任何东西能像形态和结构不同的住房那样，表现出地中海城市如塔兰托（Taranto）和北部城市如苏黎世城在结构上的不同。从阿尔卑斯山的村庄和所有那些由并不独特的居住建筑体占主导地位的聚居处，我们可以得到类似的结论。这些例子都证实了维奥莱 – 勒 – 迪克的论断：只有经过很长时间，住房的秩序和组织才会发生变化。

我们应当记住，住房类型这个问题包含了许多元素，它们并不只是考虑空间的因素。在此，我只想指出它们的存在而并不想讨论它们。因此，通过将上述讨论与视住房为城市生活要素的社会学或政治学观点联系起来，我们显然可以获得许多令人感兴趣的资料。例如，人们有可能从对这种资料和建筑师的具体设计方案之间关系的研究中，获得许多有用的资料。

下面我将以柏林为例，来探讨一下住房与建筑师之间的关系，因为柏林城不仅和其他许多城市一样，有大量的住房文献，而且还有许多现代地区的资料。由于住房在理论上和实践上都是德国现代建筑中的一个最重要的内容，所以，看看理论模式和具体实践之间的确切关系将会对我们有帮助。在两次战争之间的时期，许多人对这方面的研究做出了卓越的贡献，他们中有黑格曼（Werner Hegemann）、格罗皮乌斯（Walter Gropius）、克莱因（Alexander Klein）和亨利·凡·德·费尔德（Henry van de Velde）。

柏林住房的类型问题

既然同其他许多城市问题一样，住房与城市有关，并且我们总归可以描述城市，因此在具体的城市环境中研究住房问题是有益的。不过，在谈论具体城市中的住房问题时，我们应当尽可能地避免一概而论。所有城市显然在这方面都有一些共同之处，通过研究某一建筑体和其他建筑体的相同之处，我们可以进一步地阐述一种普遍的理论。

柏林的住房类型问题极为有趣，与其他的城市相比，尤其是这样。

图 44

瑞士莱茵河畔的阿彭策尔州（Appenzell-am-Rhein）的乡村社区，1814 年。赫里绍（Jakob Mock von Herisau）绘制

图45（对面页图）
柏林城平面图。1. 花
园和公园；2. 森林。
右下角的嵌图表示城
市发展的各个阶段：
1. 古老的中心；2. 多
罗腾城区；3. 18 世纪
的城墙

我将努力揭示那些使我们得以认识这类问题中某种统一性或连续性的形式，表明过去和现在少数典型居住模式的容量，从而澄清一系列与城市条件和城市发展理论相关的住房问题。通过柏林城的规划，我们会更为清楚地认识到其住房的特别意义。[13] 1936 年，地理学家赫伯特（Louis Herbert）在柏林城分出四种主要结构类型，与距历史中心不等的四个地区相对应：

1. 具有统一和连续结构的地区，例如至少有四层高的"大城市"类型的建筑物；

2. 具有不同城市结构的地区，它可以分为两类：一类位于市中心，为新建筑物与三层以下的很古老且低矮的建筑物的混合体；另一类位于市中心的边缘，连续散置着高层和低层住宅，开敞空间，田野和小块土地；

3. 大片的工业区；

4. 城市外缘的住宅区，主要由 1918 年以后建成的别墅和独户住宅组成。

在第四地区和周边地带之间，有一连续的工业，居住和转变中的村落混合区。这些外围地区彼此之间差别很大，有工人居住区和工业区（Henningsdorf and Pankow），也有上流社会区（Grünewald）。在这种结构基础上，鲍迈斯特于 1870 年提出了分区制概念，此概念后被编入普鲁士建筑规范之中。

在柏林地区中，居住建筑群体的形态是很不相同的，这些没有直接关系的不同群体的特征正是产生于不同的住宅类型：多层住宅，风险投资住宅和独户住宅。这种类型上的多样化表现出相当现代的城市结构，它后来也出现在欧洲的其他城市中，但还没有像柏林城的那么明确。从城市结构和类型结构的两重性来看，居住区类型的多样化是德国大城市的一个主要特征。居住区（Siedlungen）只能被认为是这些条件作用的结果。

居住建筑群体的结构可根据以下的基本类型进行划分：

1. 居住街区；

2. 双联式住宅；

3. 独户住宅。

由于历史文化和地理上的原因，柏林城出现这些不同类型的频率要大于其他任何一个欧洲城市。在其他德国城市中，长期保存下来的哥特式建筑构成了城市的主要形象，它们直到二次大战才被毁坏。而柏林的哥特式建筑则在 19 世纪末期就完全消失了。

街坊结构产生于 1851 年的治安条例，是最完整的城市土地开发形式之一；在此结构中，住房围绕一系列院落呈内向布置。这类建筑物也构成了汉堡和维也纳这些城市的特征。这种以"出租兵营"而闻名的住房，在柏林大量出现，使城市具有"兵营城市"的特征。

院落式住房是中欧的一种典型住宅,许多现代建筑师在维也纳和柏林都采用了这种形式。内院被改为大型花园,其中包括托儿所和小贩的售货亭。德国理性主义时期的某些最好住宅与这种形式有关。

理性主义者设计的居住区(Siedlungen)是以独立的结构为特征的,它们反映了某种很值得讨论的科学观点;在完全自由划分土地的基础上,住房的布局取决于朝向,而不是地区的普遍形式。这些独立的住房与街道没有任何联系,而正是这种情况完全改变了19世纪城市发展的类型。在这些居住区中,公共绿地是特别重要的。

研究居住单元这个细胞成为设计居住区的关键。所有设计这些居住区并且研究经济住房类型的建筑师,都试图找到最低居住标准的确切形式,即用组织和经济的观点来确定住房单元的最佳尺寸。这是理性主义者关于住房问题研究的最重要的方面之一。

最低住房标准的公式是以某种生活方式(属于假设尽管可以从统计上证实)和某种住所类型之间的静止关系为前提的。这是造成居住区很快过时的原因。这种居住区自身表现为一种过于特别且过于与特定设计相联系的空间概念,因而不能广泛地被用于住房设计中。最低居住标准只是由许多因素构成的相当复杂的问题的一个方面。

在柏林的居住建筑类型中,独户住宅有着悠久的传统。虽然这是理性主义住房类型的最为有趣的方面之一,但我只想在此稍稍提及,因为这需要进行一种研究,它既平行但又超出我们现在所探讨的范围。在这方面,申克尔为威廉一世设计的巴伯尔斯贝格府第(Babelsberg castle)和所做的夏洛腾霍夫府第(Römische Bäder of Charlottenhof)与罗马浴场方案具有特殊的意义。巴伯尔斯贝格府第的布局结构严谨有序,房间的组织近乎刻板,但其外部形式却试图与周围环境尤其是自然环境取得联系。从此方案中,人们可以看到,别墅的概念是怎样被借用并发展为适合柏林这类城市的住宅类型原形的。从这个意义上来看,主要以英国乡间住宅为模本的申克尔作品,标志了从新古典模式向浪漫主义模式的转变,成为20世纪初期资产阶级别墅类型的基础。

随着哥特时期和17世纪时期住房的消失,随着别墅作为城市元素在19世纪中的发展,城市中心为政府部门所取代,城市边缘为出租房屋所取代,柏林的城市形态发生了深刻的变化。菩提树大街在几百年中发生的变化,就是一个典型例子。这条17世纪的街道,确实是酸橙树下的"散步大道":虽然路边的住宅围墙有高有低,但却有一种整体上的建筑统一性。这些建在狭长地块上的资产阶级住房,带有中欧建筑的特征,在形式上与哥特建筑有某种联系。这种类型的住房在维也纳、布拉格、苏黎世和其他许多城市中也很有特征;这些常常起源于商业需要的住房与现代城市的最初形式有关。在19世纪下半叶,这些住房随着城市的转变而迅速消失了,这或是由于建筑物的翻新,或是因为地区用

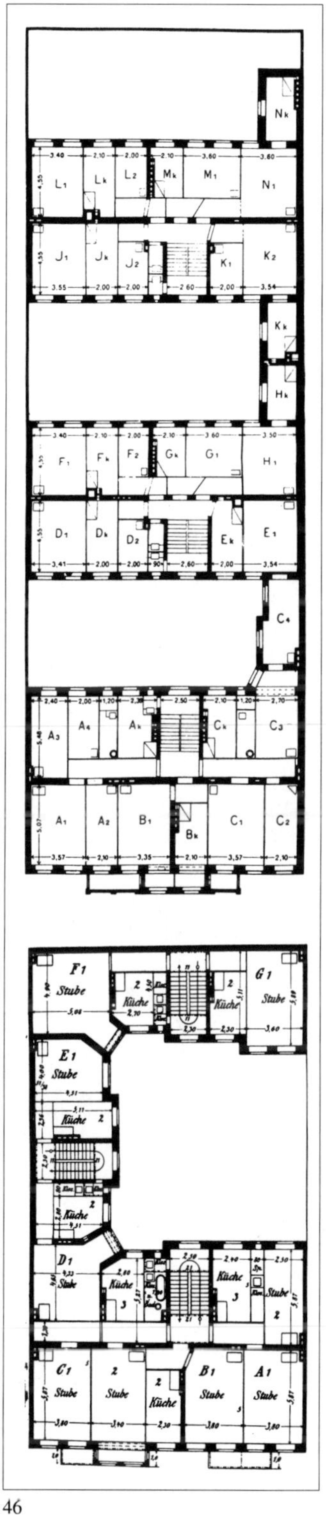

47

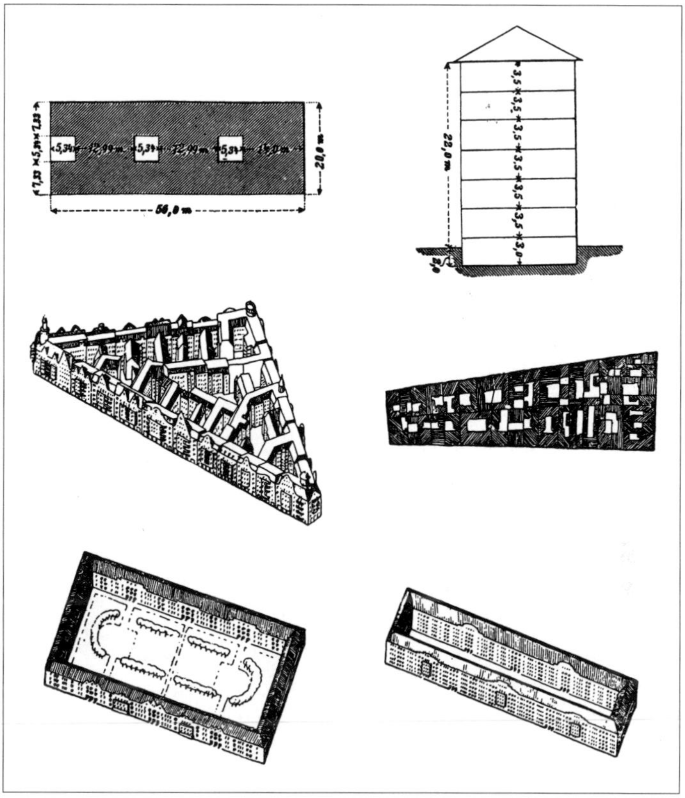

46

图46

埃贝施达特（Rud Eberstadt）绘制的柏林"出租公寓"平面图。上图：带有横向两内翼的公寓，1805年；下图：后来出现的带有横向一翼的公寓

图47

根据黑格曼（Werner Hegemann）研究绘制的柏林住房和分区制类型。上图：柏林典型住房的平面图和剖面图（沿街立面长20米，共有三个均为5.34米见方的院落）。此房是根据普鲁士1853—1887年建筑规范建造的。七层楼的住房可容纳居民325至650人，单个房间面积为15至30平方米，平均每1.5至3人住一间房。长56米的两边侧墙上没有窗户；中图：两组住宅的轴测图和平面图。住宅是根据1887年的建筑管理规范建造的。它们显然比1853年的规范改进了；每组的规模和内际都增大了。房屋评估员格罗布勒（Grobler）绘制；下图：根据1925年建筑规范建成的三至五层的典型成组住宅

48

图 48
德国波茨坦附近巴伯尔斯贝格威廉公爵乡间别墅表现图，申克尔（Karl Friedrich Schinkel）绘制。1834年完成方案，1835年动工兴建

图 49
巴伯尔斯贝格威廉公爵乡间别墅平面图，申克尔1834年设计

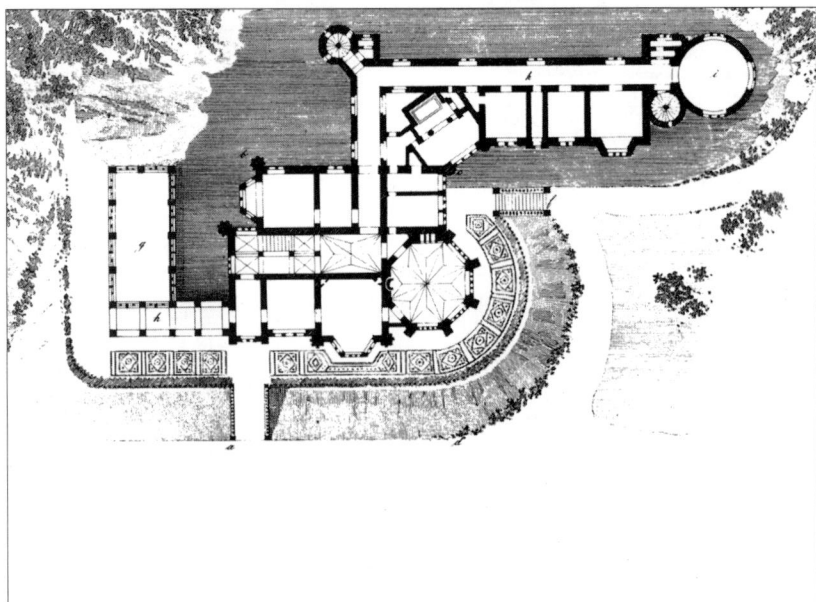

49

途的改变。这类住房的更替，使城市环境发生了通常带有刻板纪念味的重大变化，例如菩提树大街的变化。因为出租住房和别墅取代了老式类型的住房。

在舒马赫看来，19世纪下半叶别墅区和出租兵营式住区之间的分离现象，反映了中欧城市中城市统一的危机。别墅与自然更接近，进一步表现了社会象征和社会阶层。别墅不会也不可能成为连续城市形象中的一部分。另一方面，出租住宅因其成为风险投资住房而贬值，再也没能恢复其居住建筑的价值。

然而，即使舒马赫的观点是正确的，我们也应当承认，别墅在导致现代住宅的类型转变中，发挥了主要的作用。柏林的出租兵营式住区与英国的独户住宅没有什么关系，它是一种特殊且在不断发展的城市居住建筑类型。别墅起初是宫殿的简化（如申克尔设计的巴伯尔斯贝格府第），其内部安排和流线组织日趋精细与合理。穆特修斯（Hermann Muthesius）的研究对柏林来说是重要的；他强调了功能和自由的内部空间，从而根据理性方法发展了英国乡村住宅建筑的设计原则。

值得注意的是，这些类型上的创新，并没能引发建筑上的敏感变化；为适应资产阶级生活方式，建筑内部设计变得更为自由，但伴随这种自由而来的只是更加富于纪念性的建筑形象，和对申克尔模式的僵化，其中的居住建筑和公共建筑之间的差别令人注目。在这方面，穆特修斯于1900年前后设计的建筑物很有说服力，他是当时最典型的柏林城的设计者之一。他对现代住宅的偏见也反映在其论著中，这种偏见关注与形式无关的住宅类型结构。他从德国新古典主义中吸取了某些形式，再加上地方传统的典型元素。这与申克尔模式直接对立，在申氏模式中，住房较少地依赖具象的元素，而古典类型的设计则与建筑不冲突。

但是，在19世纪后期，居住建筑中引入具象元素的做法在当时所有的建筑中是有代表性的。这也许是为了适应已经变化了的社会条件，满足使住宅具有象征意义的愿望。这当然与舒马赫所谈论的城市统一的危机相一致，也出于区别日益增多的各种社会阶级的需要。现代建筑运动中最为著名的建筑师格罗皮乌斯（Walter Gropius）、门德尔松（Erich Mendelson）、黑林（Hugo Häring）等在柏林设计的别墅，以一种相当正统的方式发展了这些类型的模式。尽管这些别墅形象发生了重大变化，但它们显然与之前的折中住房模式毫无决裂之意。社会学家应当确立这种转变具象或标记性元素的方法，不过这是同一现象的不同方面的问题。这些现代住宅将折中式别墅的前提发展为最终结果；人们可以从这一点上认识到，为什么像穆特修斯和凡·德·费尔德被尊为大师：正是因为他们创立了一种普遍的模式，尽管这种模式只是转化了英国和佛兰芒的住宅形式。

独户住宅的所有这些方面都体现在居住区中，而居住区因其自身的复

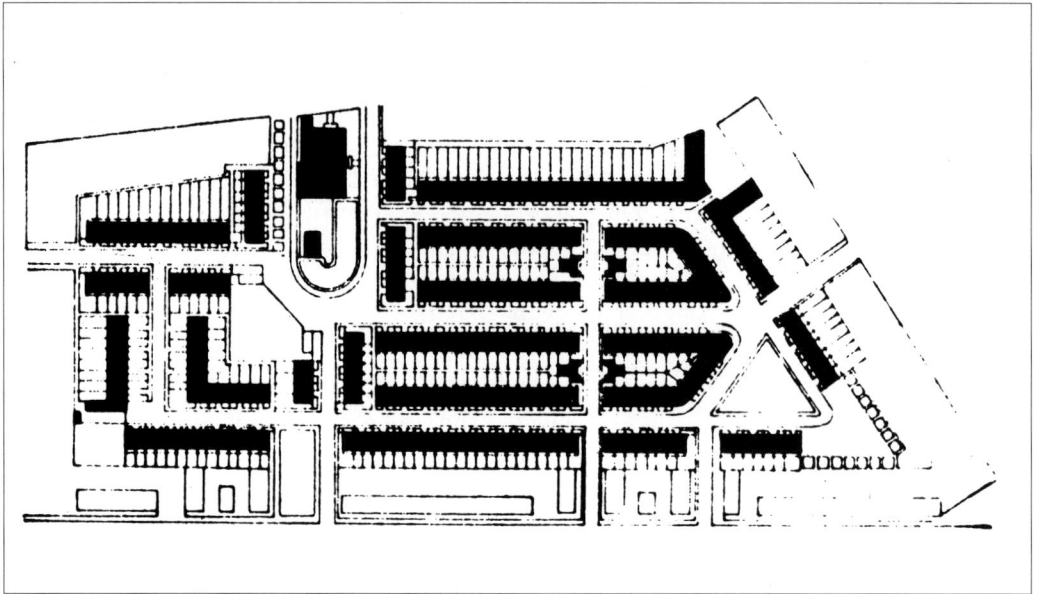

50

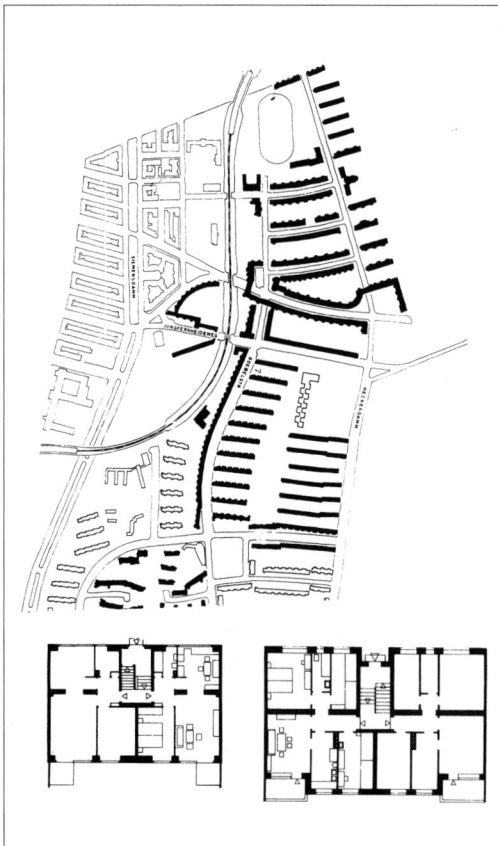

51

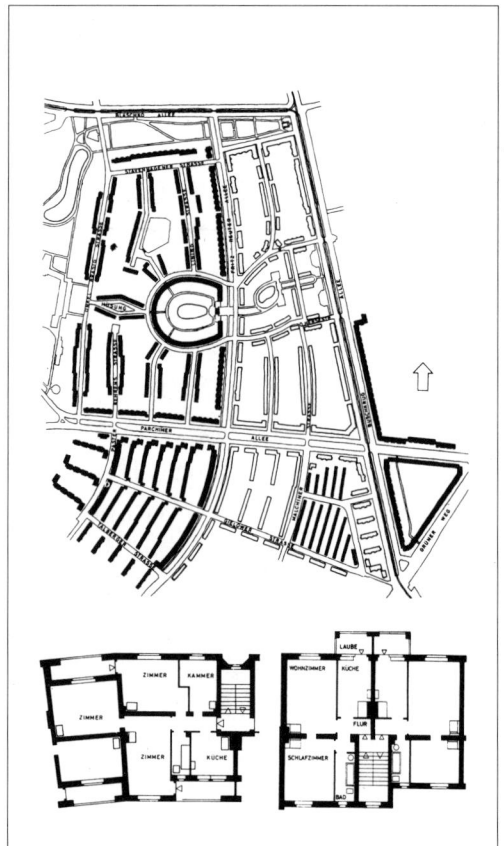

52

合特征似乎最适宜容纳它们，最适宜给某些倾向以新的定义。为了不在理性主义建筑师们所解释的住房问题上纠缠太久，我将列举一些于20世纪20年代在柏林建成的实例。这些实例具有原型上的意义，法兰克福和斯图加特也有同样著名的实例。

显然，理性主义的城市理论浓缩于居住区这个概念之中，至少其居住方面是这样。此概念也许先是一种社会学的模式，然后才是一种空间的模式。谈到理性主义的城市化，我们便自然地会想到居住区的城市化。但这种态度立刻表现出自身的不足，从其方法论意义的角度来看，更是如此。如果把理性主义的城市化仅仅视为居住区城市化，我们就会把城市化的经验局限于20世纪20年代时的德国城市化之中。事实上，很多不同的城市化经历使得理性主义的城市化定义甚至与德国的城市化历史不相符合。从德文"Siedlung"一字翻译而来的居住区这词虽然有用但并不准确，它所包含的不同内容是如此之多，以至于我们最好在对它进行仔细考察之后再使用它。[14]

所以，我们有必要去研究实际情况和建筑体。从柏林城的形态、城市环境的丰富和特殊性以及别墅的重要性，我们可以得出如下的结论："Siedlung"在此有着特别的含义。腾玻尔霍夫·费尔德和布里茨这类居住区之间的十分相像和那些明显带有英国模式印迹的居住区，明确地表现出对城市地点参照的重要性。像弗雷德里希·埃伯特这类居住区虽与理性主义的理论密切相关，但从各方面来看，这些居住区的实际形象却难以与"Siedlung"所包含的观念相一致。

我们至此已经考虑了"Siedlung"本身，而没有涉及（确切地说是忽视）其所产生的背景；只有参照1920年代的柏林地区规划，我们才能分析城市中的居住区问题，这个问题实际上就是1920年代柏林住房的问题。这个规划的基础是什么？它与某些最新模式的关系要比人们所想像的要接近得多。从总体上看，住房选择与地点没有多少关系。住房本身表现为城市体系中的一个要素，取决于体现城市脉搏的交通系统的发展。通过分区制，它促使政府和管理部门在市中心自成一区，而娱乐活动和体育设施等中心却被挤到了边缘地区。

这种模式甚至在今天还是一种基本的参照体系，尤其在那些居住区界线较为明确的地方。在柏林地区的规划中，我们可以看到以下一些情况：

1. 在城市中，居住区（Siedlung）并没有被设计成由不同部分组成的自主区域，这种实际状况因而比自主区域的设想要温和得多；

2. 德国理性主义者们已经认识到大城市及其形象的问题，人们只要想想为弗雷德里希大街设计的不同方案，尤其是密斯（Mies Van der Rohe）和陶特（Bruno Taut）的方案，就可以知道这一点；

3. 解决柏林住房问题的方法，并没有完全不同于当时的基本住房模

图50
奥德（J.J.P. Oud）所做的鹿特丹基夫欧克区规划图，1925年

图51
柏林西门子城的大型居住区规划，1929—1931年。上图：总平面图；下图：典型住宅单元平面图，左为格贝尔街4号的单元平面，巴特宁（Otto Bartning）设计；右为容费恩海德路6号的单元平面，格罗皮乌斯设计

图52
柏林布里茨大型居住区，1925—1931年。上图：总平面图；下图：弗里茨·洛伊特大道的典型曲线和直线住宅单元平面图，陶特（Bruno Taut）设计

式，而是表现了新与旧的结合，这是很有意义的。

田园城市和光明城市

我所说的基本模式是指英国的田园城市和柯布西耶（Le Corbusier）提出的光明城市。拉斯姆森指出了这两种模式的区别，"田园城市和光明城市是现代建筑的两种主要风格。"[15] 虽然这句话是就所有现代建筑而言的，但我想用来特指两类住房模式。有趣的是，拉斯姆森在其论述中指出，类型问题比思想观念问题更为清楚明确，尽管类型有时被认为是不变的。他的论述不仅具有史料的意义，而且也关注城市结构中的住房价值，这种价值在今天仍然是一个普遍的问题。田园城市和光明城市这两种模式似乎最明确地体现了这个方面，其城市形象也最为清楚。

有了这些认识，人们就可以说，柏林的居住区和同时期的其他实例（如法兰克福的居住区）一样，在总体上表现了一种在较大的城市系统中解决住房问题的努力，而这个系统本身就是现有城市实际结构的产物，是一幅新城的理想景象。这种理想景象基于过去的模式：也就是说，用于认识和描述柏林的居住区并不是原初的模式，但这并不否认它在住房模式中的特殊意义。因此，在柏林或其他欧洲城市中，居住区多少有意识地反映了调解于两种不同城市空间概念之间的努力。如果无视居住区与城市之间的关系，我们就不可能认为居住区是城市中的一种自主元素。

我们有必要考查一下田园城市和光明城市中基本住房模式与某些政治和社会理论之间的关系。道格里奥（Carlo Doglio）有关田园城市的文章进行了这方面的研究。[16] 这篇文章最为出色地探讨了意大利的城市化。在此，我并不想来概括它，而只想摘引文章开始的一些段落，因为这些段落略述了所要研究的问题及其困难性和复杂性：

"我所研究的情况是相当复杂的，这是因为实证主义观点的因袭和反动势力的持续，因为某种模糊性不仅削弱了问题的形式方面，而且还扩展到问题的最深之处。奥斯本（Osborn）是霍华德思想的最著名的积极拥护者，他用真正现代和具有人性的居住中心（让我们加上社会）的重建实例提出了田园城市，同时轻蔑地谴责了维也纳和斯德哥尔摩的低薪者居住区，从而以这些地区过去所具有的更大的美学和社会价值为背景，对其进行了抨击……然而，当莱奇华斯（Letchworth）和韦林（Welwyn）这些田园城市不仅因为形式和实际上来自形式的固定内容，而且由于其所含有的结构类型（城市和乡村，分散布局等）而被马克思主义准则不屑一顾时，人们便只能说，尽管这样，那些规划比以往出现的许多其他方案还是更富有活力，更具有潜能和前途。"[17]

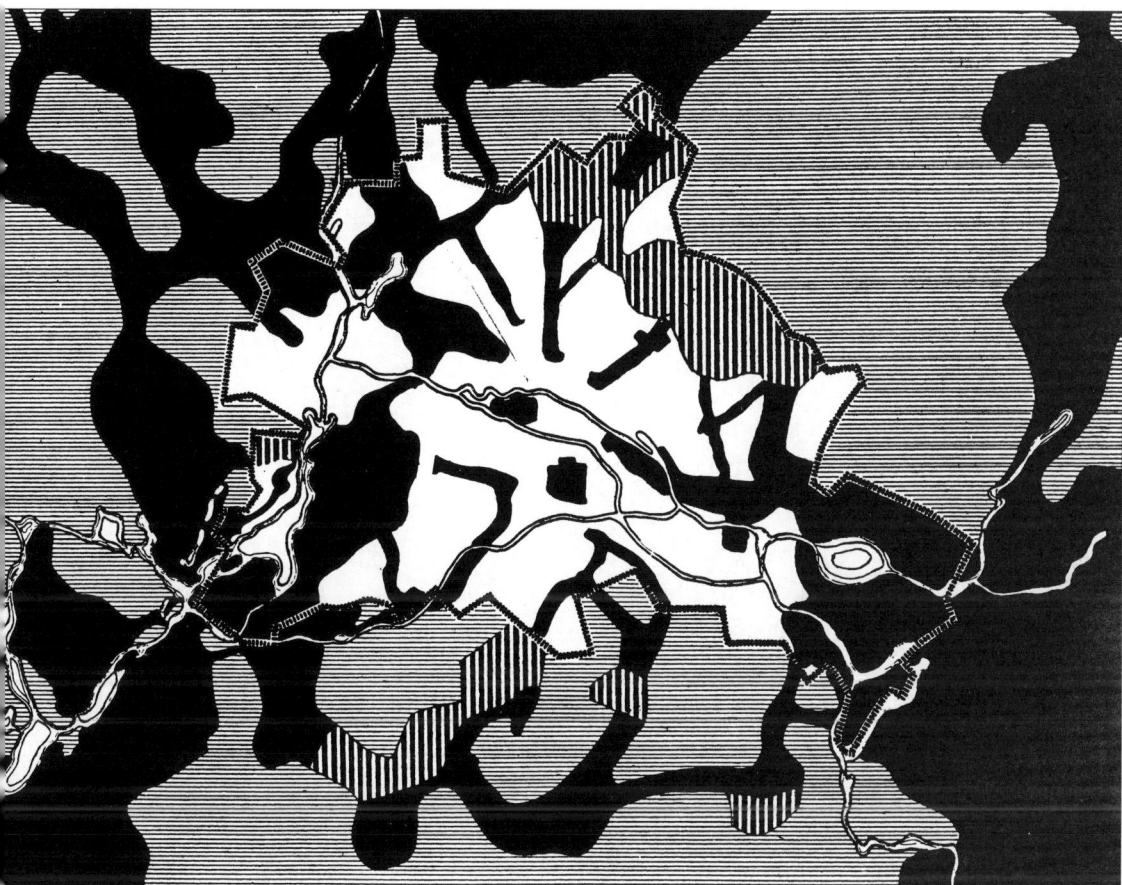

图53

1929年柏林城区范围中未建设区域及其周围区域图示，根据黑格曼研究所做。黑色为未建设区域；竖向条纹为田地；横向条纹为其他社区的农业领地；点线为柏林城界线

图 54

伦敦汉普斯特区（Hampstead）的花园郊区的总平面图，1906年安文（Raymond Unwin）和帕克（Barry Parker）设计。中心城区的设计合作者为勒琴斯（Edwin Lutyens）

由于这个问题会使我们离题太远，因此，我只想顺带说明一下，有关住房和家庭之间的关系及其所有文化和政治意义的研究是怎样被有趣地运用在公有社会的观念之中的。在此，地方社区和民主形式之间的关系，以及作为社区生活要素的空间规模和社区政治生活之间的关系被明确地表现出来。住房问题显然是这类关系中的中心议题。

另一方面，在那些城市整体似乎十分重要的地方，在那些密度和规模占据主导地位的地方，住房就不那么重要，或至少不像城市生活中其他功能那样受到重视。例如，在19世纪城市中所进行的美化和增扩的大型工程，虽然通常产生于普遍的风险投资，但它们却为所有的人们喜爱，成为人们生活中的一个积极元素。很少有人像黑尔帕赫那样，明确地认识到这种"城市效果"，他站在与时代相反的立场上，肯定了大都市生活的积极意义："对于由大城市塑造起来的一代人来说，大都市不仅是生存空间，生活场所和市场，而且还是从生态学和社会学方面，最为深刻地展现人们生活场景的场所：人们的故土。"[18]

这些理论和近60年来建成的居住区是相互平行的。它们之间的对应关系有时十分明显，例如德国的居住区、意大利和英国的居住区。在意大利的许多居住区中，社区生活是非城市的，孤立得几乎与城市没有什么联系，它们内向关注自身和近邻；我们可以发现，这种居住区模式一再被人们所推荐，只是在下列情况中才被取代：当人们偏爱具有很强表现力的建筑形象，从而以此来改变城市形象。我们还可以举出有关最早新城的例子，其低密度的规划后被否定。还有在新型居住群体方面所做的尝试，例如史密森夫妇（Alison and Peter Smithson）和拉斯顿（Denys Lasdun）所做的规划设计以及谢菲尔德住宅群。

英国的建筑师们认识到，贫民窟的拆除导致了传统上居于高密度地区之中的社区解体，而且如果没有实质性的变化，这些社区就不能在重新被安置的低密度的郊区中建立起新的根基；从居住类型的原型中，他们重新发现了一个经久的主题。史密森夫妇重新发现了街道的概念，并且在金巷方案中设计了三层通向各户的水平通道。

谢菲尔德住宅群清楚地表现了这种思想，大型板块在那里高架于城市之上，力图与未来的发展相联系。这个创新的作品证实了它与社会理论的关系，例如重新恢复街道作为社区活动舞台的必要性："街道是一个矩形舞台，人们在其中见面、闲聊、游乐、打斗、嫉妒、求爱和表现自尊心。"[19] 同时，谢菲尔德住宅群的庞大建筑体量，以一种新的方式，使人想起柯布西耶设计的马赛公寓形象。

主要元素

前面所谈到的研究区域和居住区的概念本身并不足以表明城市形成

和发展的特征；我们还应当加上发挥凝聚核心作用的特殊城市元素的整体特征。我们已称这些具有支配属性的城市元素为主要元素，因为它们以一种永恒的方式参与了城市的历史演变，并且通常等同于构成城市的主要建筑体。从位置和建设的角度来看，这些主要元素与区域，经久布局和建筑物以及自然和人工建筑体相结合，构成了城市有形结构的整体。

定义主要元素并非易事。我们在研究城市时会发现，城市在整体上易于分为三种功能：住房，固定活动和流通。"固定活动"的场所包括仓库、公共和商业建筑、大学、医院和学校。此外，还有城市设备、标准、基础和服务设施。在这些术语中，有些是已被定义或可被定义，而另一些则不然；但多半来说，学者们都在特殊的背景中使用它们，以确保必要的明确性。为方便起见，我把固定活动场所包括在主要元素之中。我认为，住房和居住区的关系如同固定活动场所与主要元素的关系一样。

我之所以使用固定活动场所一词，是因为这个概念已被普遍接受。尽管固定活动场所和主要元素在某些方面是相同的，但它们在形成城市结构观念的方法上却是根本不同的。它们的共同之处在于，二者均指城市元素的公共和集合特征，均指公共建筑的特征事实：为公众服务的集合产品，具有城市的属性。不管怎样缩减城市的实在，我们总会得出这种集合属性，它似乎构成了城市的初始和结束。

另一方面，从建筑的意义上来看，主要元素与居住区之间的关系与社会学家所提出的公共和私密领域之间的区别相对应，这种区别是城市形成的特征元素。巴尔特（Hans Paul Bahrdt）在《现代大城市》一书中的定义，极好地揭示了主要元素的意义："我们的论点如下：城市是一个体系，所有生活在其中都表现出或为公共或属私密的两极倾向。公共和私密领域在一种密切但却保持两极的关系中发展，而那些既非'公共'又非私密的生活也就失去了意义。从社会学的观点来看，这种两极关系越明显，它们之间的互换关系就越严密，城市的集聚生活就更有城市味。反之，集聚就会使城市特征处于较低的层次上。"[20]

主要元素的空间特性及其作用（这种作用与其功能无关）最为接近地反映出主要元素在城市实际生活中的状况。这些元素不仅具有"自身的"价值，而且还有一种取决于其在城市中位置的价值。就此而言，一幢具有历史价值的建筑物可被视为主要的城市建筑体；它也许不再具有最初的功能，或者说，它在历史中所具有的功能不同于原先所设计的功能，但它作为城市建筑体，作为城市形式发生器的质量却保持不变。从这个意义上看，纪念物永远是主要元素。

不过，主要元素并不只是纪念物，就像它们不仅仅是固定活动场所一样。从总体上看，它们是能够加快城市化过程的元素，它们在大于城市的区域中，产生了空间转变过程的特征。主要元素通常具有催化剂的作用。它们最初的表现与其功能相一致，但它们很快就具有某种更为重要的价值。它们甚至常常并不是有形的、建成的和可度量的建筑体。例如，某一事件本身的重要性，就会使某地的空间转变具有"场所感"。在后面，我将从场所的角度来讨论这个问题。

主要元素在城市发展中发挥着有效的作用，它们的存在和组织方式使城市建筑体获得了自身的质量，这主要是指建筑体的定位以及展现自身和个性的作用。建筑是这个过程的最终要素，也是这个复杂结构的产物。

从这方面来看，城市建筑体和其建筑是相同的，它们共同构成了一件艺术品。"评说一座美丽的城市等于评说其优秀的建筑"[21]，因为正是后者真正体现了城市建筑体的美学意图。不过，只有通过考察特定的建筑体，我们才能对这种含义作出真正的分析。以下两个城市历史中的实例，将会有助于我们理解那些在历史中可以证实的城市建筑体。

城市元素的动力

城市元素中的持续动力促成了西方古罗马或高卢–罗马时期的城市发展。这种动力至今仍然存在于城市形式之中。在罗马帝国的和平时期结束时，城墙被用来限定城市范围，其面积小于以往的古罗马城市。纪念物甚至人口稠密区都在城墙之外，城市只剩下其核心部分。在尼姆城，西哥特人将一圆形竞技场改为一要塞，使之成为一个拥有两千人口的小城市，四个城市出入口在四个正方位上，市内有两座教堂。其后，城市重新围绕这个纪念物发展开来。在阿尔勒城也出现了类似的情况。

这些城市的变迁是惊人的。这一方面使我们很快联想到规模，另一方面也表明，城市建筑体的质量与自身的大小无关。尼姆城的竞技场具有明确的形式和功能。它并没有被认为是一种一般的容器，相反，它的结构、建筑和形式是极为明确的。但是，发生在历史中戏剧性时刻的一系列外部事件，完全改变了竞技场的功能，使之成为城市。这个竞技场–城市如同一要塞，围合和保护了其中的居民。

葡萄牙的维索萨城是另一个例子。该城是在一城堡的墙体之间发展起来的。这些墙体既是城市的明确界线，同时又组成了城市的景观。这座城市的意义、建筑及其具体出现的方式，记载了它自身的转变。先存的封闭和稳定的形式，保证了连续性，造成了相继出现的作用和形式。形式作为城市建筑体的建筑，就是这样出现在城市的变化之中。

我就是在这个意义上，来谈论古罗马的城市及其所遗留的形式的：例如横贯塞哥维亚城的如同地理建筑体的输水道、埃斯特雷马杜拉城中的梅里达桥、万神庙、广场和剧场。随着时间的推移，古罗马城市中的这些元素发生了转变，改变了功能，从城市建筑体的观点来看，它们具有许多类型上的意义。教皇西克斯图斯五世（Sixtus V）改大斗兽场为纺织厂的方案设计，是另一个突出的例子。此例又与圆形竞技场的特殊形式有关。在方案中，底层为实验室，上面几层安排了工人宿舍。大斗兽场原本可以成为大型工人生产和生活区，成为经过理性组织的建筑物。封塔纳曾对此评论道："人们已开始清除其周围之土，平整从伯爵塔到大斗兽场的街道，以使整个地形平整，人们今天依然可以看到这种痕迹。有100人和60辆马车参与了这项工程。如果教皇再多活上一年，大斗兽场就会变为住房。"[22]

城市是怎样发展起来的？城墙围合的初始核心根据自身特有的性质延伸发展；这种形式上的个性化和政治上的个性化相对应。城市郊区的发展，使意大利和法国的城市边缘出现了城市郊区（burghi and faugourgs）。

米兰城的单一中心结构被错误地归结为历史中心扩展的结果，而实际上，持续存在的高卢-罗马中心、修道院和宗教建筑物，才构成了米兰城在整个中世纪时期内的明确特征。城市郊区（borghi）的经久性，使得人们在方言中将圣戈塔尔多这个主要郊区简称为"el burg"，而且该区至今尚无其他名称。

在巴黎的老城外，修道院、贸易中心和大学沿塞纳河两岸发展。城市生活中心围绕这些元素而成形；市镇在修道院地区中形成。墨洛温王朝时期的圣日耳曼区可以追溯到6世纪，虽然大约在12世纪它才出现在记载之中。这个市镇是城市中的一个强有力的城市建筑体，我们在今天的巴黎规划中仍然可以看到它。它位于五条街道的交会点，面对红十字交叉路口；那里就是该镇的入口，被称为城市之首或城市之末。[23]

纪念碑立于中心，周围通常有建筑物环绕，这些形成了具有吸引力的场所。我们说过，纪念碑是一个主要元素，是一种特别的主要元素；它不仅概括了城市的所有问题，而且其形式的价值超越了经济和功能。

尽管城市中的所有纪念性结构都带有经济特征，但它们也是杰出的艺术品，这些结构的特征首先是由这个方面决定的。它们形成了一种比环境和记忆更为重要的价值。值得注意的是，一个城市中的最优秀的建筑作品从来就不会被故意毁坏；巴齐礼拜堂和圣彼得大教堂从来就不需要保护。

同样意味深长的是，当城市的突出特征和城市建筑体的整个结构都融于其形式之中时，这种价值尤为明显。纪念物之所以经久是因为它在城市发展中是辩证的；纪念物在城市中或为一点或为一区域。一点就是指主要元素，其最终的形式是最重要的，一区域是指居住区，其中的土地性质似乎是最重要的。我们应当记住，这类理论所考虑的不仅是城市各个部分的情况，而且还有城市的发展；但当主要元素及其周围城市环境的确切经验发挥最大作用时，它便大大降低了城市规划和整体结构的重要性。我们应当从其他的角度来研究后面这个问题。

55

56

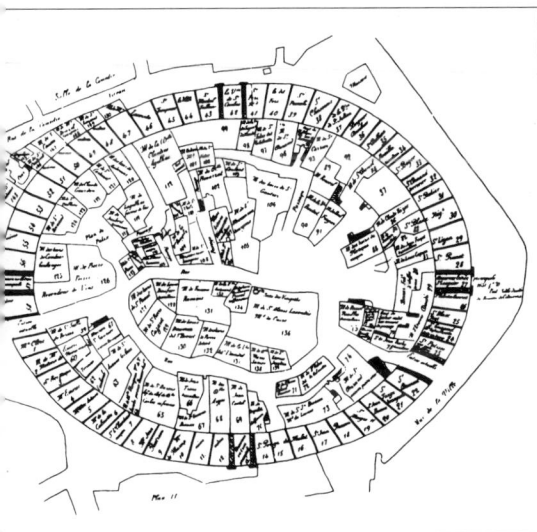

57a

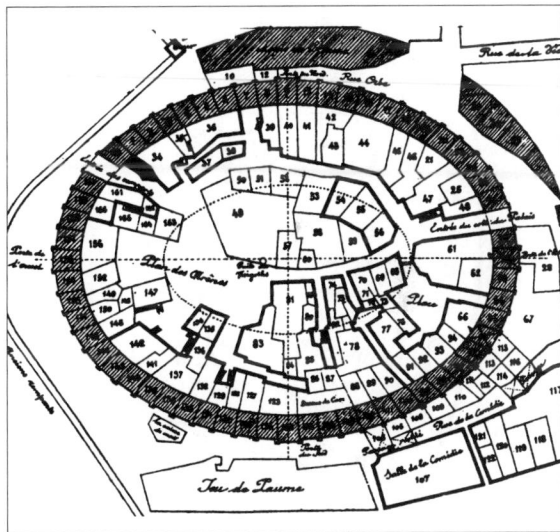

57b

图 55
法国阿尔勒城的古罗马纪念物。剧场和竞技场鸟瞰

图 56
佛罗伦萨圣克罗斯地区（Santa Croce）平面图，其中标有建于古罗马竞技场基址之上的房屋

图 57a，57b
法国尼姆城竞技场的两张房产图。左为 1782 年的，右为 1809 年的，其上标有房主和商号名

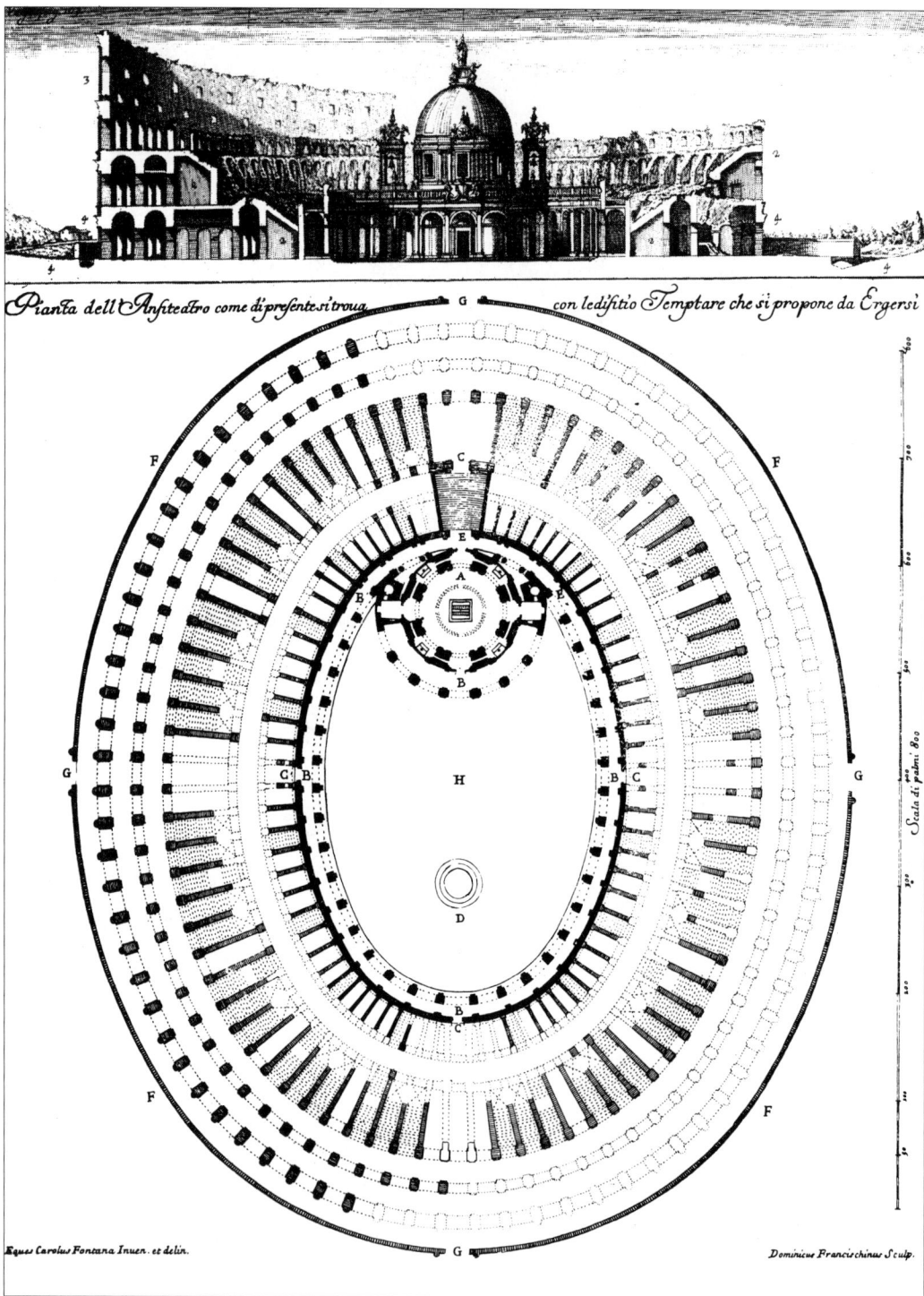

Pianta dell Anfiteatro come di presente si troua   con ledifitio Temptare che si propone da Ergersi

Eques Carolus Fontana Inuen. et delin.   Dominicus Francischinus Sculp.

图 58

为集中布局教堂而做的变罗马大斗兽场为广场的方案，1707 年封塔纳（Carlo Fontana）设计

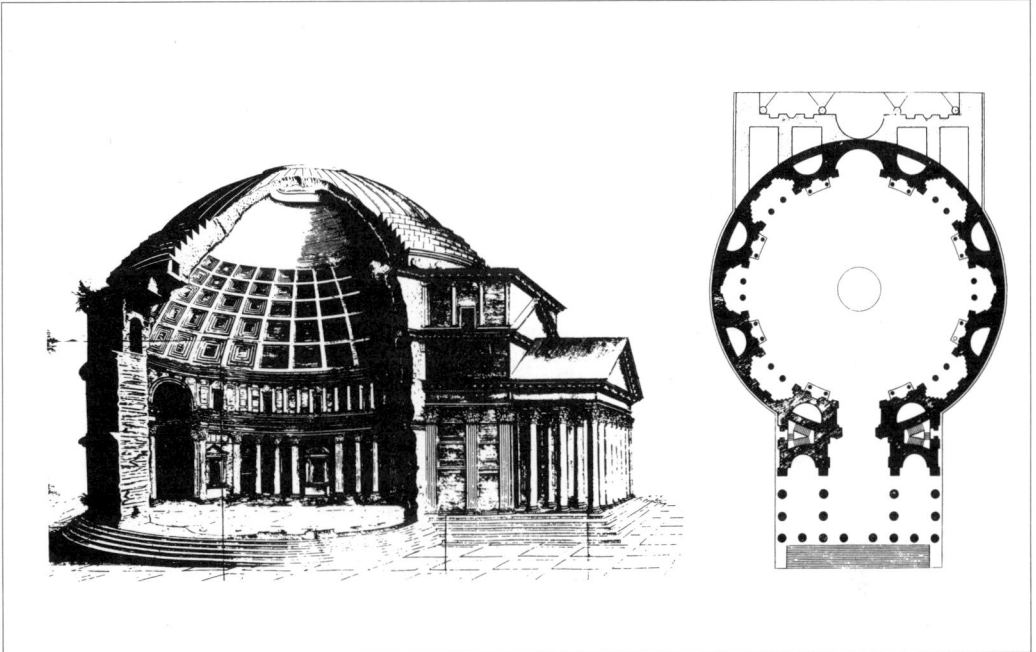

59

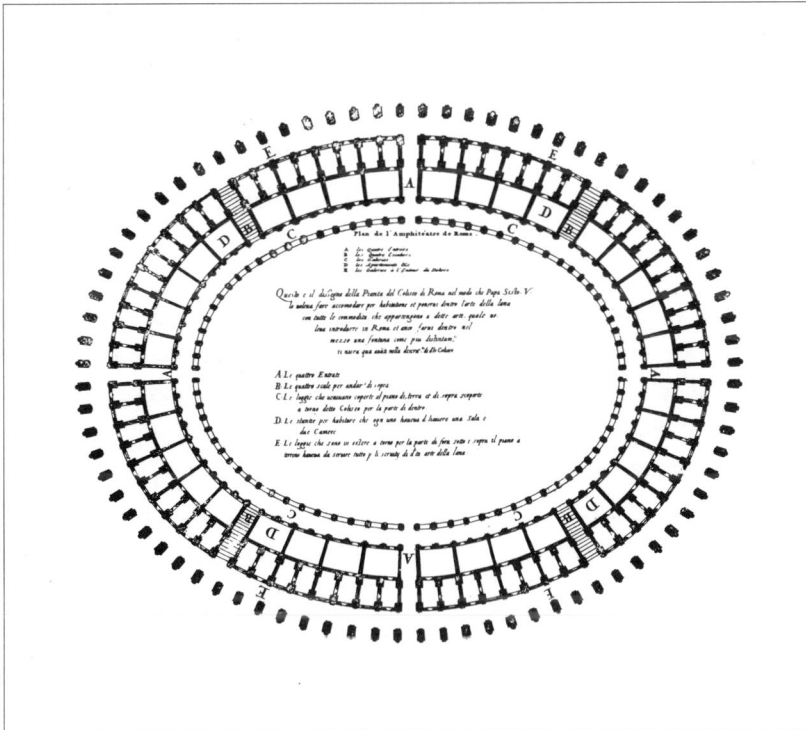

60

图 59
罗马万神庙。左为剖面表现图，右为平面图。均为 18 世纪早期版画

图 60
变罗马大斗兽场为带有工人宿舍（图中的 *D*）的纺织厂方案，1590 年教皇西克斯图斯五世（Pope Sixtus V）设计

古代城市

如上所述,主要元素在古代城市演变中的意义,表明了城市建筑体形式即城市建筑的重要性。这种形式的经久性,这种形式作为参照物的价值,与原先设计的特定功能无关,与城市制度的连续性的一致性无关。鉴于此因,我特意强调了形式和城市建筑,而没有突出城市的制度。那种认为制度在其延续过程中没有间断或变化的观点,是对历史的歪曲,因为它掩盖了城市在转变时期所遭受的真正创伤。

皮雷纳(Henri Pirenne)[24]对城市研究特别是对城市及其制度之间关系的研究作出了巨大的贡献,他的研究证实,纪念物和场所以及城市物质实体所具有的价值,是形成政治和制度的一个经久要素。纪念物和所有的城市建设都是参照标记,它们随着时间的推移而获得不同的意义。"大型集镇和区域……在城市历史中发挥了重要的作用。可以这么说,它们是预期之石。城市正是围绕它们的墙体,才得以在最早的经济复兴时期中形成的,其最初的征兆可以追溯到10世纪初期。"[25]即使当时的城市在社会、经济和法律的意义上并不存在,但值得注意的是,城市的再生是以围绕市镇和古罗马城市的围墙开始的。皮雷纳证实,古典城市与中世纪的闭关自守的中产阶级城市毫无相像之处。在古典世界中,城市生活与国家生活是一回事,市政体系与制度体系也是一致的。罗马帝国将其势力范围扩展到地中海一带,从而使殖民地城市成为帝国制度的前哨阵地。这种制度虽然抗住了德意志和阿拉伯的侵略,但这些城市却随着时间的推移,完全改变了自身的功能。这种变化对于理解这些城市后来所发生的演变是很重要的。

最初,教会在古罗马城市中已有地区的基础上建立了教区,城市便如此成了主教府的所在地,因而致使商人出走,贸易减少,城市间的联系中断,但这些并不影响基督教教会的组织,也不影响城市的结构。城市成了教会显示威望的场所,它因捐赠而富裕起来,而在管理体制上却与加洛林王朝的保持一致。因此,城市一方面增加了财富,另一方面提高了道德声誉。加洛林王朝衰落后,封建君王继续尊重教会的权威,即使在10和11世纪时期的混乱状态下,主教的统治地位仍然是如此绝对,以至于这种统治也自然延伸到居住区中,即扩展到古罗马的城市之中。

皮雷纳指出,这种权力的转移实际上拯救了城市,甚至在10世纪的经济条件并不适合城市存在的情况下,也是如此。因为,随着商人的离去,经济条件对社会已毫无价值可言。城市周围有着大片的农业自治领地,而以纯农业为基础组成的国家并不关心城市的生存。因此,虽然君主和伯爵的城堡建在农村,但主教们却通过固定的教会机构与城市保持了密切关系，这就最终把城市从毁灭的命运中挽救出来。城市就这样生存下来，这种生存因为城市是主教府的所在地，而不是城市制度连续性的结果。

在皮雷纳的分析中，罗马城具有非常的揭示意义："这座帝国城市成了宗教城市。它的历史威望巩固了圣彼得大教堂继任人的地位。教皇虽然与人隔离但其形象却似乎更加高大，拥有更多权力。人们只看见他……一直住在罗马城中，人们视罗马为教皇的罗马，就像每个主教在各自生活的城市中所起的作用那样。"[26]

古代城市是怎样成为现代城市的起源呢？在皮雷纳看来，那种把中世纪城市的形成归结为修道院、城堡和市场中的活动的观点是完全错误的。城市连同其中产阶级机构一起，是在欧洲经济和工业复苏中产生的。那么，它们为什么出现在古老的罗马城市之中？它们又是怎样出现的呢？皮雷纳认为，这是因为古罗马城市并不是人为的创造；相反，它们重新聚集了使城市得以生存和繁荣的所有地理条件。由于处在坚不可摧的"恺撒之路"即数百年来人类之路的交叉口上，这些城市必定会重新成为城市生活的场所。"那些从10到11世纪时期中只是巨大的教会领地中心的城市，在不可避免的迅速变化中开始恢复其失去已久的初始特征。"[27] 这种转变只会发生在古代城市之中或其周围，因为它们是一种人造的综合物，是人工与自然的结合体，正如皮雷纳在谈及古罗马城市时所确信的那样，人类在自己的发展过程中，不可能轻易地漠视这些城市。利用老城是有着经济和心理学方面的道理的。这些老城既有积极的价值，同时也是一种参照点。

这个有关古代城市转变的论点还与从资产阶级城市到社会主义城市的演变过程这个现代问题有关。这似乎又一次肯定，制度上的变化并不一定与形式的演变有关。因此，把这两者关系简单化的观点与城市化过程的现实不相符合。显然，主要元素和纪念物因直接表现了公共领域，而获得某种日趋增长且不易改变的必然和综合的特征。居住区因区域性而更富动态特征，但它毕竟取决于主要元素和纪念物的生命力，并且参与到整个城市体系的运作之中。

转变的过程

城市中的居住区和主要元素之间的关系，以一种特定的方式构成了城市形式。如果这一点能在总是由历史事件来统一分离元素的城市中得到证实，那么，它在下列这类城市中就更为明显：构成城市的城市建筑体从未有过完整统一的形式。例如，伦敦、柏林、维也纳、罗马、巴里（Bari）以及其他许多城市。

例如在巴里[28]，古代城市和城墙包围的城市是两个极不相同且几乎

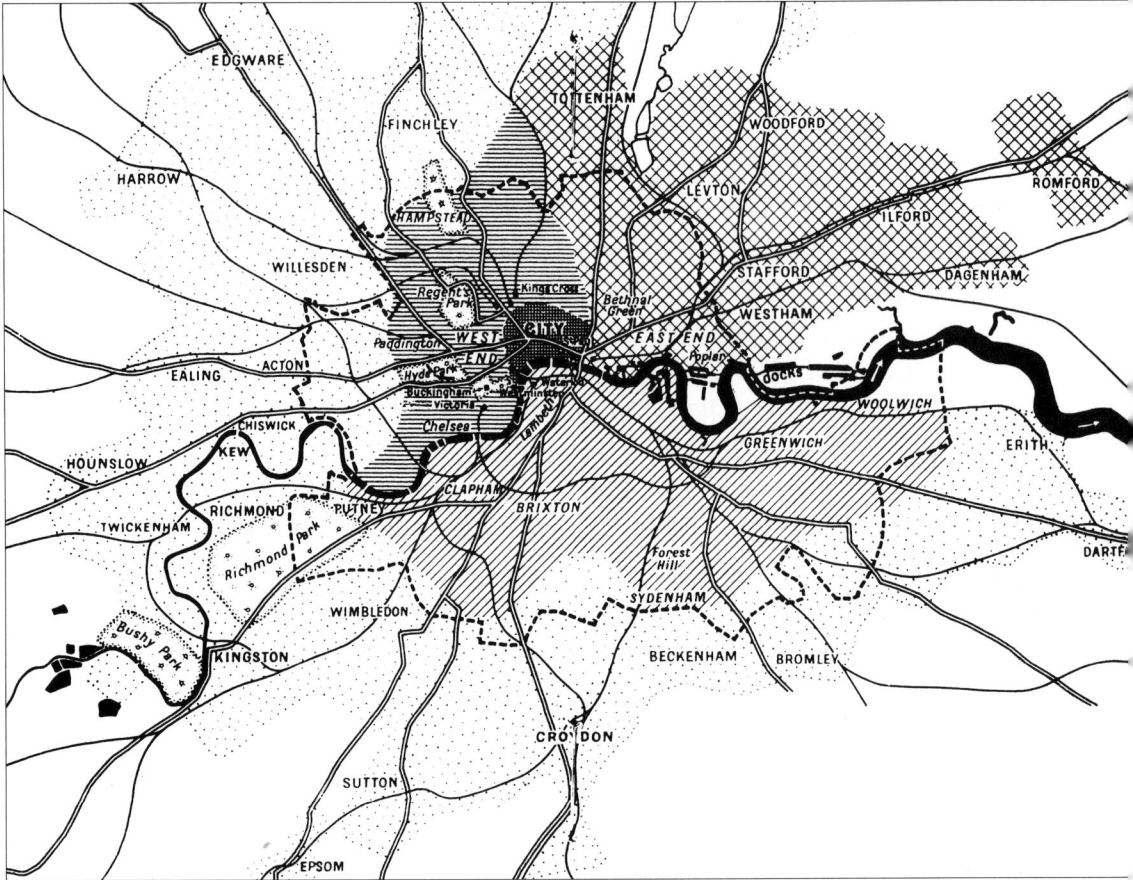

图例：

■ 商业区
▤ 高收入者居住区
▨ 中等收入者居住区
▩ 工人阶级居住区
▢ 低密度区
---- 伦敦郡界线
～～ 主要道路
━● 主要铁路线

图 61
伦敦城图解平面

没有联系的建筑体。古代城市从未被扩大过，其核心就是一个完整的形式。只有其中的连接城市与周围地区的主要街道，完好且经久地出现在城墙包围的城市之中。在类似的情况中，主要元素和区域之间总有一种密切的联系；这种联系通常成为一种占据绝对的主导地位的建筑体，它因占据绝对的主导地位而构成了城市的特征。城市总是其建筑体的总和。

形态分析是研究城市的一个最重要的工具，它能完整地揭示这些方面。城市中不存在无定形的地区，如果这些地区确实存在，那么它们正处在转变的时刻；这些地区反映了城市变化中尚无结局的阶段。在这类现象经常出现的地方，如美国的城郊，转变过程的速度通常加快了，因为高密度加大了对土地使用的压力。这些转变是通过对明确区域的限定来实现的，这就是重新发展过程出现的时刻。

这种过程至今仍然是伦敦这类大城市的特征，霍尔（Peter Hall）写道："数百年来，建设者和建筑师已本能地将分区的思想运用在牛津和剑桥大学中，运用在伦敦四法院中，运用在为布鲁姆斯伯里（Bloomsbury）所做的初始规划中，其中避免了穿行交通。"[29] 在阿伯克龙比（Patrick Abercrombie）为著名的威斯敏斯特和布鲁姆斯伯里区做规划时，这种方法成了规划的基础。规划对道路系统进行了重新调整，使主要干道环绕街区，从而避免穿行交通。

产生于区域和主要元素之间以及城市不同部分之间的张力，过去是且目前仍然是所有城市和城市美学的一个独有特征。由同一场所中，城市建筑体之间的差别所造成的这种张力，不仅应当从空间上，而且还可以从时间上来度量。我所说的时间，既指展现经久现象及其所有含义的历史过程，又指纯粹的年代顺序的时间，其中的经久现象可以用相继时期中的城市建筑体来度量。

这样，处于转变之中的大城市的原有周边地区，通常呈现出美丽的景象：伦敦、柏林、米兰和莫斯科都出现了十分难以想像的景色和面貌。建筑体美丽和愉悦的形象，使莫斯科周围地区在不同时期的形象，比其广袤的空间，更能展现处于转变之中的文化和社会结构的真实形象。

当然，我们不能如此轻易地将城市的价值归结为建筑体的自然连续。任何东西都不能确保某种有效的连续性。重要的是要了解转变的机制，从而首先确定我们所应采取的行动。我认为，我们不要完全控制城市建筑体的这种变化过程，而应当控制在某一时期中所出现的重要建筑体。在这点上，规模以及干预规模的问题便突显出来。

城市中某些特定部分的历史变化，与一些地区的衰败现象紧密联系。这种被英美文学称为"逐渐过时"的现象，在现代大城市中日益明显，并且在美国大城市（人们已对其进行了深入的研究）中具有特别的性质。在此，我们把这种现象定义为这样一组建筑物，在周围土地的使用性质发生变化的情况下，它们保持原状；它们也许靠近某条街道，或是本身就构成了一个区域。这个定义比另外一些定义含义更广。城市中的这些地区并不合时，它们通常在普遍的发展过程中呈岛屿状态，旁观城市的不同发展阶段，同时也造成了大面积的"保留地"。这种逐渐过时或废退的现象表明，把城市区域作为城市建筑体来研究的方法是正确的；我们可以把这些区域的转变与研究特定的事件联系起来，这种方法出现在后面提及的阿尔布瓦什的理论之中。

在我看来，关于城市是由许多自身完整部分构成的实体这一假设，是一种真正允许选择自由的假设；选择自由因其本身的含义而成为一个根本的问题。例如，我们并不认为，有关价值的问题可以用抽象的建筑上和类型上的公式（如高层或低层住房）来决定。这种问题只有在城市建筑这个具体层次上才能解决。我们完全相信，在选择自由的社会中，公民的真正自由在于可以选择一种而不是另一种方式。

地理和历史；人类的创造

根据地理和历史，我们进行观察和思考。

——卡洛斯·巴拉尔（Carlos Barral）[30]

在前面，我们主要讨论了两个问题：第一是居住区和主要元素的问题，第二是城市由不同部分组成的结构的问题。我也涉及了纪念物和城市元素的各种用途以及认识城市的方法。这些探讨中的许多内容与方法论有关，其目的在于定义某种分类系统。也许，我并不总是选择最为直接的方法；但我却努力忠实于那些我认为是最正确的研究，并在某种程度上来组织它们。我已说过，所有这些并不是什么新东西。重要的是，在这些讨论的背后，是那些证实了人们与城市之间关系的真正建筑体。

我还提出了一个假设：城市是一种人造物体和一件艺术品；我们可以观察和描述这个人造物体，进而力求理解它的结构价值。城市历史与其地理总是不可分割的；没有这两者，我们就不可能理解作为"人类事件"有形标记的建筑。维奥莱-勒-迪克写道："建筑艺术是一种人类的创造"，"实际上，建筑这种人类创造运用了产生于人们之外的原则，我们是通过观察来借用这些原则的。"[31] 这些原则就在城市之中；由建筑实体所构成的环境，用福塞特（C. B. Fawcett）的话来说，就是"砖石和灰浆"组成的建筑环境，象征了一个社区的连续性。[32] 社会学家已经研究了公众学问和城市心理学；地理学和生态学也已使我们大开眼界。然而，对于把城市理解为艺术品而言，建筑学难道不是最基本的吗？

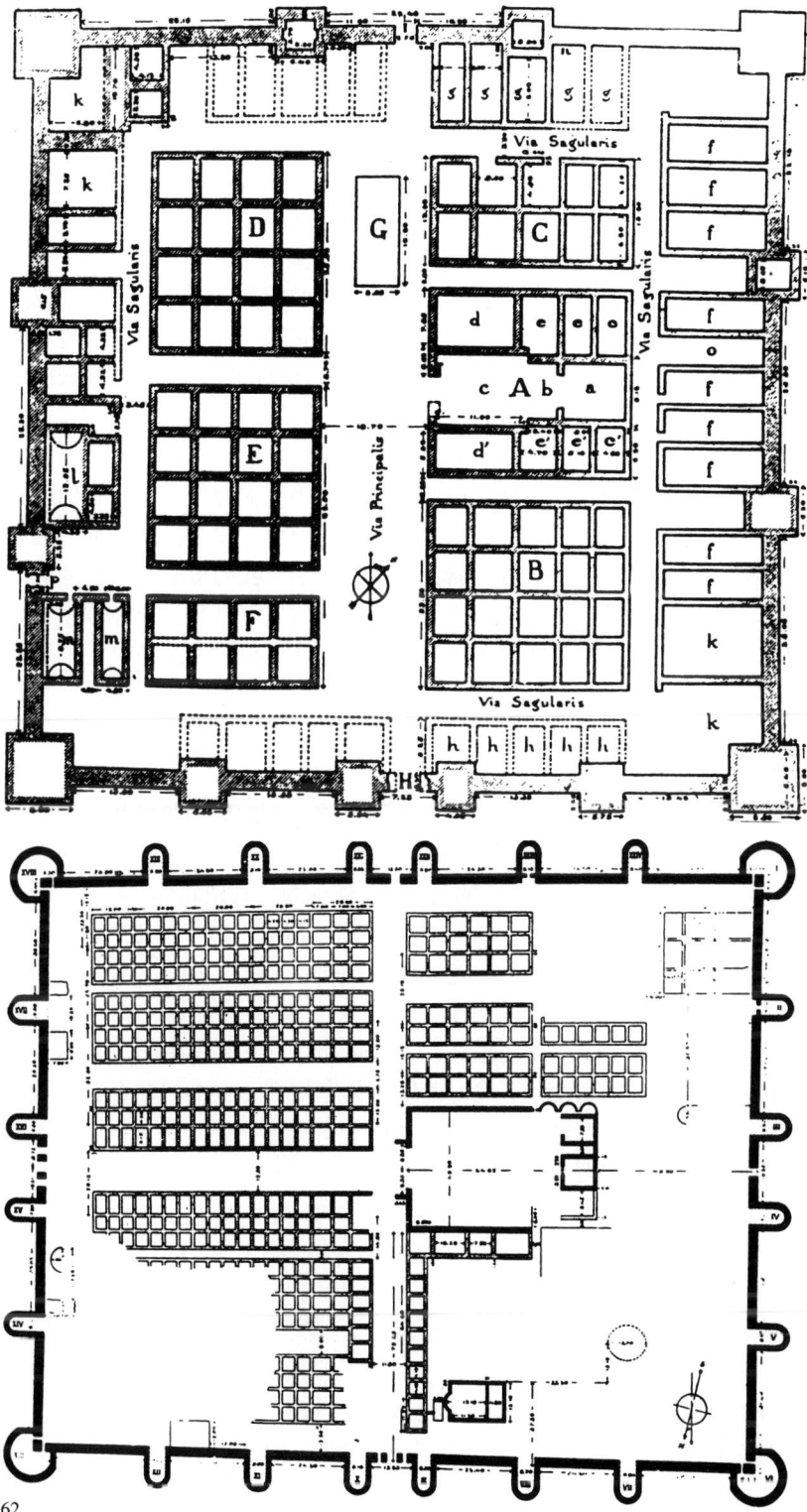

图62

两个带有设防的古罗
马居住区的平面图,其
形式成为组织城市的
一种类型。上图:约旦,
达加尼亚(Daganiya);
下图,约旦,埃尔莱贡
(El-leggùn)

62

为了澄清城市建筑是一完整艺术品的问题,我们还需要对城市历史中的那些具体而重要的元素进行更为精确的研究。正如伯伦森(Bernard Berenson)所认识到的那样,即使不用理念,人们也可以用威尼斯本身来解释威尼斯艺术:"威尼斯人用所有的一切来体现这个国家的伟大,荣耀和壮丽。这使得他们把城市本身建成奇异的纪念物,以表现对共和国的热爱和崇敬之心。与人类任意一种其他艺术成就相比,这座城市仍然给人以更美的享受和受到更多的赞誉。威尼斯人并不满足于使其城市成为世界上最美的城市,他们还与城市的庄严气氛一起,共同参与到所有的虔敬仪式之中。"[33] 这种看法适用于所有的城市,因为它涉及建筑体;虽然建筑体的表现形式和影响结果各有不同,但它们仍然可以进行比较。任何城市都有自身的个性。

在区分城市中居住区域和主要元素这两个重要建筑体时,我们已经彻底否定了视住房为不定形和短暂的观点。因此,我们已用特征区域的概念取代了对单体住房的专门研究,从后者中,我们可以观察到那时的材料破损情况以及社会不同阶级和不同生活方式对住房的基本要求。城市中的所有部分都具体体现了各自的生活方式,形式和记忆;为了从形态学(可能还有历史学和语言学)的角度来探究这些部分的特征,我们可以把这些区域相互区别开来。有关城市中区域的研究便因此引出了场所和规模的问题。

与区域相反,主要元素会发生演变,因此,我们应当将其作为能够加速城市动态过程的元素来研究。单就功能而言,这种元素可被解释为集合的固定活动场所。然而更重要的是,它可被视为一种建筑体,等同于可以"概括"城市的事件和建筑。在形成自身的过程中,这样的元素就已经体现了城市的历史和思想,用帕克(Park)的话来说,这是一种"心境"。

作为城市是人造物体这个假设的核心,主要元素具有相当的明晰性;它们的特性在于自身的形式以及在城市构造中的某种异常属性;它们具有特征,更确切地说,他们使城市具有特征。当人们在查看任意一个城市的规划图时,这些易于识别的形式变成黑点跃入眼帘。从立体的角度来看,情况也是如此。

虽然我在前面说过,纪念物并不是惟一的主要元素,但我似乎总以它们为例。比如,我提到过阿尔勒城的剧场和帕多瓦的拉吉翁府邸。我还没有把握来充分说明这一点,但我想介绍一种不同的论点。我们知道,许多有关地理和城市的教科书都把城市分为两大类:经过规划的和未经规划的。"在城市研究中,人们通常把经过规划的和未经规划的城镇之间的差别看得很重。前者是作为城镇来构想和建设的,而后者的出现则未经有意识的规划。它们是在发展中逐步成为具有城市功能的聚居地。它们的城市特征在其发展过程中已经出现,它们的布局基本上是建筑物围绕城市形成前的核心发展的结果。"[34] 这是斯梅尔（Arthur E. Smailes）在有关城市地理学的一部论著中写下的一段话，其他许多学者也谈到了这些问题。

假如这段话中的理论纲要是可靠地基于真正事实之上的话，我们就可以认为它是相对具体的：它包括了一种分类的基本类型；人们可以从多方面来讨论它。实际上，我们可以用斯梅尔的话来解释城市建筑体的起源：这种起源是"建筑物围绕城市形成前的核心发展"的结果。城市化过程是从这个核心开始发展的，而城市连同其所有价值又是在此过程中形成的。

因此，我认为，规划是一种主要元素，就像神庙或要塞这些纪念物一样。经过规划的城市中的核心也是一个主要元素；它与本身能否引起城市过程或赋予城市特征（如在圣彼得堡或费拉拉城的情况那样）没有关系。从全面的观点来看，那种认为规划会严格限制城市空间的观点是很值得商榷的；和任何其他一个主要元素一样，规划总只是城市中的一个要素。

围绕有序或无序的核心而发展起来的城市与围绕单一建筑体所发展起来的城市并没有很大的差别（虽然这肯定会引出不同形态结构的问题）；这两种情况都会产生具有特征的建筑体。这种情况在圣彼得堡已经发生，在巴西利亚正在发生，这两个实例值得进一步研究。

像沙博和博埃特这样的学者从未试图将规划和单个建筑体区别开来，尽管沙博曾合理地视规划为所有城市活动的理论基础。但拉夫当却比较重视这种区别。这种态度是他长期研究城市建筑和法国城市结构的自然结果。假如在法兰西学派的巨大努力之中，出现更多的像拉夫当所做的综合努力的话，我们今天就会有精彩的研究资料了。然而，德芒戎（Albert Demangeon）在研究城市及其住房时，并没有考虑维奥莱－勒－迪克所收集的资料，这并不是一个缺乏跨学科关系的问题，而是一个与对待现实的态度相关的问题。

我们不应当去责备拉夫当对建筑方面的强调，因为这是他研究中最有价值的部分。他所说的城市"规划"就是指建筑。我认为，我的这个解释并没有曲解他的观点。他在讨论城市起源时写道："无论是自发的还是有规划的城市，其布局的形成和街道的设计都不是偶然的。它们都遵循了规划，无论是在第一种无意识的情况中，还是在第二种有意识及公开的情况中。其中总是存在着布局的发生元素。"[35] 拉夫当以此来恢复规划作为发生元素或成分的价值。

在努力解释主要元素和纪念物之间的差别时，我也许已经介绍了另一种有关规划的论点。这个论点并没有进一步阐明我的观点，而是最终将其扩大了。实际上，这种扩大使我们得以回到我们在开头就提出且已进行了多方面分析的假设上：从本质上看，城市并不是一种可以被缩减为单一基本概念的创造物，其形成过程有许多种而且都各不相同。

城市由各个部分组成，每一部分都有各自的特征；城市中还有主要元素，建筑物围绕它们而聚集。纪念物是城市变化中的固定点，它们比经济规律更为有力。但从最直接的形式上看，主要元素并非一定如此。从这个意义上看，纪念物的本质在于它们的命运，尽管命运是很难预测的。换句话说，我们有必要既考虑经久的城市建筑体，又要考虑虽不那么经久但对城市构成却有重要作用的主要元素，这与建筑学和政治学有关。所以，当主要元素因其内在价值或特定的历史条件而具有纪念物的价值时，我们就有可能把这种情况与城市的历史和生活准确地联系起来。

这再一次表明，所有这些方面之所以重要，是因为其背后的建筑体与人们有着直接的联系。因为这些构成城市的建筑体，在本质上具有特征且能赋予特征，它们是人类活动的产物，也是一种集合建筑体，最真实地证明了人类活动。在谈到这些建筑体时，我们自然地是在谈论它们的建筑以及它们作为人类创造物的意义。一位法国学者最近谈到了法国大学的危机，他认为，没有什么能比缺乏法国大学"曾经有过的"建筑物更为具体地反映出这种危机。作为欧洲重要大学摇篮的巴黎，从未打算"建设"这样一种场所，这表明了制度的内在弱点。"面对这种荒谬的建筑景象，我惊呆了。在访问了科英布拉（Coimbra）、塞拉曼卡（Salamanca）、格丁根（Göttingen）和帕多瓦之后，我心中产生了一种忧虑和有待核实的疑惑。……正是法国大学中那种建筑上的虚无，使我懂得了其智力和精神上的虚无。"[36]

难道不正是世界各地的大小教堂与圣彼得大教堂一起构成了天主教会的世界吗？我并不是在谈论这些建筑作品的风格和纪念性特征；我是指它们的存在、建设和历史，换句话说，我是指城市建筑体的本质。城市建筑体有其自身的生命和命运。当人们来到某一慈善机构时，他们便能具体地感受到某些悲伤的气氛。这种气氛体现在墙体内，院落里和房间中。在摧毁巴士底监狱时，巴黎人是在消除其具体形式所象征的几百年的凌辱与悲伤。

我在本章的开头，提到了城市建筑体的质量。在倡导这类研究的学者中，莱维－斯特劳斯在定义质量概念方面比任何人走得都远，他指出，不管我们那已经成为空间质量概念的欧几里得精神怎样反抗，空间的存在并不取决于我们。"空间具有自身的独特价值，就像声音和气味有色彩和重量一样。探求这种对应并不是诗人的游戏和神秘的举动……。这些对应为学者们提供了一个全新的领域，一个会产生硕果的领域。"[37] 城市建筑体之中的这种质量概念已经出现在具体的实际情况之中。建筑质量即人类创造物的质量就是城市的意义。在考察了若干理解城市的可能方法之后，我们应当回到城市建筑体最本质和最深层的特征上来。我将以这些方面和那些与建筑密切相关的内容作为下一章的开始。

最后，我想强调的是，从地理学角度来看，正是质量和命运把纪念物同主要元素区别开来。有了这两个参数的指导，我们就可以大大地充实城市中群体和个人行为的研究。我已提到过美国学者凯文·林奇的研究，虽然他的出发点是不同的。我希望这类实验性的研究能够更加深入，从而为城市心理学的所有方面提供重要资料。

这种质量概念还使人们认识了区域和边界以及政治领地和前沿等概念，而人种的神秘和以语言或宗教为基础的社区都不足以说明这些概念。我只想在此提出一种可能的研究方针；心理学、社会学和城市生态学肯定会作出许多贡献。不过我认为，一旦这些学科更加关注城市的物质实体和建筑，它们就会具有新的意义。没有一个将城市建筑体联系起来的总体框架，我们就无法关注城市建筑即建筑本身。正是在这个意义上，我们需要采用新的方法。

图 63
约 1600 年时期的意大利奥尔塔圣山（Sacro Monte at Orta）上的一小祈祷所

第三章　城市建筑体的个性；建筑

我已在本书中几次用到了场所这个词。场所是某一特定地点与其中建筑物之间的某种关系。它既是独特的，又是普遍的。

在古典世界中，任何建筑物或城市的选址都具有头等重要的意义。地点是由场所精神，地方守护神来控制的，这个中间角色掌管了所有将要发生在其中的事情。文艺复兴时期的理论家们也一直在研究场所概念，即使在帕拉第奥时期和米利齐亚后期，人们也更多地从地形和功能方面来研究场所的概念。从帕拉第奥的论著中，人们仍然可以感受到古典世界的强大生命力，领悟到新旧之间关系的奥秘所在。这种超越了特定建筑文化功能的关系体现在马尔孔坦塔和圆厅别墅这类建筑物中，而正是建筑物的地点制约了我们的认识。维奥莱-勒-迪克力图将建筑解释为基于少数理性原则之上的一系列的逻辑作用。在此努力中，他认为，把建筑作品从一地移到另一地是困难的。在他的建筑理论中，场所是作为独特和具体的地方来起作用的。

最近，地理学家索尔（Sorre）提出了创立一种空间划分理论[1]的可能性，并依此假定"独特地点"的存在。这种意义上的场所强调了相同空间中那些人们用以理解城市建筑体的必要条件和质量。同样，阿尔布瓦什在晚年也注意研究了传说场所中的地形。他认为，宗教场所在不同时期中表现出不同的特征，从中人们可以看到各种基督教团体的形象，因为它们是根据本身的愿望和需要来建造这些场所的。

让我们来看一看天主教的空间。由于教会是不可分割的整体，因此这种空间遍及全球。在这样的世界中，单个地点的概念，边界或前沿的概念都处于次要地位。教皇所在地构成了空间的独特中心；但这个同样为世俗的空间不是别的，而是神徒所共享的总体空间的一小部分（这种思想与神秘主义者的超越空间思想是类似的）。在这个没有差别的整体构架中，虽然这种空间概念被泯灭和超越，但"独特地点"却依然存在；它们就是朝圣的场所，信徒们在那里与上帝进行更为直接的交流。圣餐因此在基督教信条中成了恩典的标记。圣餐明确地象征或表明了无形的恩典；由于圣餐在表示恩典时，确实给予了这种恩典，因此它们是强有力的标记。

这样一种独特地点可以通过其中所发生的某一特定事件或其他各种

64

65

图 64
约 1600 年时期的奥尔塔圣山上的小祈祷所

图 65
意大利瓦雷色（Sacra Monte at Varese）圣山景象：由小祈祷所拥夹的通往圣墓的道路。版画作者贾尔雷（L. and P. Giarré）

图 66
意大利巴维诺(Baveno)，建于克鲁西斯大道（Via Crucis）之上的带有文艺复兴风格的门廊

66

理性或非理性的原因来确定。即使在教会的统一空间中，也存在着公认和受到维护的中介价值，即一种特殊的真正空间概念。为了在城市建筑体中引用这个概念，我们应当回到形象的价值上来，回到对建筑体及其环境的具体分析上来；这也许会使我们真正而直接地理解场所的价值。因为这种地方和时间的概念似乎可以用理性的方式加以表现，尽管它包含了一系列我们经验之外的价值。我已意识到这是一个令人棘手的论点；但它却潜藏在每一个实际的研究之中，它是经验的一部分。埃杜（Henri Paul Eydoux）[2]在研究高卢法国时，特别谈到了那些独特的场所，并且建议对这些似乎由历史预先决定的场所做进一步的分析。这些场所是真正的空间标记；这样的场所既与机会有关，又同传统相连。

我常常想到文艺复兴画家们所描绘的广场，作为人类建设的建筑场所，它们具有一种场所和记忆的普遍价值，因为它们被非常鲜明地表现为某一独特时刻的形象。这种形象成为十分重要和最为深邃的意大利广场的概念，因而与意大利城市本身的空间概念相联系。这些思想与我们的历史文化有关，与我们在人造环境中的存在有关，与从一种情况延续到另一种情况的参照物有关，因而与独特地点的重新发现有关，这些地点实际上最接近我们所构想的一种空间概念。福希隆（Henri Focillon）谈到了具有心理学意义的场所；他认为，如果没有这种场所，一个环境的灵魂就将是模糊不清和捉摸不定的。为了描述具有艺术价值的特定环境，他提出了"艺术是场所"的概念。"哥特艺术的环境，或作为环境的哥特艺术创造了任何人都无法预见的法国和法兰西人性：城市的地面轮廓和剪影，简言之，它是一首诗，它产生于哥特艺术，而不是来自地质学或卡佩王朝制度之中。根据需要来创造和塑造过去难道不正是任何环境的基本属性吗？"[3]

显然，用作为场所的哥特艺术来取代哥特环境具有极其重要的意义。从这个意义上看，建筑物、纪念物和城市是人类的杰作；正因为如此，它们与最初的出现和第一个标记，与构成，经久和演变，与机会和传统都有着深刻的联系。最初的人们在为自己建造环境的同时，也创造了具有独特性格的场所。

理论家们对画中环境的评论，古罗马人在建设新城时必定重复某些元素的做法以及对场所中潜在变化的认识，所有这些和其他许多原因使我们直觉到某些建筑体的重要性。当我们考虑到这种情况时，我们就会认识到，建筑为什么在古代世界和文艺复兴时期中是如此重要。建筑形成了某种环境，其形式随着地点中的较大改变而变化，从而参与了整体的组成，经历了某一事件的全过程，同时也构成了事件本身。只有这样，我们才能理解一方尖碑，一根柱子和一块墓碑的重要性。谁还能将事件和表现它的标记区别开来？

我已在本书中多次提出这样一个问题：城市建筑体的独特性始于何处？是否就在它的形式，功能和记忆或其他什么东西之中？我们现在可以说，其独特性是从事件和记载事件的标记之中产生的。这种见解贯穿在建筑历史之中。艺术家们总在努力创新，使建筑体先于风格。布尔克哈特（Burckhardt）懂得这种过程，他写道："在圣殿里，他们[艺术家]起步走向崇高；他们学会了如何排除形式中的偶然因素。类型开始出现；最终产生了第一批典范。"[4]因此形式和元素之间曾有的密切关系一再使其自身成为一个必要的出发点。这样，建筑一方面具有自身的领域，元素和典范，另一方面又易于成为建筑体，但人们已难以分清始于建筑之初并允许建筑自主发展的这种差别。我们正是在这个意义上来理解路斯（Adolf Loos）的下述评论的："如果在林地中看到一个长6英尺、宽3英尺且留有铁锹痕迹的方锥形墓冢时，我们就会变得严肃起来，心里想到，'某人葬于此地'。这就是建筑。"[5]这个长6英尺、宽3英尺的墓冢之所以是极为明确和纯粹的建筑，正是因为它在此建筑体中是可以辨认的。只有在建筑历史中，初始元素与其各种形式变体之间的分离现象才会发生。这种在古代世界中似乎总有解答的分离现象，使那些最初形式的经久特征得到了普遍的承认。

所有伟大的建筑时代都要求更新古代建筑，这似乎是一个永恒的范式；但每一次的要求却都不相同。由于这种相同的建筑思想已经体现在不同的场所之中，因此，通过把建筑思想与每一特定场所的实际经验相对照，我们就能够理解自己所在的城市。我在本书开头对帕多瓦的拉吉翁府邸所做的评论也许应归在这种思想之列，这种思想超越了建筑物的功能和历史，但却没有超越建筑物所在场所的特殊性。

也许从另一个角度，用一种更熟悉和直观的尽管不再是理性的方法，我们可以更好地理解这种有时似乎相当模糊的场所概念。否则的话，我们就会继续抓住那些易于消逝的原则要点。我们可以用这些原则要点来描述纪念物、城市和建筑的独特性，进而描述独特性概念本身及其起止范围。它们展现建筑与所在地点即人工场所的关系，探究建筑与场所之间的联系以及建筑对场所的准确表现，而场所本身作为一个独特建筑体则取决于它的地形大小和形式，取决于它的记忆，取决于它是古代和当今事件的连续发生之地。所有这些问题都在很大程度上具有一种集合的性质；它们迫使我们暂时撇开场所与人之间的关系，而是先来考察一下生态学和心理学之间的关系。

建筑是科学

"最伟大的建筑作品更多地是由社会而不是个人所创造的；它们是各民族辛勤劳动的产物，不是天才的灵感所致；它们是一个民族的遗产，是长期的积累财富，是人类社会不断升华的积淀，一句话，它们是一类结构。"

——维克多·雨果（Victor Hugo）[6]

图 67
法国南部桑居斯科伯爵（Count Sangusko）
的畜舍方案，1924 年路斯设计

像昆西（Quatremerè de Quincy）一样，拉博德（Alexandre de Laborde）于1816年在对法国纪念物的一项研究中，赞扬了18世纪末和19世纪初的那些艺术家们，因为他们到罗马去研究和掌握知识的永恒原则，重新游历古代的伟大道路。这个新学派的建筑师们自认为是研究具体建筑体的科学即建筑学的学者。因此，他们那时正在一条熟悉的道路上行走，因为他们的前辈也曾一直致力于这项工作，即在基本的原则之上确立建筑的逻辑。"他们既是艺术家，又是学者；他们已经养成了观察和批评的习惯……。"[7]

但是，拉博德及其同代人并没能注意到这些研究的根本特征：它们引入了城市问题和人类科学，从而使天平向学者而不是向建筑师倾斜。只有基于建筑体之上的建筑历史才能为我们描绘出一幅这种微妙平衡的完整景象，使我们获得对建筑体本身的明确认识。

我们知道，这些理论家们及其学说力图详尽地阐述一种普遍的建筑原则，阐述作为科学的建筑学，阐述建筑物的体系及其运用。勒杜（Ledoux）[8]在古典概念的基础上确立了他所认为的建筑原则，但他也关注场所和事件，关注环境与社会。他因此研究了社会所需要且与确定环境相关的各种建筑物。

在维奥莱–勒–迪克看来，建筑学肯定是一门科学；他认为，一个问题只能有一个答案。然而，他却在此扩展了这个论题，因为建筑学所关注的问题在不断地变化，所以答案就得修正。根据这位法国大师的定义，正是建筑原则和现实世界的变化构成了人类创造物的结构。在他所编撰的词典中，他以无可比拟的才华向人们展示了法国哥特建筑的壮丽全景。

据我所知，在对建筑作品的描述中，他对加拉尔城堡即狮心查理（Richard the Lionhearted's fortress）要塞[9]所做的完整而有说服力的描述是罕见的。在他的文章中，这座城堡获得了一种永恒展示建筑作品结构的力量。通过分析建筑物与塞纳河地形之间的关系，通过研究军事技术，通过古代的地形知识，通过用同样的心理来考察诺曼人和法国人这争斗的双方，他揭示了城堡的结构和独特性。城堡的背后不仅有法国的历史，而且它本身也成为一个人们可以获得个人知识和经验的场所。

同样，住房的研究也是从地理分析和社会因素开始的，进而通过建筑来探讨城市和乡村这些人类创造物的结构。维奥莱–勒–迪克发现，在所有的建筑物中，住房最能表现人们的习惯、风俗和趣味；它的结构和它的功能组织一样，只有经过很长时间才会发生变化。他通过对住房布局的研究，再现了城市核心的形成，并且为法国住房类型的比较研究指出了方向。

他还运用同样的原则，描述了法国国王新建的城市。例如，蒙帕西埃城不仅呈规则的方格网布局，而且其中的所有住房的大小和平面布局

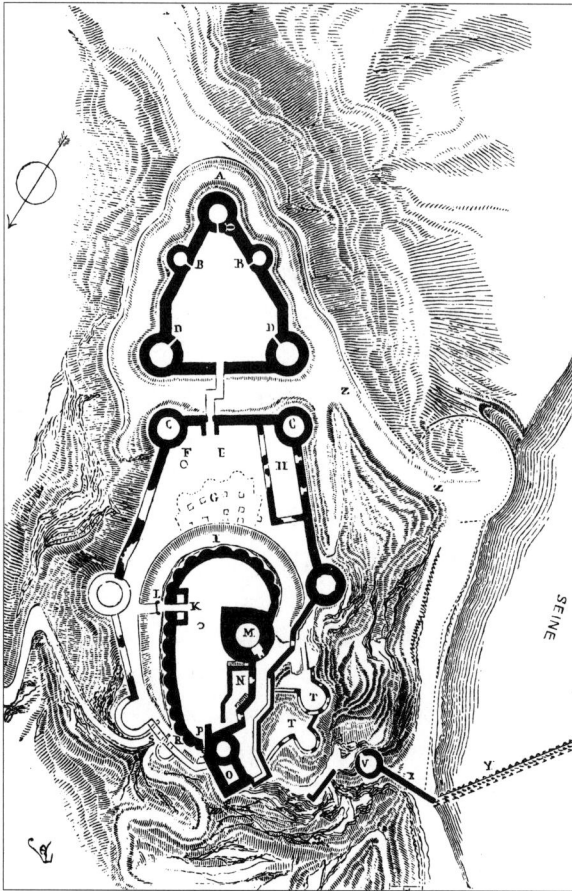

68

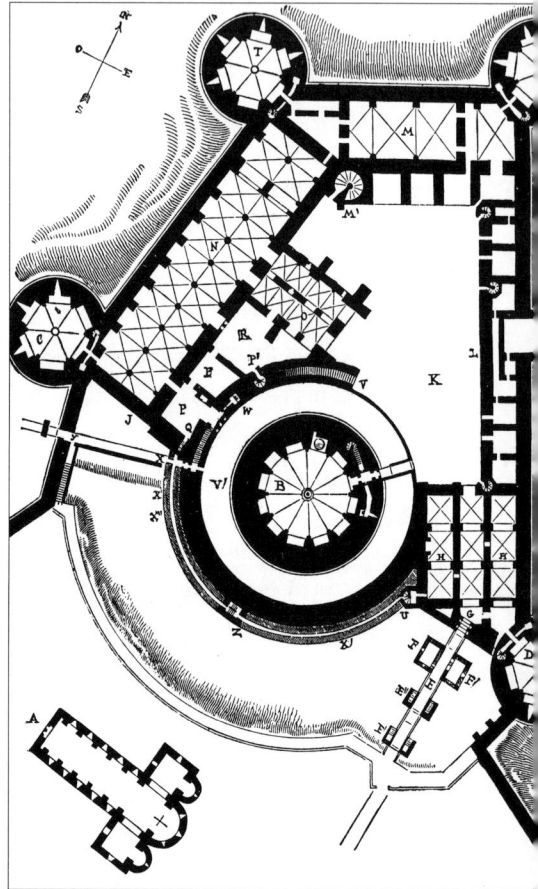

69

图68

法国诺曼底（Normandy）的盖拉尔城堡
（Gaillard Castle）平面图，维奥莱－勒－迪克
绘制。A.凿于岩中的壕沟和主塔；B.次塔；
C.主塔；D.次塔；E.城堡中围绕底部院落
的第一道围墙；F.井；G.通向外部的地窖；
H.教堂；K.城堡入口；L.壕沟；M.高
楼；N.指挥官住所；P.紧急出口；R.警戒
线路；T.岩中凿成的塔楼和围墙；V.塔；
X.壁垒；Y.河道障碍；Z.主要壕沟

图69

13至14世纪时期的法兰西岛上的库西城堡
（Castle of Coucy）的底层平面图，维奥莱－
勒－迪克绘制。A.原有教堂；B.高楼；
C、D.塔楼；E.通行桥；K.院落；L.服务用
房；M.典型住所；N.底层为储藏室，上层为
大客厅；S、T.塔楼

都相同。这类特别城市中的居民会发现，他们自己是住在一个绝对平等的环境之中。因此，对地块和城市街区的研究使维奥莱－勒－迪克瞥见了基于现实之上的法国社会各阶级的历史；他在这方面先于社会地理学家和特里卡的结论。

人们应当去翻阅法国地理学派在20世纪初所推出的优秀论著，这样便会发现一种相同的科学态度，哪怕稍稍读一点德芒戎有关法国乡村住房的文章[10]，也会使人联想到历史上那些伟大的理论家的著作。从描述乡村人造环境入手，德芒戎看到，住房中的经久元素经过很长时间才发生了变化，而住房的演变则比乡村经济的演变要更加复杂，时间更长，这两者并不是一直对应或轻易对应的。他因此认为，住房中存在着类型上的常量；同时他也注意去发现基本的住房类型。

一旦把住房同其所处的环境联系起来，我们便可看到，住房不仅出自这种地方环境，而且还表现了外部的关系、远亲关系和普遍的影响。通过研究一种住房类型在地理上的分布情况，德芒戎避免了将许多发现缩减为场所决定论的做法，不管这种决定论是来自物质和经济结构方面，还是来自功能方面。他因而能够叙述历史关系和文化潮流。不过，这种分析还缺乏城市和地区结构这个广泛的概念，而早先的理论家们却能从整体上认识这个概念；与维奥莱－勒－迪克的研究相比，这种分析准确且具有方法论上的严密性，但在总体全面的层次上却缺乏这种严密性。

令人既惊奇又感到有意义的是，一位被认为是革命的建筑师采用并综合了那些与他的分析似乎相距较远的论点；在"住房为机器、建筑是工具"的这个定义（这个定义对当时有教养的艺术学者们来说是一种耻辱）中，柯布西耶[11]同样综合了这个法兰西学派基于现实之上的所有实用学说。事实上，正是在同一时期中，德芒戎在刚才提及的论著中认为，乡村住房是为农民工作而制造的工具。人类创造物和制造的工具似乎再一次支持了这个论述，并且将其推入基于真实之上的建筑视野之中，这是一种也许只有艺术家才能领略到的完整视野。

然而，如果这个结论只是将分析和设计之间的关系看成是个别建筑师的事情，而不是进一步把建筑作为科学的问题，那么它就终止了这种论述，而没有其他任何意义。因为这样就会排除拉博德所谈论的希望：新一代的文化艺术人士养成了批判和观察的习惯，从而有可能更加深刻地理解城市的结构。我认为，这种对建筑实体即人类创造物的研究应先于分析和设计。

这种研究的范围必然应当包括个人作品与公共作品之间关系的完整结构，包括长期累积的历史，包括各种不同文化的演变和延续。因此我在这部分的开头引用了维克多·雨果的一段话[12]，它可以作为研究的纲领。雨果常常对历史上伟人的民族建筑抱有极度的热情，和其他许多艺术家和科学家一样，他力图从中理解这个人类事件固定舞台的结构；他那种把建筑和城市的集合比作"一类结构"的思想丰富了我们的研究工作，它既有权威性，又有启发性。

城市生态学和心理学

在前一部分，我试图在强调这样一个事实：和其他任何方面相比，建筑能使人们更好地获得完整的城市景象和理解城市的结构。因此，我着重论述了维奥莱－勒－迪克和德芒戎对住房的研究，并用比较的方法指出了他们研究的意义。此外我还提到，柯布西耶的研究已经完成了这种综合。

现在，我想在此论述中引入一些生态学和运用于城市科学之中的心理学研究。我们在此不讨论生物与其环境之间关系意义上的生态学。自孟德斯鸠（Mantesquieu）以来，这一直就是一个属于社会学和自然科学的问题，尽管它很有意思，但却会使我们离题太远。

让我们只考虑这样一个问题：城市场所一经确定之后，它是怎样影响个人和集体的？从索尔的生态学观点来看，我对此问题很有兴趣：这就是，环境是如何影响个人和集体的？在索尔看来，这个问题比人是如何影响环境的这个相反问题更为有趣。[13]这后一个问题使人类生态学突然改变了意义，从而牵涉整个文明史。在此研究之始，我们将城市定义为卓越的人类创造物，这就已经解答了这个问题，或是说明了由这两个问题所组成的体系。

但正如我们所说的那样，即使就我们所说的生态学和城市生态学而言，也只有在城市被视为一种由其各个部分组成的复杂整体结构的情况下，这种研究才有意义。在研究由历史决定的人们与城市之间的关系和影响时，我们不能通过将其缩减为图解般的城市模式这种方法来进行（这种模式出现在从帕克到霍伊特这些美国学者所提出的城市生态模式之中）。在我看来，他们这些理论虽然可以解答一些与城市技术相关的问题，但却对基于建筑体而不是模式之上的城市科学的发展几乎没有贡献。

公众心理学在城市研究中的基本作用似乎是不能否认的。与我这项研究最为接近的许多学者都把他们的研究建立在公众心理学的基础之上，而这种心理学又必然于社会学相关。大量的文献资料记载了这种联系。公众心理学与所有那些以城市作为头等重要研究对象的科学有关。

从在格式塔心理学旗帜指导下所做的实验中（例如包豪斯在形式领域中的实践和美国林奇学派[14]的实验），我们也许能获得一些有价值的资料。在本书中，我特别以林奇关于居住地区的某些结论来肯定，城市中的不同地区具有不同的特征。但是，也还有一些人不恰当地发展了实验心理学的方法；但在谈论这些之前，我应简要地讨论一下城市和作为工艺学的建筑之间的关系。*

在谈论建筑体的组成和记忆时，我主要是在考虑这些问题的集合属性；它们与城市有关，因而也与集合意义上的市民有关。我认为，技术或科学中的原则和作用方法是通过集合的方式来发展的，或是在所有科学和技术均为公共现象这个传统中延续的。但与此同时，在这些原则和方法中，并不是所有的集合方面都具有集合的属性，因为有些方面是个人创造的结果。只有通过研究使建筑体得以展示的工艺学，人们才能理解集合建筑体这种必然的城市建筑体同设计和建造者个人之间的关系。有许多不同的工艺学，建筑是其中之一，而且由于它是我们研究的对象，因此我们应当首先考虑它，而把经济和历史的因素限制在与城市建筑学相关的范围以内。

相对其他的工艺学和艺术而言，建筑中的集合城市建筑体同个人之间的关系是独特的。建筑实际上表现为一种广泛的文化运动：对它的讨论和批评远远超出了专家们的狭小天地。建筑需要付诸实现，成为城市的部分，成为"城市"。从某种意义上看，没有其他东西会像建筑物那样在政治上遭到"反对"，因为现实中的建筑物总是为统治阶级服务的，或它们至少表现出使某种具体的城市状况与某些新的需求相一致的可能性。因此，某些方案的设计和城市中的具体建筑物有着一种直接的关系。

显然，人们也同样可以用不同的术语来研究这种关系。建筑世界连续展现了场所和历史中那些多少是自主的原则和形式的逻辑，我们可以如此来研究建筑。建筑意味着城市，但这种城市也许是具有完美和谐关系的理想城市，建筑在其中发展并建设自身的领域范围。与此同时，这种城市中的实际建筑是独特的；它从一开始就具有其他艺术和科学所没有的特征和模糊的关系。从这些方面，我们可以理解下面这种由建筑师提出的颇有争议的一贯主张：通过设计，使空间秩序成为社会秩序，从而试图改变社会。

然而，在设计甚至在建筑本身之外也存在着城市建筑体、城市和纪念物；有关特定时期中单个作品和环境的研究专著证实了这一点。在对人文主义时期佛罗伦萨的研究中，夏泰尔（André Chastel）[15]清楚地说明了文明同技术，历史和政治之间的所有联系，从而展示出对佛罗伦萨（同样也是对雅典、罗马和纽约）的新见解以及形成它的艺术和过程。

我们如果考虑帕拉第奥，考虑威尼托区中那些留有其作品且由历史决定的城市，考虑有关这些城市的研究实际上超越了帕拉第奥这位建筑

---

*在字典中，"工艺学"（technics），意文为"tecnica"，被定义为"对一门或普遍技术尤其是实用技术的原理的研究"［《韦伯斯特20世纪新字典》（Webster's New Twentieth Century Dictionary）未节略的第二版］。这就是工艺学在本书中的含义。——英文版编者注

师，我们就会看到，我们用以展开这些讨论的场所概念就可以获得全部的意义。场所成为城市环境，并且等同于一个独特的建筑体。这种独特性表现在哪里？它不仅存在于独特的建筑体及其材料之中，存在于围绕建筑体所发生的事件之中，存在于建筑体创造者的头脑之中，而且还存在于决定建筑体的场所之中：这种决定不仅体现在物质方面，而且首先体现在场所的选择以及场所与作品之间的不可分割的统一性方面。

城市的历史也是建筑的历史。但我们应当记住，建筑历史最多只是观察城市的一种方法。有些人因不理解这点而在下述方面花费了大量的时间：从形象方面来研究城市及其建筑，或试图用其他科学例如心理学来研究城市。如果不是某人以一种方式观察城市，而另一些人以另一种目光看待城市，那么心理学又能告诉我们什么呢？这种尚未升华的个人见解怎么可以同那些最初使城市及其形象产生的规律和原则相联系呢？如果我们是从建筑的角度而不是仅仅从某种风格的角度来研究城市的话，那么抛弃建筑而用其他东西取而代之就是没有意义的。实际上，当理论家提出建筑应当符合坚固，实用和愉悦这些原则时，人们并不希望他们去解释这些原则背后的心理动机。

当伯尔尼尼（Bernini）认为巴黎的哥特环境是粗野的，因而以轻蔑的口吻谈论巴黎时[16]，我们难以对他的心理产生兴趣；而我们所感兴趣的是一位建筑师的评价：他基于一座城市的整体和特定文化之上而对另一座城市的结构所做的评价。同样，密斯（Mies van der Rohe）的某些建筑见解的重要性并不在于其表明了德国中产阶级的城市"趣味"或"态度"，而是在于它们能使我们理解这种见解的基础，理解申克尔似的古典文化遗产以及与德国城市相关的其他思想。

在讨论某诗人为什么要在诗中某处采用特别的尺度时，评论家实际上是在考虑诗人在某一特定时刻所面临的构成问题。因此，在这种关系的研究中，评论家关注文学，并且掌握解决这个问题所必需的一切手段。

如何定义城市元素

为了使分析进一步深入，我们应当研究那些典型或非典型的建筑体本身，从而努力理解某些问题是怎样在建筑体中产生并通过建筑体而明确表现出来的。我经常从这一点上想到建筑中的象征意义，想到象征主义者中的那些18世纪的"革命建筑师"和构成主义者（他们也是革命建筑师）。现有的理论也许可以对象征意义做出最为敏感的解释，因为功能主义观点就是简单地仅从特定符号与具体事件的对应关系上来理解象征意义的。而确切地说，似乎正是在历史上的关键时刻，建筑都一再表现出作为"符号"和"事件"的必要性，以建立和造就一个新的时代。[17]

布雷（Boullee）写道，"球体在任何时候都只等于它本身；它是平等的完整象征。任何东西都没有这种特殊的质量：其上的每一小面都相等。"因此，球体符号可以概括为一种建筑学及其原则，同时它也正是被建造的条件和动机。球形不仅代表或本身就是平等的思想，而且还作为一个纪念物构成了平等。

人们还会因此联想到人文主义时期中有关集中布局的讨论（它们只在表面上涉及了类型学）。"[采用集中布局的]建筑具有双重功能；它会最有效地使灵魂自由地到达其冥想的境地，以此达到某种使观者心灵升华和净化的目的。这种作品以其自身的完美表现出一种宗教般的虔诚气氛。"[18]

有关集中布局的争论是随着教堂中的改革或简化宗教仪式的倾向而出现的，这导致了一种布局类型的重新发现。这种布局类型在成为拜占庭帝国的标准教堂形制之前，曾经是古代早期的典型形式之一。这正好像已被遗忘的建筑体，其延续性必须在新的条件下被重新发现且成为新的基础一样。夏泰尔总结了所有这些，他指出，"三种因素促成了集中布局的出现：圆形的象征价值，对球体和立方体相结合所产生的几何形式的研究以及历史典范的威望。"[19]

米兰的圣洛伦佐这座集中式教堂就是一个很好的例子。[20]它的布局形制很快重新出现在文艺复兴时期；莱昂纳多（Leonardo，即达·芬奇）几乎是着迷地在其笔记本中不断地分析它。这种布局在波罗米尼（Borromini）的笔记中成为一个独特的建筑体，其形式受到米兰的两个伟大纪念物，圣洛伦佐教堂和米兰主教堂的强烈影响。波罗米尼的所有建筑作品都处于这两个建筑物之间，从而通过结合米兰主教堂的哥特垂直性和圣洛伦佐教堂的集中布局，获得了几乎是传记般的奇异特征。

在今天的圣洛伦佐教堂中，不同类型的扩建部分依然清晰可见：从中世纪（圣阿奎利努斯礼拜堂）到文艺复兴[巴齐小教堂（Martina Bassi）的穹顶]；占据古罗马浴场位置的教堂位于古罗马时期米兰城的正中心。这显然是一个纪念物，但我们能否单纯从形式的角度来谈论它和周围的城市环境呢？考察它的意义、理由、风格和历史似乎更为合适。教堂正是这样呈现在文艺复兴时期艺术家们的面前的，它因此成为可以在新的设计中被重新建构的一种建筑思想。不理解这样的建筑体，我们就无法谈论城市建筑学；我们需要不断地深入研究这类建筑体，因为它们构成了城市科学的主要基础。从这些方面来理解象征建筑的方法可适用于所有的建筑，因为它确立了事件和标记之间的联系。

某些以初始事件参与城市形成过程的建筑作品在长期延续中变得富有特征，它们改变或抛弃了其初始的功能，最终形成了城市中的某一片断，我们因此倾向于更多地从纯城市而不是建筑的观点来研究它们。而另一些作品则表现了一些新东西，从而成为城市历史中新时代的标记；这些作品多半与革命时期有关，与城市历史进程中的重大事件有关。所以在某些建筑时期中，多少总会出现下列这种需求：建立新的评判标准。

我已试图说明城市建筑体和建筑本身之间的不同之处，但就城市建筑而言，这两者的重合和其间的相互影响产生了最为重要且可被具体证实的事实。虽然此书是有关城市建筑的，是将建筑自身的问题和城市建筑的问题作为密切相关的整体来研究的，但还有某些建筑问题不能在此讨论；我在此特指构图问题。这些问题显然有其自身的自主性。它们涉及建筑是一种构图，因而也与风格相关。

建筑与构图既取决于又决定了城市建筑体的组成，在某些历史时期中，当建筑可以反映时代的政治社会全貌，当建筑高度理性，综合且易于传递，即建筑具有某种风格时，尤其是这样。正是在这些时期中，传递的可能性才是绝对的，这种传递可以使某种风格具有普遍的意义。

在一定的时空中，特定城市建筑体和具有与某种建筑风格的城市是如此的一致，以至于我们可以分别而准确地来谈论哥特城市、巴洛克城市和新古典城市。这些风格上的定义很快转变为形态上的定义，从而准确地定义了城市建筑体的属性。这些观点使人们有可能来谈论城市文明的设计。具有重大历史和政治意义的时刻与某种明确而理性的建筑形式的相互重合是产生这种局面的必要条件。社区于是便有可能解决选择的问题：共同偏爱一种城市，而厌恶另一种城市。我们将在本书的最后一章讨论城市的政治问题时回到这点上来。目前只要说明以下这点就足够了：没有这种历史的重合，选择就没有可能，城市建筑体也就无法形成。

建筑的原则是独特而永恒的，但在解答人类实际情况中的不同问题时却总会发生变化。所以，建筑的理性是一方面，而作品本身的生命力是另一方面。如果由某种建筑在某一特定时期所组成的新的城市建筑体并非产生于城市的实际需要，那么这种建筑就必然具有美学上的意义，其结果必定会在历史上与改革或革命运动相对应。

城市建筑体是城市组成的基本原则这一假设否定和驳斥了城市设计这一概念。这个概念通常被认为与既定环境有关，其目的是要建设与某种景观相一致的协调和连续的环境。它不是从城市的具体历史情况之中，而是从某种布局和一般构想之中去寻找法则，理由和秩序。只有在针对"城市—部分"（即在第一章中所谈到的城市是由各个部分所组成的这个意义上）或是涉及建筑物整体时，这些构思才是合理并可接受的；但它们对城市的形成却不起什么作用。城市建筑体常常像片段那样并存于某种秩序之中；它们首先是构成而不是延续形式。相对理解城市建筑体的结构而言，那种将城市建筑体的形式缩减为某种形象以及迎合这种形象

70

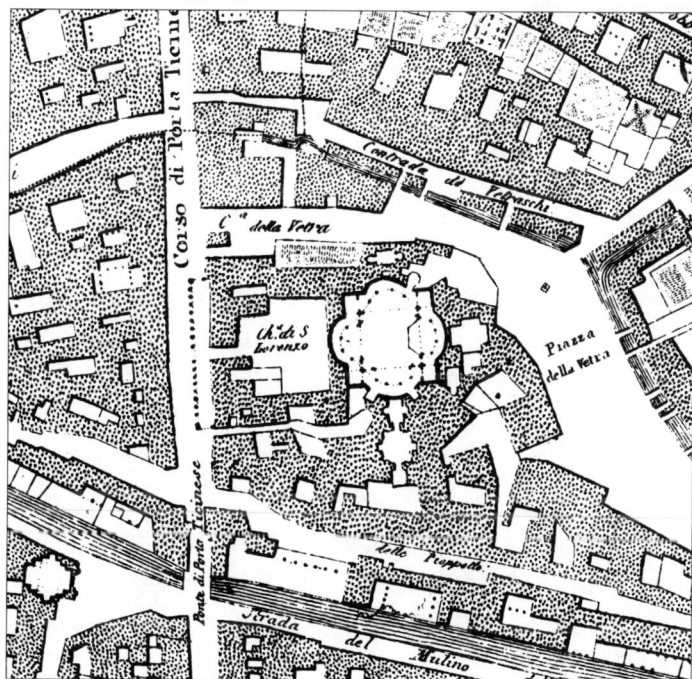

71

图70
米兰的圣洛伦佐教堂

图71
米兰的圣洛伦佐教堂
及其周围地区平面图，
布雷拉天文台的天文
学家们1807年提供

的口味的观念毕竟是太局限了。而与之相反的是，我们有可能完整地解释城市建筑体，有可能在明确与任何建筑体相关的所有现存关系的基础上，全面地解决城市中某一部分的问题。

在一项有关现代城市形成的研究中，阿莫尼诺（Carlo Aymonino）指出，现代建筑的任务就是"准确表现一系列概念和关系：如果它们在技术和组织上具有某些共同的基本法则，它们就会在部分模式中得到验证；并且最终通过具体而明确的建筑构造形式表现出彼此的不同。"他接着又写道"平面规划（分区规定）体系的目标和纯体积数量建筑设计方法的出现（标准和规则）使建筑部分……成为占据控制地位的形象之一，成为整个组织的发生核心。"[21]

在我看来，尽可能地以一种最具体的方式来系统地描述某一建筑物意味着赋予建筑本身以新的活力，意味着重新组织我们所极力主张的分析和设计的全面观点，在设计阶段尤其是这样。这类概念与现实中的城市建筑体的性质相对应，而在这种概念中，遍及形式之中的建筑动力是有力的基础。新建筑体的出现即城市的发展，总是产生于对城市元素的准确定义。这种极度的定义有时会引出非自发的体系，尽管这些体系的真正实现方式也许不可预测，但它们却仍然可以作为一个总体的构架。在这个意义上，城市的发展规划可能是有意义的。

这种理论产生于对城市现实的分析，而这种城市现实与下面的观念相互冲突：由预先注定的功能本身来控制建筑体，从而简单地将问题看作是为一定的功能提供形式。实际上，形式在被构成之时就已超越了其所必须服务的功能；它们的出现就像城市本身一样。从此意义上看，建筑物与城市实在也是一体的，建筑体的城市特征比设计方案的意义更大。分别考虑城市和建筑并且仅从对应的角度来解释功能组织的做法，会使讨论回到狭隘的功能主义城市见解上去。这种见解是消极的，因为它仅仅视建筑物为应付功能变化的构架，为体现已定功能的抽象容器。

如果我们在摒弃幼稚功能主义的同时，又仍然抓住功能主义理论整体不放的话，那么，要想取代功能主义概念就不那么简单和容易。我们因此应当掌握这个理论被不断体系化的范围以及其中的模糊性，这种模糊性甚至出现在最近那些有时自相矛盾的提法之中。只有认识了建筑形式和理性过程的意义，看到了形式本身所具有的包含许多不同的价值，意义和作用的能量，我们才能超越功能主义的理论。前述的阿尔勒城中的剧场、大斗兽场以及普遍的纪念物可以说明这个论点。

我想重申一下，正是这些包括记忆本身在内的价值总和构成了城市建筑体的结构。这些价值与建筑自身的组织和功能没有什么关系。我认为某种特定功能的作用方式不会改变，或只是根据需要而改变，而在功能和组织需求之间所进行的调解只有通过形式才能实现。每当面对真正的建筑体时，我们就会认识到它们的复杂性，这种结构上的复杂性可以消除任何基于功能之上的偏狭见解。分区制和总体规划虽然有用,但它们在分析城市这个人类创造物时却只有参照的作用。

古罗马广场

现在,我想回到建筑与场所之间的关系上来;我想首先谈谈这个问题的其他一些方面,然后再讨论城市中纪念物的价值。我之所以以古罗马广场为例,是因为这个具有重要意义的纪念物可以使我们完整地理解城市建筑体。[22]

古罗马广场是罗马帝国的中心,是古典世界中许多城市建设和改造的参照点,是古罗马人所实践的古典建筑和城市科学的基础;它与罗马城本身的起源确实有着很不寻常的关系。这座城市的起源既有地理上的原因,又有历史上的理由。城市位于陡峭山丘之间的一片软湿低地上。它的中心是一潭死水,周围是在雨天会被淹没的柳树林和甘蔗地;山丘上有树林和牧场。伊尼厄斯(Aeneas)对景象做了如下的描述:"……他们在古罗马广场和优美的卡里那埃区中看到了遍地哞叫的牛群。"[23]

拉丁人和塞宾人住在埃斯奎利内、维米纳莱和奎里纳莱山丘上。这些地方既方便了坎帕尼亚和伊特鲁里亚人的聚会,同时又适合居住。考古学家们已经证实,早在公元前9世纪时,拉丁人就在山丘下那作为古罗马乡村山谷之一的广场山谷中安葬尸体,这个场所因此而载入史册。在公元1902年至1905年间,波尼(Giacomo Boni)在安托尼努斯和弗奥斯提纳神庙下发现了墓地,这是人们在那里留下的最古老的东西。广场所在处最初是墓地,接着为战场或更可能是举行宗教仪式的场所,然后逐步演变为一种新型生活的场所,那些分布于山丘之上的部落汇集于此,创立了城市及其组织原则。

地理条件决定了通路的位置,也决定了沿最缓坡度上至山谷的道路(神圣大道、阿尔吉莱图斯大道和帕特里奇乌斯大道)的位置,从而绘出了城市之外地理上的路线。这是地形结构而不是某种名确的城市设计思想的产物。这种地形和城市发展条件之间的联系,后来在整个广场的历史中得以延续;它充分体现在城市的形式之中,因而使城市形式不同于那种由规划所确定的城市形式。利维(Livy)批评了广场的不规则性:"这造成了原先引向公共区域的古代下水道现在却从各处通向私人建筑物,也使城市更像是一个被占用之地而不像是一个经过适当组织的地方"[24]。此批评的根据是高卢人劫掠之后的城市建设速度和限定城市范围的困难。但实际上,这种不规则性正是罗马城所经历的发展类型的特征,它与现代城市的特征极为相似。

大约是在公元前5世纪,广场就不再是市场了(因而失去了它曾有过的一个基本功能),从而成为一个几乎与亚里士多德的格言相吻合的

图 72
罗马图拉真广场，公元 2 世纪初建成

图 73
图拉真广场横向剖面图

图 74
图拉真广场轴测图

真正广场；亚里士多德大约在那时写道，"公共广场……将不再被商品所玷污，手艺人将禁止入内……市场应被指定在远离广场且与之明确隔开的地方……。"[25] 恰恰就在这个时期中，广场上出现了雕像、神庙和纪念建筑物。人们在曾经满是泉水、圣所、市场和旅馆的山谷中建造了许多巴西利卡、神庙和凯旋门，修筑了从小巷可以到达的两条大道：神圣大道和诺瓦大道。

即使是奥古斯都的体系化，罗马城中心区域的扩大（因奥古斯都广场和图拉真市场的建设）以及哈德良所建造的作品，也并没有使广场失去作为集会场所和罗马城中心所具有的基本特征，这个特征一直持续到罗马帝国的灭亡。罗曼努姆或玛革努姆广场成了城市正中心的一个特殊建筑体，它浓缩了城市的整体。罗马内利（Pietro Romanelli）因此写道，"在神圣大道及其邻近的街道旁，布满了豪华的商店，人们好奇地从那儿穿过，既不想什么，也不做什么，只是等待着奇观的到来和浴场的开门，这使我们想到'令人厌烦的人'这一情节，霍拉斯（Horace）在其讽刺作品《漫步神圣大道……》（ibam forte via Sacra...）之中对这一角色做了精彩的描绘。这种情节在一天中要重复上千次，一年中天天如此，只有当帕拉蒂诺山（Palatine）上的帝国宫殿中出现戏剧性事件或古罗马禁卫军再次成功地震动罗马人的麻木心灵时，才会出现例外。在帝国时期中，广场中有时还会出现血腥事件，但这些事件几乎总是在其出现的场所中完结并耗尽了自身，人们可以同样地来描述城市本身：这些事件对别处的影响要比对这里的影响更大。"[26]

人们在穿行时既无任何目的，也不做什么事情：这就像现代城市中的情况一样，在拥挤人群中的闲逛者虽然置身于城市机制之中，但却并不了解它，而只是分享着城市形象。古罗马广场因而是一个极富现代特征的城市建筑体，其中包含了现代城市中所难以表达的一切。它使人们想到博埃特有关巴黎的一个评论，在通晓这座法国城市的古今历史的基础上，他作出了这个评论："现代的气息似乎正从这个遥远的世界吹向我们：我们感到，我们并不那么来自我们自身所处的环境（如亚历山大和安条克这类城市），有时我们觉得，与中世纪的某些城市相比，我们的环境更加接近帝国时期的罗马城。"[27]

是什么将闲逛者与广场联系在一起的？为什么他自在地置身于这个天地之中？为什么他要通过城市本身来确认自己？这就是城市建筑体能够唤起我们心灵的奥秘所在。据我们所知，古罗马广场是最有说服力的城市建筑体之一：它与城市的起源密切相关；尤其几乎令人难以相信的是，它虽然随着时间的推移而发生了变化，但却不断地在扩大自身的影响；它那与罗马城相同的历史被记载在从 Lapis Niger 到 Dioscuri 的每一个历史性建筑和传说之中；最终，它带着十分明确和壮观的标记来到今天。

72

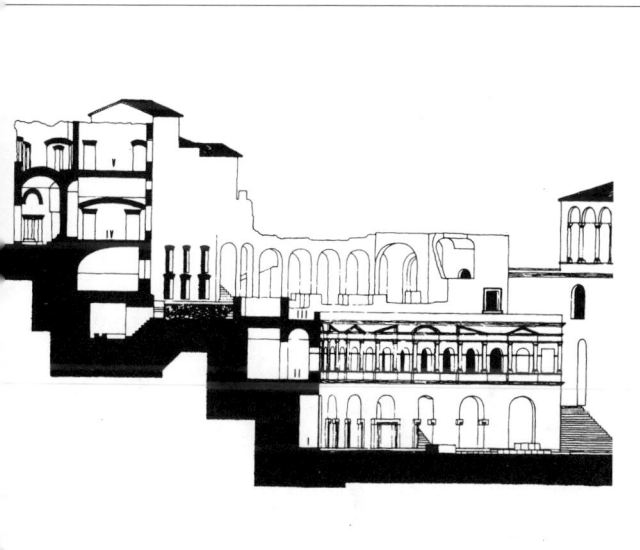

73

74

图 75
图拉真市场

图 76
图拉真市场，室内街
道及其两侧商店平
面图

75

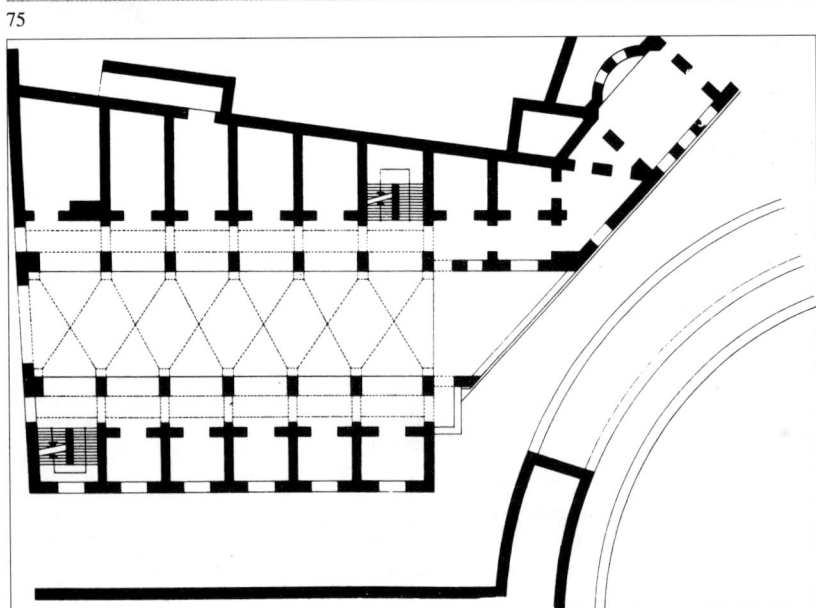

76

广场是罗马的浓缩，是罗马的一部分，是罗马纪念物的总和；与此同时，它的独特性比其中的单体纪念物更为显著。它表现了一种特有的设计，或至少表现了形式世界中的一种特有见解：古典的见解；然而它的设计还更为古老，就像原始山丘上的牧羊人所集结的山谷那样是经久和先存的。这也许是对城市建筑体的最好定义。城市建筑体就是历史和创造，它是建筑学的首要课程之一，在此意义上，它与本书所提出的理论特别接近。

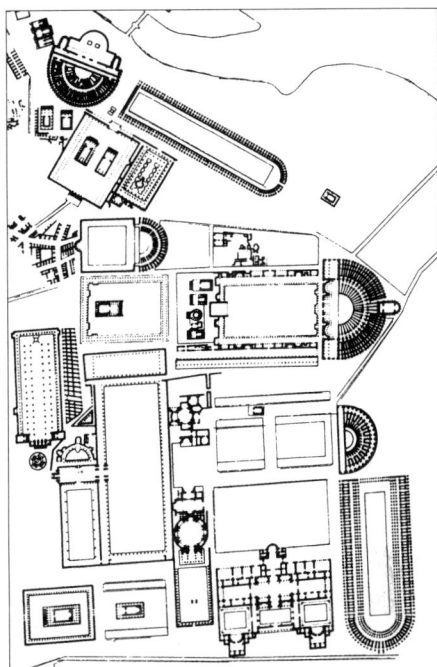

77

在这种情况下，我们应当对场所和环境关系加以区别，后者是指在建筑和城市设计的论述中为人所共知的概念。现有的分析试图通过对建筑体的高度理性定义来讨论场所的问题，并把它作为本质复杂但却有必要努力澄清的事物来研究，这就像科学家所做的那样：提出假设是为了阐述这个模糊不清的物质世界及其规律的。在这个意义上，场所和环境关系并非没有联系；但是，环境关系似乎奇怪地与幻觉以及幻觉说联系在一起。这么一来，它也就同城市建筑学无关了，而只是与造景相关；作为景观，它需要与功能发生直接的关系。这就是说，它取决于必要的功能经久性，而功能的存在就是为了保留现有的形式和凝固生活，这使我们就像在已消失的世界之中的旅行者那样一筹莫展。

毫不奇怪，那些自称要保护历史城市的人们是支持并运用这种环境关系概念的，他们试图通过保留古老的建筑面貌，或在修复中保持原有的轮廓、色彩和其他类似的东西来保护历史城市。但在这些工作实际完成之后，我们又看到了什么呢？一个空洞且通常令人生厌的舞台。就我所知，法兰克福城中某一小部分的修建工作是最糟糕的，其修建原则是在假现代或假古董建筑环境中保留哥特建筑。我不知道是什么建议和幻觉如此促成了初始的方案。

当然，在谈论"纪念物"时，我们也许就是指一条街道，一个地区，甚至一个国家；但如果要想保留这其中的一个，那么所有的东西就应当保留，如同德国人在奎德林堡所做的那样。这座小城是一个很有价值的哥特建筑历史博物馆（一个展现德国重要历史的非凡博物馆），具有一种迷人的生活质量。因此保存工作是有意义的：否则的话，这样做就没有理由。威尼斯是与之相关的一个典型例子，但我们应当给予这座城市以特别的待遇，我现在还不想去谈论它。人们对此已有很多的争论，现在需要用非常具体的例子来加以说明。因此，我想再次以古罗马广场作为一个出发点。

图 77
3 世纪时的罗马城的一部分，其中有杜米仙运动场（Stadium of Domitian），杜米仙剧场（Theater of Domitian），阿格里巴浴场（Baths of Agrippa）和弗拉米尼安圆形竞技场（Flaminian Circus）

1811年7月，图尔农（Count De Tournon）这位拿破仑一世占领意大利期间的罗马长官向内政部长蒙塔利韦（Count De Montalivet）详细解释了古罗马广场的修建计划：

"修复古代纪念物的工作。一旦提到这个问题，人们便立刻会想到广场这个著名场所，因为它聚集了与重大记忆相关的许多古代纪念物。为修复这些纪念物，当务之急就是要去掉覆盖其下部的泥土，然后把它们彼此连接起来，最终使人们能方便而愉快地接近它们……

计划的第二部分构想如下：用一不规则的有组织通路把纪念物相互连接起来。现向您呈交在我指导下所拟定的一种连接方式的方案……。我只想补充一句，帕拉蒂诺山是一座巨型博物馆，到处都有罗马皇宫的壮观遗迹。我们应当用花园来围合这些纪念物，因为这里充满了记忆，并且在世界上将是独一无二的。"[28]

图尔农的想法并没有实现。这也许是因为花园的修建是以牺牲大部分纪念物为代价的，这样便会使人们失去一种最为纯净的建筑经验。但是，作为他的构想的结果和随着科学考古学的出现，广场问题成为一个与现代城市延续性相关的重要城市问题。我们应当看到，对广场的研究已不再是对其中单体纪念物的研究，而是对整个群体的综合研究，我们还应当视广场为一个像罗马城本身那样经久的完整城市建筑体，而不是其中单体建筑的叠加。有意义的是，图尔农的想法在1849年的罗马共和时期中得到了支持和发展。这也表明，正是革命事件使得人们用现代的方法来理解古代的遗产；在这个意义上，它与巴黎的革命建筑师的经历密切相关。然而事实证明，广场甚至比政治事件更为重要，它在各种变迁甚至在教皇的修复计划中延续下来。

当我们今天从建筑的角度来考虑这个问题时，我们就会认识到上个世纪（指19世纪——编者注）有关广场重建和重新统一奥古斯都广场和图拉真市场的构想的价值，就会理解有关重新利用这组庞大建筑群的争论。但目前我们只要表明这个伟大纪念物的价值就足够了：它今天仍然以对古代城市的概括而成为罗马城的一部分，它是现代城市生活中的一个要素，是历史上一个无可比拟的城市建筑体。它使我们联想到，如果威尼斯的圣马可广场和总督府一起出现在一个完全不同的城市之中（未来的威尼斯也许就是这样），如果我们发觉自己处在这个非凡的城市建筑体之中，我们的情绪将同样的热烈，同样会有置身于威尼斯历史之中的感受。我想起了战后那些年，科隆大教堂在破败城市之中的景象；没有任何东西能比这个在废墟中保存完好的建筑物给人以更多的遐想。其城市周围的重建工作固然苍白粗野而令人遗憾，但这无损于这座纪念物，这就和许多现代博物馆中的粗俗安排一样，可能会干扰但却不会损害或改变展品的价值。

这种对科隆的自然联想只能从类比的意义上来理解。对遭受破坏的城市中的纪念物价值的类推主要可以阐明以下两点：首先，环境关系或某种幻觉质量并不能使我们理解某一纪念物；其次，只有把纪念物理解为一个独特的城市建筑体，或是把它与其他城市建筑体相互比较，我们才能理解城市建筑的意义。

在我看来，西克斯图斯五世（Sixtus V）所做的罗马城规划浓缩了所有这些意义。规划中的教堂成了城市中的真正场所；它们共同构成了一种结构，其复杂性来自它们作为主要建筑体的价值，来自连接它们的街道，来自布局体系中的居住空间。封塔纳（Domenico Fontana）在开始描述此规划的主要特征时写道："为了向那些受到信仰或誓言激励而习惯性地朝拜罗马城中大部分圣所（特别是那七座体现伟大恩典和拥有圣物的著名教堂）的人们提供方便，我们的君主已在多处开出了一些宽大笔直的道路。这样，人们可以步行，骑马或乘坐马车，从罗马的任何一处出发，直抵那些最著名的圣所。"[29]

吉迪恩（Sigfried Giedion）也许第一个懂得了这个规划的极端重要性，他写道："他的规划不在纸上。和过去一样，罗马城就在西克斯图斯五世的心里。他自己就曾艰难地走过香客们所必经的每一条道路，以体验圣所之间的距离；1588年3月，在兴建从大斗兽场至拉特兰宫的道路时，他和主教们一起，专程步行到当时正在建设之中的拉特兰宫。西克斯图斯有机地组织了街道，以适应罗马城的地形结构。他同时也很明智地将规划与前辈的作品尽可能小心地结合起来。"[30]

吉迪恩接着写道，"在自己的建筑物拉特兰宫和奎里纳莱宫前，在那些街道交会之处，西克斯图斯五世都留下了足够的开敞空间，以适应今后长期发展的需要……。通过清理安东尼记功柱的四周以及勾画圆柱广场（1588年）的轮廓，他创造了当今的城市中心。大斗兽场附近的图拉真记功柱连同周围被扩大的广场是连接新老城市的纽带……。教皇和其建筑师的城市设计天才在他们为方尖碑而选择的位置上再次表现出来，这个位置与尚未竣工的大教堂之间的距离是十分恰当的……。"

"西克斯图斯五世也许是把最微妙的位置留给了四个方尖碑中的一个。方尖碑被置于城市北边的入口之处，从而成为三条主要街道（以及虽有规划但却从未实施的费利塞街的最后延伸）会合的标记。两个世纪以后，人民广场正是围绕这点而形成的。于1836年被置于巴黎协和广场中的方尖碑，是另一个占据如此统领位置的方尖碑。"[31]

我认为，在上面这些讨论中，吉迪恩这位对建筑世界做出了非凡贡献的理论家谈论了远远超出那规划本身的许多城市问题。他所做出的如下评论是很有意义的：最初方案不在纸上，而是产生于直接的实际经历。他的另一些评论也同样很有意义：规划虽然相当严格，但却仍然注意了城市的地形结构；规划尽管具有革命性的特征，但它还是首先同城市中所有那些已有且应继续存在的先人作品结合起来，并赋予它们以价值。

此外，他对方尖碑及其位置和使城市成形的标记所做的评论也很有价值。即使在古典世界中，城市建筑也从来没有在创造和理解方面达到如此的统一。整个城市体系的构想和实现是既实际又理想的，并且它完全是通过点的联结和未来的发展而明确表现出来的。其中的纪念物形式和地形结构在处于变化的体系之中得以保持不变（回想一下将大斗兽场改为纺织厂的方案），这就好像方尖碑被置于特殊位置之时，城市就已被设想为同时处于过去和未来之中一样。

也许有人会提出异议，认为我仅仅以罗马这样的古代城市作为例子。我想从以下两个方面来回答这个批评：首先，这个研究严格遵守这样一个前提，即在古代城市和现代城市之间，在时间的前后之间不存在任何差别，因为城市被认为是一个人造物体；其次，几乎没有什么城市中只有清一色的现代城市建筑体或至少这类城市不是典型的，因为历时的经久性是城市的一个固有特征。

我认为，城市是基于主要元素之上的观点是惟一合理的理性原则，是城市中惟一能够解释城市延续的逻辑法则。这种思想在启蒙运动中得到了拥护，但却在具有破坏性的革新城市理论之中遭到了否定。人们会想到菲西特（Fichte）对西方城市的批判，他在为哥特城市的公有特征所做的辩护中包含了对后来思想［施彭乐（Spengler）］的保守批判，同时也包含了城市是一种命运的概念。我虽然在此并没有谈论这些有关城市的理论和见解，但是很显然，它们在被转变为某种城市思想之时，并没有形式上的参照，而且究其现代追随者而言，它们多少有意地与启蒙运动中那种重视布局的思想形成了对比。从这种观点出发，人们还可以批判提出过各种自给自足社区概念的浪漫社会主义者，法仑斯泰尔主义者和其他人。这些人认为，社会再也不可能表现任何超常甚至公共的价值，因为城市在实用和功能方面的缩减（缩减为住宅和服务设施）已经成了取代以往城市设计的"现代"方法。

而我则认为，正因为城市是一个卓越的集合产品，所以，它存在于那些在本质上具有集合属性的作品之中，并且可以用它们来定义。虽然这类作品是以构成城市的手段出现的，但它们却很快变为一种目的，这就是它们的生命和美，美既存在于体现它的建筑法则之中，又存在于希冀这些法则的集合理性之中。

纪念物；批判环境关系概念的总结

至此在这一章中，我们主要从独特的地方和事件这一角度研究了场所的概念，研究了建筑与城市构成的关系，研究了环境关系和纪念物之间的关系。正如我们所说的那样，场所概念应当成为包括全部建筑历史在内的专门研究课题。我们还应当分析场所和设计之间的关系，以解决它们之间那种似乎不可调和的冲突，因为场所具有当地的特殊属性，而设计则是一种加上的理性元素。这种关系包括了独特性的概念。

我们看到，环境关系这词多半是研究的障碍。它与纪念物的概念相对立。纪念物的存在是由历史决定的，此外，它还是一种可供分析的实在；况且，我们还可以设计一个"纪念物"。然而，这么做需要某种建筑艺术，即需要某种风格。只有在建筑风格存在的情况下，人们才能进行基本的选择。城市就是从这种选择中发展起来的。

我还谈到了建筑是工艺学的问题。任何人在谈论城市问题时，都不应低估工艺学的问题；显然，如果形象还没能被体现在构成这些形象的建筑之中的话，那么有关这种形象的论述就毫无意义。建筑的扩展就是城市。与其他任何艺术相比建筑更多地以塑造和征服物质实体作为形式的基础。城市本身就是一个伟大的建筑和人造物体。

我们已试图表明，城市中存在着一种标记与事件的对应关系；但这还不够，我们还需要将分析扩展到建筑形式的起源上。城市的建筑形式体现在其中的每一个富有个性的纪念物之中。这些纪念物就像日期一样：先有第一个，接着是另一个；没有它们，我们就无法知道时间的流逝。虽然，目前的研究并不关注建筑本身，而是视建筑为城市建筑体的一个要素，但我们应当注意，那种认为仅仅从构图方面或是从新出现的环境关系或其参数的延伸方面就可以解决建筑问题的想法是愚蠢的。这些想法之所以没有意义，是因为环境关系的特殊性正是通过建筑来实现的。任何建筑作品的独特性都是与其场所和历史一起产生的，而场所和历史本身又是以建筑构成体的存在为先决条件的。

我认为，建筑构成体的主要元素就是其技术和艺术上的构成，即是那些自主的原则，而建筑构成体又是根据这些原则建成和传递的。在更广泛的意义上，这种主要元素就在每位建筑师为解决现实问题而提出的具体方案之中，这种方案之所以可以检验，正是因为它取决于某些技术（这也必然会成为某种限制）。技术在此是指建筑的手段和原则，其中具有可被传递和令人愉悦的能量："我们并不认为建筑不能使人愉快：我们的观点正相反，只要人们是根据它的真正原则来设计的，它就不可能不使人愉快……像建筑这样直接满足我们许多需要的艺术……怎么会使我们不愉快呢？"[32]

任何一个建筑构成体一经形成，其他一系列的建筑体便开始出现。在这个意义上，建筑被扩展为一座新城的设计，就像帕玛诺瓦和巴西利亚那样。严格地说，这些城市的设计不是建筑的设计。它们的形成是独立和自主的：它们是具有自身历史的特殊设计。但这种历史在整体上也属于建筑，因为这些城市是根据建筑技术或风格，原则以及某种普遍的建筑概念来构想的。

78

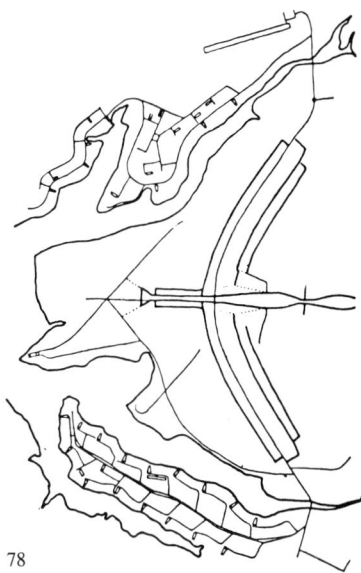

图 78
巴西利亚规划，科斯塔（Lucio Costa），1957年设计

没有这些原则，我们就无法评价这些城市。所以，我们可以视帕玛诺瓦和巴西利亚为两个具有各自个性和历史发展的显著而非凡的城市建筑体。然而，建筑构成体不仅体现了这种个性的结构，而且正是这种结构证实了构图过程的自主逻辑及其重要性。城市的根本原则之一就在建筑之中。

城市是历史

历史研究似乎可以为有关城市的假设提供最好的例证，因为城市本身就是一座历史博物馆。在本书中，我们已在两种不同的观点中运用了历史的方法。在第一种观点中，城市被视为一种实在的建筑体，它是当时建设并且留有时间印记的人造物体，尽管其建设过程是间断的。从考古学，建筑史学和单个城市历史等方面来研究城市，我们可以获得重要的资料和文献。城市成了历史的教科书；事实上，不通过历史来研究城市现象的方法是难以想像的，因为这种历史的方法是理解具有显著历史意义的特定城市建筑体的惟一可行的实际方法。我们已在讨论本研究的基础时，在讨论博埃特和拉夫当的理论以及经久概念时，阐明了这个论点。

在第二种观点中，史学是有关城市建筑体的实际形成和结构的研究。这是对第一种观点的补充，它不仅直接关注城市的真实结构，而且还涉及这样一种思想：城市是一系列价值的综合体。第二种观点因此关心集合的想像力。这两种观点显然密切相关，以至于我们有时说不清究竟是哪种观点揭示了事实。雅典、罗马、君士坦丁堡和巴黎所表现出来的城市思想，超越了它们自身的物质形式和经久历史。我们因此也可以如此来谈论像巴比伦这类的城市：除了其物质形式消失以外，它们具有其他的一切。

现在，我想来进一步探讨第二种观点。城市结构最深层次的连续性，证实了历史为城市建筑体结构的思想。从这种连续性中，我们可以看到整个城市变化中的某些共同的根本特征。有意义的是，卡塔内奥用实证主义观点对城市演变所做的研究，被认为是意大利城市历史研究的基础。[33]他从中发现了一个只有用城市的具体历史才能阐明的原则。他在这些城市中看到，"那些不变且先于古罗马人的地理术语依然与城市的墙体密切相关。"[34]

在描述米兰城在帝国之后时期中的发展时，他谈到了该城相对于其他伦巴第中心所具有的优势，这种优势与城市的规模、人口、财富或其他的明显事实无关，而是城市的一种内在性质，这种几乎表现为类型特征的优势具有某种无法定义的秩序："这种优势是城市固有的；作为一种伟大的传统，它先于阿姆布罗西安教堂，先于教皇制度，先于帝国和古罗马的征服：米兰在高卢时就是都城。"[35]但这种半神秘的秩序原则后来成为城市历史的原则，融解在文明的永恒之中："城市的经久是另一个根本的事实，是几乎整个意大利历史所共有的。"[36]

尽管城市在最为衰败的时期（如帝国晚期）中似乎像一具处于半毁状态的尸体[37]，但卡塔内奥却认为，城市并没有真正死亡，而只是处于一种惊恐状态。城市和其地区之间的关系是城市的一个特征标记，因为"城市和它的地区形成了一个不可分割的整体。"[38] 在遭受战争和侵略期间，在为共同的自由而奋斗的最艰难时期，地区和城市的整体性是一种超常的力量；地区有时使被毁的城市获得新生。城市的历史就是文明的历史："在伦哥巴第人和哥特人所统治的约四百年间，野蛮产生了……除了用做堡垒，城市没有其他价值……。野蛮人连同他们那些留下垃圾的城市一起被消灭了……"[39]

城市在自身中构成了一个世界；它们的意义和永恒被卡塔内奥表达为一种绝对的原则："外国人惊讶地看到，意大利城市在相互攻击中延续下来，虽然他们对国与国之间的这种情况并不感到奇怪；这是因为他们不了解自己的好战性格和民族特征。对米兰的敌意来自米兰城自身的力量，或更确切地说，是来自米兰城自身的雄心。以下的事实证明了这一点：当米兰城因遭受破坏而变成废墟时，其他的许多城市便不再害怕她了，因而又携起手来，在废墟上重新将她建设起来。"[40]

卡塔内奥的原则同本书中的许多论点有关；我总认为，他心目中的那些城市生活的最深层次大都可以在纪念物中看到，正如在本研究中所多次强调的那样，纪念物包含了所有城市建筑体的个性。在卡塔内奥的见解中，城市建筑体的原则和形式之间的关系是明显的。人们甚至只要读一下他写的有关伦巴第风格的论著和他对伦巴第进行描述的开头部分，就可以看到这种关系：在他看来，伦巴第那经过长期开垦而变得肥沃的土地正是一种文明的重要见证。

另一方面，他对有关米兰大教堂广场的争论所做的评论，证实了在这个复杂的问题之中还有尚未解决的内在困难。因此，在对伦巴第文化和意大利联邦制度的研究中，他驳斥了出现在下列争论之中的所有具体和抽象的论点，有关意大利的统一和意大利半岛上的城市将在国家构架之中所具有的新旧意义。对联邦制度的研究不仅使他避免了当时民族主义者所特有的修辞言谈。而且由于认识到阻碍联邦制的那些因素，他开始充分看到了城市发现其自身的新构架。

应当肯定，曾使城市富有活力的启蒙运动和实证主义的巨大热情在意大利统一之时已经衰退；但这并不是城市衰落的惟一原因。卡塔内奥的方案和为波伊托（Camilla Boito）所称道的地方风格可以使城市恢复某种已被模糊了的意义。还有一种更为深刻的危机，它体现在意大利统一之后所出现的有关首都选择的大讨论之中。这场讨论的焦点是罗马城。格拉姆西（Antonio Gramsci）对这个问题的认识颇有见地："莫姆森（Theodor Mommsen）提出了是什么普遍思想将意大利与罗马城直接相联这个问题，对此，塞拉（Quintino Sella）答道，'是科学的思想……'塞拉的回答是恰当而有趣的；在那个历史时期中，科学是一种普遍的新思想，是人们正在精心创造的新文化的基础。但罗马城并没有成为科学城，因为它还缺乏所必需的大型工业项目。"[41]尽管塞拉的回答在根本上是正确的，但它却是含糊的，是一种巧辩；人们本来可以通过发展工业项目来使罗马成为科学城，而不用担心会产生出准备参与国家政治发展中的现代和自为的罗马工人阶级。

甚至在今天，我们对这场关于罗马城为首都的争论的研究仍很感兴趣；这场争论吸引了所有阶层的政治家和学者，他们都关注这样两个问题：城市应是何种传统的住所？首都应当如何为未来的意大利定位？在这种历史环境下，某些干预行动的意义变得更加清楚，它们易于使罗马城具有现代城市的特征，并且易于在罗马的往昔同欧洲其他主要都城形象之间建立起某种关系。如果仅仅视这场关于首都的争论为国家主义者的一种言谈（当时肯定存在着这种观点），那就意味着要将这个重要的过程置于过分狭窄以至于无法评价的范围之中。其他一些国家也在不同的时期中出现过类似的过程。

我们有必要研究某些城市结构是怎样被确定为某个首都的模式的，研究城市的具体实在与这种模式之间的可能关系。值得注意的是，就欧洲而言（但不单单是欧洲），这个模式就是巴黎。如果不承认这个真正的事实，我们就无法理解许多现代都城的结构，如柏林、巴塞罗那、马德里以及罗马和其他城市。城市建筑中的全部政治历史过程与巴黎城一起发生了特有的转变；但只有通过阐明这种关系所出现的特定方式，我们才能理解它的意义。

在组织城市的城市建筑体与理想方案或总体构想之间总有某种确定的关系，而且这种关系的形式是非常复杂的。当然，有些城市实现了本身的意图，而另一些城市则不是这样。

集体的记忆

通过这些讨论，我们接近了城市建筑体最深层次的结构：建筑体的形式即城市的建筑艺术。"城市的灵魂"成了城市的历史，成了城墙上的标记，成了城市的记忆和独有的明确特征。这正如阿尔布瓦什在《集体的记忆》（La Memoire Collective）一书中所写的那样，"当一群人生活在某一空间中时，他们就将其转变为形式，与此同时，他们也顺从并使自己适应那些抗拒转变的实在事物。他们把自己限定在自己建成的构架之中，而外部环境形象及其所保持的稳定关系成为一个表现自身的思想王国。"[42]

我们可以说，城市本身就是市民们的集体记忆，而且城市和记忆一样，与物体和场所相联。城市是集体记忆的场所。这种场所和市民之间的关系于是成为城市中建筑和环境的主导形象，而当某些建筑体成为其记忆的一部分时，新的建筑体就会出现。从这种十分积极的意义上来看，伟大的思想从城市历史中涌现出来，并且塑造了城市的形式。

我们因此认为，场所是建筑体的特征原则；场所、建筑、经久和历史这些概念使我们得以理解城市建筑体的复杂性。集体的记忆参与了公共作品之中的具体空间转变，而这种转变总是受到客观现实的制约。从这方面来看，记忆是理解整个城市复杂结构的引导线索，在此意义上，城市建筑体的建筑与艺术不同，因为后者只是为自身而存在的一种元素，而最伟大的建筑纪念物却与城市有着必然的密切关系。"……问题出现了：历史是怎样通过艺术来表述的？这主要是通过纪念物来实现的，无论是从国度还是宗教的意义上来看，这些纪念物都是意志和力量的表现。只有当人们感到需要在形式中表现自己的时候，他们才会对石环感到满意……。因此，整个民族，文化和时代的特征是通过建筑的整体来表明的，这个整体就是它们存在的外表。"[43]

最终在建筑体中，在某种城市思想的缓慢展现中，城市有意识地使自身成为某种目的。在这过程中，还存在着个人的作用，因而并不是城市建筑体中的一切都是集体的；然而，城市建筑体的集体和个别属性最终却构成了同一城市结构。这个结构中的记忆就是城市意识；它是一种理性作用，其发展以最为明确、经济及和谐的方式表现了那些已被接受的东西。

在谈到记忆的作用时，我们所感兴趣的主要是实现和解释的方式；我们知道，这些取决于时间、文化和环境，而这几方面因素又决定了方式本身，我们因此可以最大限度地从中发现客观实在。有许多大大小小的场所，它们之中的城市建筑体不能从别的方面来解释；它们的形状和抱负与几乎是由先天注定的个性相对应。例如，我想到了托斯卡纳、安达卢西亚和其他城市；共同而普遍的因素怎能说明这些场所的独特之处呢？

作为集体记忆即集体与场所的关系的历史价值可以帮助我们掌握城市结构的意义，城市的个性以及表现这种个性形式的建筑。从卡塔内奥提出的原则来看，这种个性最终是与某一初始建筑体相联系的；它既是一个事件，又是一种形式。因此，过去与未来就统一在具体的城市思想之中，这种思想所出现的方式与人生中记忆出现的方式相同；为了得以实现，这种思想不仅必然会影响现实，而且也同样会受到现实的影响。这种影响是城市中独特建筑体，纪念物以及我们有关这种影响的概念的永恒方面。这种影响还可以解释，在古代城市的创立为什么会成为城市神话的一部分。

雅典

雅典史学家们在伊瑞克特尼俄斯开出了一列国王名单，我们从有关雅典史话中知道，伊瑞克特尼亚是第二位有着神奇身世的早期雅典人，这样，科克罗普斯（Kekrops）又一次出现了……。据说，他还建起了前面

79

图 79
雅典卫城山门

图 80
雅典阿波罗·帕特鲁斯神庙

图 81
雅典帕提农神庙

图 82
公元前5世纪中期（伯利克里时期）雅典城的大致平
面图，居住区（打点）围绕公共建筑（涂黑）布局

图 83
雅典卫城平面图。主要建筑物：1. 伯雷入口（Beuté
Gate）；3. 胜利神庙；4. 山门；11. 帕提农神庙；
12. 古风时期的雅典娜神庙；14. 伊瑞克提翁神庙；
16. 罗马和奥古斯都神庙；26. 酒神剧场；32. 于迈
尼斯敞廊；33. 音乐厅；34. 输水道

80

81

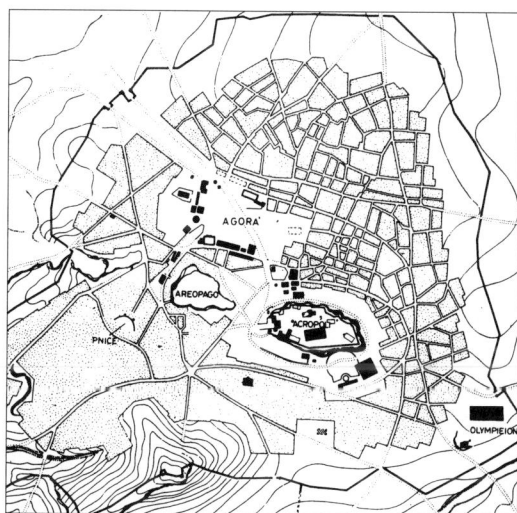

82

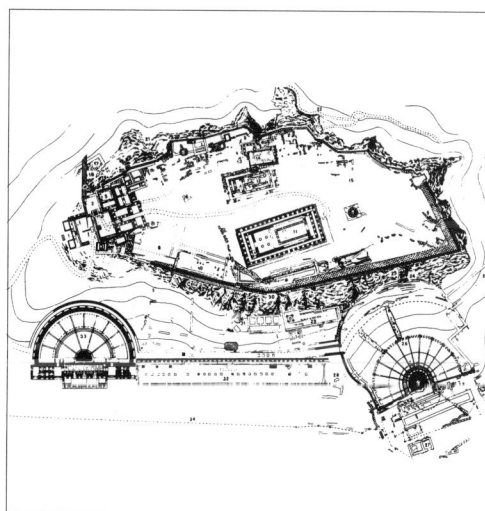

83

提及的雅典娜·波利亚斯神庙，在里面放上木雕的女神像，并且在死后也葬在那里……。也许，他那富有意义的名字强调了'克特尼亚'即来自地下的生灵，他的名字最初并不表示统治者，也不是指地上世界中的国王，而是表示受到秘密崇拜的神秘孩童，他仅在偶尔听说的传说中被提及。根据原始生灵的名字，雅典人把自己称为科克罗普斯的传人，但也依据伊瑞克特这个国王和英雄的名字，把自己称为伊瑞克特的后代。[44]

　　似乎有点奇怪，本章是研究历史的，现在却开始谈论神话了，这是我们再也不能不谈论的一个先于城市历史的神话：雅典。城市建筑体的科学，最先明确地出现在雅典城之中；它体现了从自然到文化的过渡，这种出现在城市建筑体中心的过渡，通过神话而流传至今。当神话在建造神庙中成为一个具体事实时，城市的逻辑原则就已从它同自然的关系中出现了，成了被传递的经验。

　　城市的记忆因而最终可以追溯到希腊；在那里，城市建筑体与思想的发展相一致，想像力成了历史和经验。我们所分析的任何一座西方城市都起源于希腊；如果说罗马为城市化提供了普遍的原则，因而使整个古罗马世界中的城市都具有一种理性的构架的话，那么希腊则提供了组织城市，创造城市美景以及城市建筑的根本法则；这种根源已成为一种永恒的城市经验。古罗马、阿拉伯、哥特甚至现代城市都有意识地在仿效这种经验，但它们只是在有些时候才穿透了它那美丽的表层。城市中的一切既是集体的，又是个别的；所以，真正的城市美学意图根植于希腊城市这种不可再现的环境之中。

　　希腊艺术和城市的这种性质是以神话和与自然之间的神奇关系为先决条件的，我们应当通过对古希腊世界中城邦的细致考察来深入地加以研究。任何这方面的研究都应以卡尔·马克思（Karl Marx）的非凡直觉为基础，在《政治经济学批判》（Critique of Political Economy）一书的导言中，他视希腊艺术为人类的童年时代；马克思直觉的惊人之处在于，他把希腊比做"正常的童年"，从而把它同那些偏离人类命运的其他古代文明区别开来。这种直觉也出现在其他学者的研究中，并被准确地用于说明城市建筑体的生命和起源：

　　"然而，困难并不在于理解希腊艺术和史诗同某些社会发展的联系，而是在于它们仍然给我们以美的享受，而且在某些方面被视为高不可及的范本。一个人不可能有第二次童年，否则他就是幼稚的。但是，难道他没有享受到儿童的天真吗？难道他自己不该努力在更高的层次上再现那儿时的真诚吗？每个时代的纯真而基本的特性不正是存于儿童的本性之中吗？尽管人类历史中的童年时期已经一去不复返了，但其中所展现的美好为什么不该具有一种永恒的魅力呢？人类中有粗鲁和早熟的儿童。许多古代文明属于这一类。希腊人是正常的儿童。他们的艺术所具有的魅力，与它生

图84
雅典卫城中的皇宫方案，1834 年申克尔设计

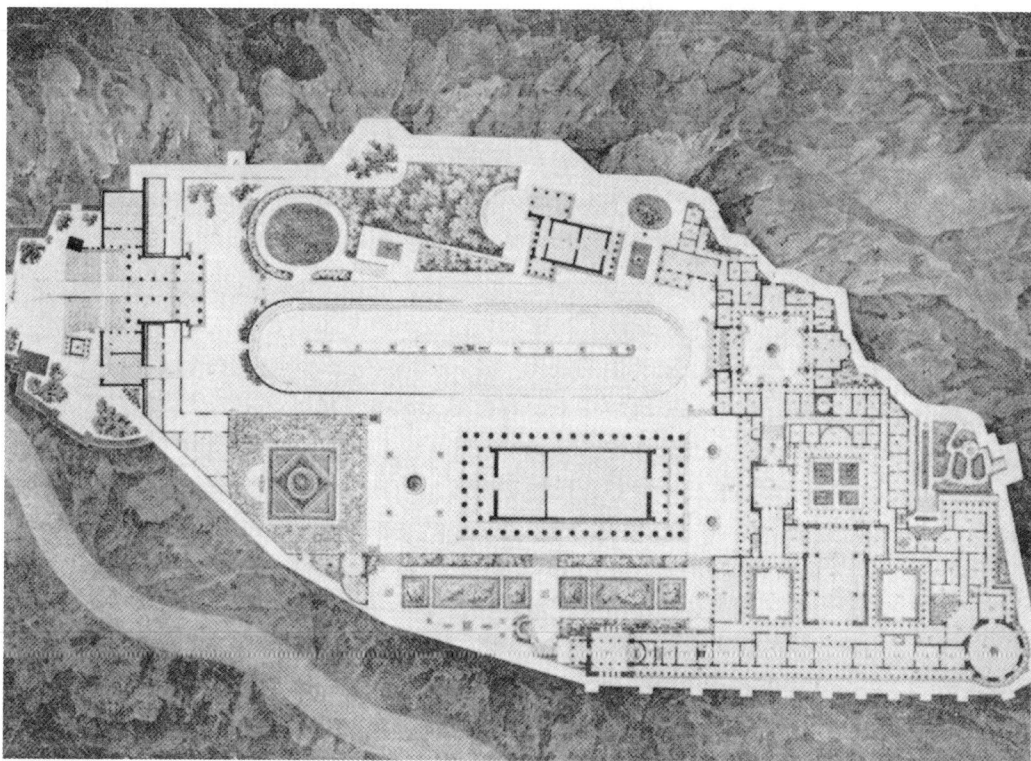

图85
雅典卫城中的皇宫方案，1834 年申克尔设计

长其中的那个不发达的社会阶段并不矛盾。相反,(它的魅力)同那些产生它的尚未成熟的社会条件有着不可分割的联系。而且它也只有在这种永不复返的社会条件下才能产生。"[45]

我不清楚博埃特是否知道马克思的这段话;总之,他在描述希腊城市及其形成时,感到有必要将它同埃及幼发拉底河流域的城市加以区别,而后者正是马克思所说的不同于正常幼年的那种昏暗和不成熟的幼年。博埃特的看法使我们不得不联想到贯穿于人类历史之中的有关雅典和巴比伦的对立神话:

"雅典显然与我们在埃及和两河流域所见到的城市不同,在那些城市中神性庙宇和君主宫殿是惟一的构成元素。而在雅典,除了神庙(这也与前述文明中的不同)以外,我们还可以看到作为城市发生元素的各种表现自由政治生活的机构(立法会议、城邦人民大会、最高法院)以及与典型的社会需要相关的建筑物(健身房、剧场、体育场、演奏厅)。像雅典这样的城市表现了人类中一种更高层次的公共生活。"[46]

在雅典城的结构中,那些我们在此称之为主要城市建筑体的元素被明确地定义为城市的发生元素:那就是神庙以及政治和社会生活的机构,它们分布在居住区域中的不同地方,而且一直处于演变之中。住房在古希腊城市的形成中也发挥了积极的作用,并且构成了设计的基调,我们可以用它来说明城市中的重要建筑体。

为了更清楚地理解古希腊城市以及城市作为历史中延续下来的城市建筑体的价值,我们有必要回顾一下古希腊城市的初始结构,尤其要把它与包括罗马城在内的其他城市做个比较。除了博埃特所说的那种复杂的政治组成之外,古希腊城市具有一种由内向外发展的特征;城市的构成元素是神庙和住房。只是纯粹出于防卫上的需要,古风时期以后的希腊城市才用墙体围合起来,因而这些墙体绝不是城邦的初始元素。东方的城市则与之相反,城墙和城门成了神圣而主要的元素;城墙以内的宫殿和神庙又用其他的墙体围合,如同一系列的连续闭合体和堡垒。这种同样的界定原则被传入伊特鲁里亚和古罗马的文明之中。但是,古希腊城市中没有任何神圣的界线;它是一个场所和国家,是市民活动的中心。它的初始并不是君主的意愿,而是一种与自然的关系,这种关系以神话的形式表现出来。

然而,如果我们不考虑另一个具有决定性意义的因素的话,我们就不可能完全理解古希腊城市的这个特征(我再说一遍,这是一个无与伦比的典范)。这个因素就是城邦;其中的居民虽属城市但却多半散居在乡村。城市与地区的关系因此十分密切。我们有必要引用卡塔内奥的另一段话来明确揭示古希腊城市组成的意义。在卡塔内奥和博埃特看来,东方城市和城邦的不同命运似乎相当清楚,因为前者只不过是"巨大墙体中的营地"和未开化的设施,它们"与周围环境没有联系。"[47]

卡塔内奥正确地直觉到，东方世界中的墙围营地与其周围地区是完全脱离的，而在意大利，"城市与地区构成了一个不可分割的整体。"[48] "……这种乡村与城市（居民多半为权势者、富裕和勤劳之人）的密切关系确立了一种政治实体：一个基本的，持久的和不可分割的国家。"[49] 我们并不清楚，在发展这种自由公共城市和古希腊城市之间的类比关系方面，卡塔内奥究竟走了多远，因为他没有对此多加讨论。但这种产生于史学家的直觉和城市实际结构之间的共鸣却使人们对城市建筑体科学有了积极的认识。不正是这种城市与地区之间的联系使雅典成为杰出的希腊民主城市和城邦吗？

雅典是一个由公民组成的城市，一种城邦国家，即其居民散布在规模适当且与城市紧密联系的区域中。尽管阿提卡地区中的许多中心都有地方政府，但它们并不与城邦相争。"城邦一词不仅是指城市，而且也指国家；它最初出现在卫城一词中；卫城最初是供人们避难和进行宗教活动的场所，同时也是管理机构的所在地，这样的功能使它成为雅典人聚集的初始场所。卫城和在国家意义上的城市整体就是城邦一词的双重意义。"[50] 因此城邦最初是指卫城，而"astu"这词被更普遍地用来指居住区域。

雅典的历史变迁证实了一个重要的事实：由雅典市民和雅典城所组成的整体，基本上体现在政治管理方面，而不在居住方面。只有在普遍的政治和城市观点的意义上，雅典人才会对城市问题发生兴趣。马丁（Roland Martin）有关这方面的研究是正确的；他注意到，正是这种视城市为国家和雅典人场所的概念，使得那些有关城市组织的最初见解带有纯理论的色彩。这些见解探寻城市的最佳形式，追求最有利于市民道德发展的政治体制。[51] 在这种古代体制中，城市的物质方面似乎是次要的，仿佛城市就是一个纯粹的精神场所。古希腊城市建筑的无比精美也许就在于这种理智的特性。

然而，正是在这一点上，它似乎离开了我们，离开了我们的生活经验。罗马城在共和与帝国时期的历史进程中，以现代城市几乎没有的戏剧般性格揭示出现代城市中所有的对抗和矛盾，而雅典城却保留了人类中最为纯净的经验，体现了那些永不复返的社会特征。

图 86a

建于第二帝国期间的典型巴黎资产阶级公寓住宅立面，出自 1858 年的英国一杂志

第四章　城市建筑体的演变

城市是各种力量的作用场；经济学

同所有的城市建筑体一样，城市也只能通过对空间和时间的严格参照来定义。虽然今天的罗马城和古典时期的罗马城是两个不同的建筑体，但我们却可以看到将其联系在一起的经久现象的意义；不过，如果想说明这些建筑体的转变，我们就应当不断地关注十分具体的事实。人们的共同经验证实了那些最为详尽的研究所得出的结论：城市每50年就会发生彻底的变化。城市中的居民逐渐习惯了这种转变过程，但这并没有否定此结论的正确性。所有时代的文学作品之中都有许多对城市形象转变的描述和记载，其中往往带有眷恋和惋惜之情。

当然在某些年代或时期中，城市变化的速度很快，而且变化具有冲击性和明显的不可预测，如拿破仑三世时期的巴黎城和在成为意大利首都之时的罗马城。突变、转变和小的改动需要不同的时间。像战争或土地征用这类巨大的变动会很快地改变似乎稳定的城市状态，而另一些变化的发生则需要较长的时间，并且是以逐步改动个别部分和元素的方式来实现的。在所有的情况中，城市受到许多力量的作用，它们也许是经济和政治方面的，也许是其他方面的。因此，城市也许会通过自身的经济福利而发生变化，这样便会使生活方式发生重大转变，城市也可能毁于战争。然而不论是巴黎和罗马在上述时期中的转变，柏林和古代罗马城所遭受的破坏，还是伦敦和汉堡在被大火毁坏之后的重建工作，或是二次世界大战中的轰炸，在所有这些情况中，我们都可以对那些控制变化的力量分别地加以研究。

对城市的分析能使我们看清这些力量是如何发生作用的；例如，我们可以通过契约登记册来研究财产的历史，从中了解土地占有者的先后顺序，并且探索某些经济趋向，比如，一旦土地为大的财团所得，土地就不会再细分下去，从而使大片土地用于完全不同的建设项目。我们还应当阐明这些力量得以体现的准确方式，而首先要弄清这些力量的潜在效应和其所产生的实际效果之间的关系。

例如，如果把土地风险投资的性质纯粹作为某些经济法则的体现来

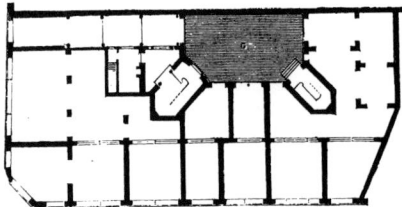

86*b*

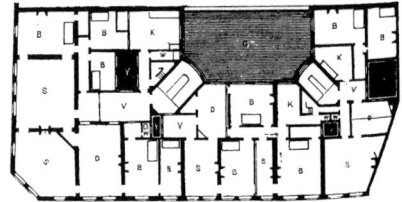

86*c*

研究，我们也许能够确立与之有内在联系的若干法则；但这些法则仅仅是普遍意义上的。此外，土地风险投资的力量对城市结构的影响是多种多样的，如果我们想用同样的方法来寻找其中的原因，我们甚至就不太可能得到答案。以下两类事实对于理解影响城市的力量会更有帮助：第一是城市的性质，第二是这些力量产生转变效果的具体方式。换句话说，我们认为，主要的问题并不是要认识这些力量的本身，而是要首先知道它们的作用，其次了解它们的作用所产生的不同变化：对这些变化的认识，一方面取决于这些力量的性质，另一方面取决于地方的情况和城市的类型。为了认识城市转变的方式，我们应当在城市和影响它的力量之间建立起某种关系。

在规划的基础上，我们可以解释许多发生在现代时期中的这些转变，因为规划构成了使那些控制城市变化的力量得以体现的具体形式。规划在此是指市政当局或自主或根据私人团体提出的建议而采取的行动，以规定、协调和影响城市的空间。我们已特别说到，规划是一种现代现象，但实际上，城市自建立之日起，就已明显地具有规划的特性，而且部分地根据规划进行发展；城市建筑体的集合属性本身就意味着某种规划的存在，这种规划或出现在开始，或出现在发展的进程中。

从结构的观点上，我们也已看到，这些规划的影响力量与其他城市建筑体的相同；在这个意义上，它们也构成了一种开端。经济力量易于对规划施加主要的影响，因此，研究它们的作用是很有意思的，尤其我们拥有这方面的大量资料。在资本主义城市中，经济力量的作用体现在土地风险投资之中，这种投资构成了城市发展机制的一部分。我们在此很想探讨土地风险投资与城市所经历的发展类型之间的关系及其对城市形式的作用，换句话说，我们很想探讨城市建筑体的组成是否或在何种程度上取决于这种经济关系。我们知道，规划制定、土地征用和土地风险投资这些力量影响了城市，但它们与实际中的城市建筑体之间的关系是极其复杂的。

在本章中，我想特别讨论一下与城市有关的两种不同论点，并以它们作为重要的参照。第一个论点是阿尔布瓦什提出的，它分析了土地征用的性质。阿尔布瓦什认为，经济因素在本质上会在城市演变中发挥主导作用，直到它们让位于更为普遍的法则；但他宣称，那种把某种普遍条件出现的特定方式视为头等重要的经济观点常常会导致错误的出现。在他看来，经济条件随需要而出现，并且不会因其出现在一种而不是另一种特定的形式，场所和时刻中而改变意义。

由于这种原因，经济因素的总和不能完整地解释城市建筑体的结构。

但怎样才能解释城市建筑体的独特性呢？阿尔布瓦什试图通过考察城市中社会集团的发展来回答这个问题，他把城市建设同城市状态之间的关系归咎于集体记忆的复杂结构体系。1925年，他写下了《记忆的社会背景》（Les cadres sociaux de la mémoire）一书；同一年，他在《巴黎（1860—1900年）的土地征用和价格》[Las expropriations et le prix de terrains à Paris（1860—1900）]这本研究土地征用性质的论著中，以科学的态度精辟地分析了统计资料，在《工人阶级中需要之发展》（L'évolution des besoins dans les classes ourrières）一书中，他也做了同样的分析。[1]在基于这些前提之上的城市研究中，几乎没有一个能像他的研究那样，具有如此的严密性。

我所指的第二个论点是由贝尔努利（Hans Bernoulli）提出的。贝尔努利认为，土地的私有制及其分配是现代城市的主要灾难，因为城市和其占有的土地之间的关系具有一种根本且不可分解的特性。他因此认为，土地应当回归公有。他对城市结构的论述便从此延伸到主要与建筑相关的一些认识之上。在他看来，住房，居住区和公共设施都十分依赖于土地的使用情况。这个从立论到论据都相当明确的观点显然涉及城市问题的主要范畴之一。[2]

有些理论家声称，地产的国家所有制，即废除私有地产，表现出资本主义城市和社会主义城市之间性质的不同。这个观点是无可争辩的，但它与城市建筑体有关吗？我的回答是肯定的，因为城市土地的使用和获得的可能性是根本的问题；所有制似乎还只是一个条件，固然是一种必需的条件，但却不是决定性的条件。

在众多的以经济学为基础的论点中，我选择并强调了阿尔布瓦什和贝尔努利的论点，这是因为它们具有明晰性并且与城市现实相对应；我相信，它们可以为人们理解城市构成体的性质提供有价值的见解。但是，在经济力量和条件的背后或以外，最终还有选择的问题；这些在本质上属于政治上的选择，只有关注城市建筑体的整体结构才能理解。

莫里斯·阿尔布瓦什的论点

在研究的开头部分[3]，阿尔布瓦什用经济观点考察了某大城市中的土地征用现象。他首先提出假设，以便用科学的方法来分析土地征用现象，从而把它们从具体的环境中分离出来；这个假设就是：这类现象具有自身的特性和相同的性质。因此，他就可以比较不同的情况，而不用担心它们之间的不同之处；在他看来，土地征用的原因无论是偶然的（例如火灾），还是正常的（废弃）或是人为的（土地风险投资），都不能改变结果的性质，即要么毁坏，要么建设这样一个单纯而明确的事实。

然而，土地征用并不是以相同的方式出现在城市的所有部分中的；它可以完全改变城市的某些地区，而对另一些地区则更为"留情"一些。为了获得完整的认识，我们似乎有必要来考察各个地区的不同情况；只有纵观某些地区在不同时期的情况，我们才能看出发生在空间和时间中的重要变化。

在这些变化中，至少有两个值得注意的特征。第一个特征与个人的作用有关，即与某人所施加的影响有关；第二个特征仅仅与一系列给定的建筑体的相继顺序有关。阿尔布瓦什写道，"'朗比托'街，'佩里埃'大道，或'奥斯曼'林荫道，所有这些名称或路名并不表示人们对这些著名且为公众利益服务的投资者或管理者的尊敬……而只是它们起因的标记。"[4]

当市政当局的建议与公众所确认和已讨论过的需要和方案相关时，许多力量和因素便会发生作用，其中包括意外的力量或因素。但另一方面，如果政府当局不能代表人们的意愿（如巴黎在1831年至1871年间所出现的情况），那么美学、卫生、城市战略的思想或某一或若干掌权人物的行动就成了头等重要因素。从这个观点来看，一个大城市的具体组成可被视为不同集团，个人和政府的提议相互碰撞的结果。就这样，各种不同的规划被提出，被综合，被忘却，以至于今天的巴黎如同一幅拼合的照片，人们也许通过复制路易十四（Louis XIV）、路易十五（Louis XV），拿破仑一世（Napoleon I）和奥斯曼（Baron Haussmann）诸时期中的片断形象便可获得。那些尚未完成的街道和孤立且被遗忘的地区显然证实了许多方案的不同性和相对独立性。

我们所说的第二个特征与一系列建筑体出现的顺序有关。在整个历史中，始终存在着促使土地的建设，获取和出售的力量，但这些力量是根据它们所给定的方向发展的，是与它们必然会涉及的某些规划相一致的。这些方向也许常常会出人意料地发生变化；但是，当正常的经济力量在根本上不易被改变时，这些力量对变化的反应强度也许会由于非经济的原因激增或剧减。

奥斯曼认为，在改建巴黎的原因中，有些是属于战术方面的，例如拆除那些不利于军队集结的地区。在独裁和不受欢迎的政府时期中，出现这样的做法是不奇怪的，其间出现的其他做法也同样如此。例如，吸引工人就业和为投资者吸引富有的主顾，这两方面都有利于统治者以最小的政治权利来换取最大的物质繁荣。所以，我们可在政治的基础上，对巴黎在此期间出现的大规模的土地征用现象做出解释：执政党和资产阶级明显地取得了对革命党和工人阶级的决定性胜利。

在移民和教会的地产国有化之后所出现的林荫大道规划，是巴黎革命时期这一特定历史环境的另一个独特的产物。艺术家委员会只是在地图上标出了这些大道的位置，而新近收为国有的大片土地则为它们提供了用地条件。因此，研究巴黎的转变是同研究法国的历史联系在一起的；城市转变的形式既取决于它的历史，又取决于某些个人的行为，这些人的意志具有同历史力量一样的作用。

土地征用法案似乎在本质上不同于其他所有在地产变化初期出现的那

些法案。与此相关的是，土地征用法案的出现并不是孤立的；它们并不那么关注某条街道或一组住房与整个城市体系的相互关系，它们参与到城市发展的趋向之中。

在用历史因素对巴黎转变所做的所有解释中，也有一些不同的可行解释，它们将土地征用的经济因素同其他方面的经济因素联系起来。我们已经提到了教会地产的国有化；当然，艺术家委员会所规划的街道并不是都建成了，但征用修道院土地的本身却是一个经济问题。即使是从具体的形式上来看，这些土地也阻碍了城市的发展，因此，即使处于不同的情况下，它们也可能会被国王征用或是被教会出售，就像后来发生在修建铁路中的情况一样。

正如阿尔布瓦什所指出的那样，某种普遍情况所出现的确切方式并不那么重要；一种情况因需要而产生，其意义不会因为它出现在一种而不是另一种特定的形式，场所和时刻之中而改变。我们也可以这么来看待奥斯曼的规划，看待我们所引用的有关支持这个规划的所有军事，政治和美学论点。集结军队，地形形式和经济特性本身都不是改建街道的原因，所以，我们无需再去解释它，这正如化学家没有必要去解释他在实验中所使用的试管的形式和尺寸那样。即使那些秩序，卫生或美学的动机也没有产生任何可用经济学加以解释的重要改变，经济学家用不着去关心它们。不管是这些因素由于具有某种作用而不能忽视也好，还是在详尽的研究中排除了所有的经济因素之后也好，它们的存在都可被认为具有某种"剩余"作用。

这个有关土地征用的纯经济特性的假设，是建立在土地征用与单个建筑体和政治历史无关的基础之上的。此外，由于土地征用具有迅速和综合的效力，由于它们的不同成分是同时而不是先后被实现的，所以，正是整体的作用，揭示了前一时期中那些力量的方向和影响。因此，土地征用所出现的具体形式并不重要，即使是从法律的观点来看也是这样。

某种反映集体需要的意识一旦成形并明确表现出来，整体作用就可能发生。显然，集体意识也可能是错误的；城市可能会把那些没有扩展趋势的土地纳入城市化的轨道，或可能会修建那些并非真正需要的街道，这种匆忙建成的街道可能会遭到遗弃（引起错误的原因很多；例如，出于紧急需要而建成的街道可能会导致其他类似建设的出现）。因此，土地征用本身所经历的是一个正常的演变过程。

相应地，阿尔布瓦什也不认为土地征用是反常或超常的现象，而是把它们作为城市演变中最典型的现象来研究。因为正是通过土地征用及其直接的影响，可以用于分析城市土地演变的经济趋势才以一种适当浓缩和综合的形式表现出来；就考察极为复杂的现象整体而言，对土地征用的研究是最明确而可靠的着眼点之一。

鉴于阿尔布瓦什这个论题的重要性，我想归纳一下其中的三个基本方面：

1. 经济因素和城市建设之间的关系和它们的独立性；

2. 个人对城市变化所起的作用及其性质和局限性；某种情况出现的确切且由历史所决定的方式同它出现的普遍原因之间的关系；

3. 城市演变体现了复杂的社会秩序，且趋于根据高度准确的法则和发展方向而进行。

除这三点以外，我还想补充一句：土地征用的重要性在于它是城市演变中具有决定性意义的要素，是被阿尔布瓦什当做基本研究领域的一个很有价值的概念。

对土地征用性质的进一步思考

在阿尔布瓦什论点的基础上，人们可以对很多不同的城市进行研究。在对米兰某一地区的研究中[5]，我曾做了这方面的尝试；在研究中，我强调了城市连续演变过程中那些显然是偶然事件（例如由战争和轰炸所造成的破坏）的重要性。我认为，我们可以表明（我已努力在此研究中这么做了）：这类事件只是加速了已经存在的某些倾向，并且还部分地修改了这些倾向，使原先存于经济形式之中的意图得以更快的实现，而这种破坏和重建城市的意图本来还可以通过与战争相同的过程来完成。但显而易见的是，由于这些事件是以迅速而残忍的形式出现的，因此，通过研究它们，人们所看到的结果就会比土地所有制和城市不动产的长期历史演变所产生的结果更为生动，更为直接。

这类的现代研究得到了有关城市规划——为扩大和发展而制定的规划——研究的很大支持。实际上，这些规划与土地征用密切相关，没有土地征用就不可能有这些规划，而这些规划又是通过土地征用体现出来的。阿尔布瓦什有关巴黎两个重要规划的论点，适用于大多数城市，如果不是所有的城市的话（这两个规划是指由艺术家委员会和奥斯曼所做的规划，它们的形式与在绝对君权统治下所出现的许多规划形式没有本质上的差别）。例如，我在另外的研究中，力图把米兰的城市形式与先由德雷萨（Maria . Theresa）后为奥地利约瑟夫二世（Joseph II）而最终由拿破仑所完成的改革联系起来。这些出于经济考虑的措施与城市设计之间的关系是很明显的；它首先表明，与建筑体形式相关的土地征用这种经济事实是头等重要的。同时它还表明，土地征用在本质上是城市全部演变过程中的一个必要条件，它们深深地根植于城市的社会运动之中。我们在此暂不考虑土地征用的政治方面，即它们是为哪个阶级服务的。

米兰城的拿破仑规划[6]是欧洲最为现代的规划之一，尽管它是从巴黎艺术家委员会的规划派生而来的；它以本身的具体形式说明了奥地利政府对教会地产所进行的长期一系列的抢夺和征用。因此，这个规划只是准确地反映了在特定的土地征用情况中所出现的建筑形式，我们可以如此地来研究它；在这些限定之中，我们的研究将受益于对新古典文化的

图 87

1801 年米兰城的平面图，左上方为安托利尼（Giovanni Antolini）设计的波拿巴广场方案

理解，受益于对具有不同个性的建筑师［如卡尼奥拉（Luigi Cagnola）和安托利尼（Giovanni Antolini）］的理解，受益于对一系列空间方案的理解，这些与经济因素无关的方案先于这个规划，且融解在这个规划之中。

这些空间方案的相对自主性可以从以下的方面来衡量：它们在其后规划中所出现的强度，它们与之前的规划的联系程度，以及它们并不促进经济转变的性质。因此，拿破仑大道（当时为但丁街）在城市动力之中的成功是完全可以理解的。同样的城市动力使伯鲁托（Beruto）规划在城北获得成功，但却在城南告以失败，失败的原因是规划的假设或太先进，或过于脱离经济现实。

奥地利约瑟夫二世在1765年至1785年这20年间对宗教团体进行了镇压，经济动力随之有力地迸发出来。这种情形既有政治意义，又有经济意义。在米兰城和其他少数城市（甚至在西班牙）出现了大量的耶稣教会，宗教法庭以及无数奇怪的教会组织，对它们的镇压不仅是向城市和现代进步迈出了一步，而且也具体地表明了米兰城在下列方面所具有的可能性：统辖大面积的城市化土地，使街道系统化，改变不规则的状况，建设学校，研究院和花园。所修建的公共花园紧靠着上议院的花园和修道院的两个花园。

波拿巴广场肯定不是一种建筑上的需要，而是城市本身的需要，即通过为当权的新资产阶级建立一个商业中心来使城市得到一副现代的面孔。这种需要与广场的形式以及在为它选址时而考虑的特有的地形，建筑和历史因素没有关系。

安托利尼的想法虽然是一种纯形式的想法，但在一个完全不同的政治环境中，它却令人注目地复活于伯鲁托规划之中，只是再次由于经济上的原因，商业中心不再是波拿巴广场；所以，城市建筑体的复杂性质使这个规划对城市平衡产生了不同的影响。我想强调指出，这种经济上的影响是不依赖于规划的。

阿尔布瓦什发展其理论的方法有助于我们从反面看到普遍出现在某些理论之中的困惑，这些理论的倡导者们所提出的假定根本就不科学，它们忽视了城市建筑体的性质，只是指责无情的破坏和庞大的规划等等。在这方面，人们通常对奥斯曼规划进行分析的方法是典型的。借助于阿尔布瓦什的观点，人们可以仅从设计的角度出发，做出对奥斯曼的巴黎规划赞成或不赞成的评价（设计自然是非常重要的，我当然很想在此考虑它），但同样重要的是，人们可以看到，奥斯曼的规划在本质上是与那些年中巴黎的城市演变相联系的；从这方面看，它永远是一个最成功的规划，这不仅因为它体现了一系列的巧合事件，而且还因为它首先准确地反映了历史中那个时刻的城市演变。

奥斯曼是根据城市的真正发展方向来开辟街道的，这些街道确认了

88

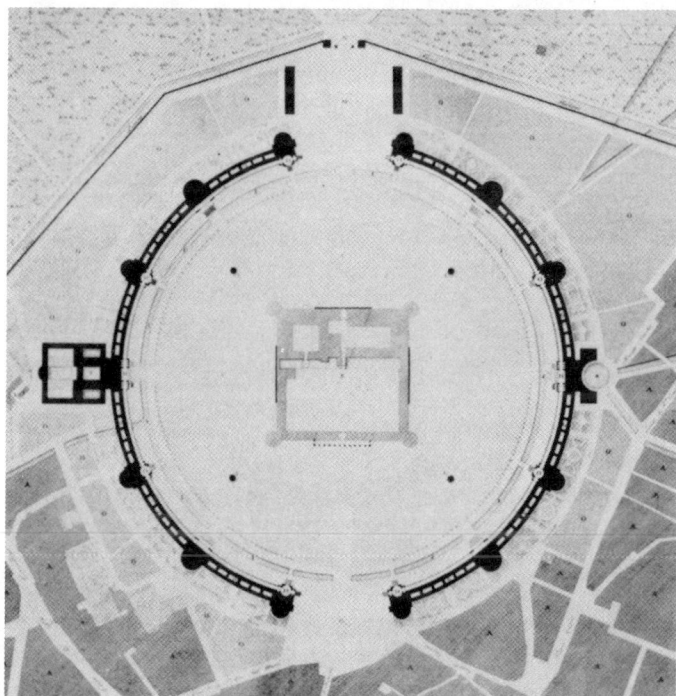

89

图 88
1801 年安托利尼设计的米兰城波拿巴
广场方案剖面渲染表现图

图 89
1801 年安托利尼设计的米兰城波拿巴
广场方案平面图

90

91a

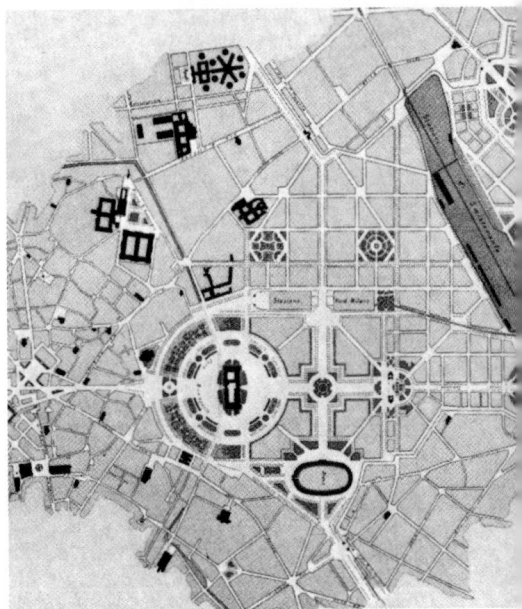

91b

图 90
米兰提契尼门（Porta Ticinese），卡尼奥拉（Luigi Cagnola）设计

图 91a、图 91b
组织城堡地区的两个不同规划方案，工程师伯鲁托（Cesare Beruto）1884 年设计；他曾是米兰城最初总体规划的设计者

图 92
20 世纪初期米兰城的维托里奥·埃曼努埃尔大街（Corso Vittorio Emanuele）

92

巴黎在国内和国际环境中所起的作用。据说，巴黎对法国来说是太大了，可对欧洲来说却又太小了；这种看法表明了一个事实：人们不能总是从一个规划所包含的城市条件出发，来评价城市的规模或规划的作用，而不管此规划在实际上有多么的成功。因此，一方面有巴里、费拉拉和黎塞留这样的城市；另一方面也有巴塞罗那、罗马和维也纳这样的城市；在前一类城市中，规划经受了时间的影响或只是成为一个标记，初始的想法只是偶尔体现在某一建筑物或街道上；而在后一类城市中，规划则疏通，引导且通常加速发展了那些作用于或将要作用于城市的推进力量。在另外一些城市中规划则以一种特别的方式着眼于未来；例如某个规划也许在构思时被认为是难以实施的，并且在实施初期遭到反对，但在后来也许能恢复元气，表现出先见之明。

当然在许多情况下，经济力量与规划的发展和设计之间的关系并不容易说清楚；一个非常重要而且人们了解不多的例子就是塞尔达（Cerdá）在1859年为巴塞罗那城所做的规划。[7]这个规划详尽而合适，技术相当先进，且与这座加泰兰都城的经济转变完全适应，尽管它所预期的人口和经济发展的规模过于宏大。虽然此规划没有实现预期的设想，或者严格地说，规划根本就没有实现，但它却仍然决定了巴塞罗那的以后发展。实际上，塞尔达规划之所以没能实现，正是因为其中的技术见解在当时过于先进，与之相应的城市环境要远远超出当时城市演变的层次。显然，这个规划比奥斯曼的先进，因此，不仅对于加泰兰资产阶级而且对于任何其他一个欧洲城市来说，它本来就是难以实现的。

简单地说，这个规划的主要特征如下：和奥斯曼的规划一样，它的活力是以能够综合城市整体的总体方格网为基础的，规划所容纳的是一个由地区和居住核心组成的自主体系。所以，规划不仅是以较为先进的技术，而且是以某些政治条件为前提的，而这些正是规划的不足之处。例如，规划中的自主居住群体就需要更高的管理水平，GATEPAC（推动当代建筑进步的西班牙建筑师和技师组织）小组在20世纪30年代中部分地复兴了这种群体。

同时，正如博伊加斯（Oriol Bohigas）所正确指出的那样，规划中那些密度很低的地区是站不住脚的，因为这不符合地中海城市的生活方式和特有结构。规划中的那种将城市街区[8]转变为大规模建筑群和总体上采用矩形结构的做法，最终对土地风险投资极为有利，因而只会出现退化的形式。人们可以看到，设计和经济情况之间的关系是多么的复杂，这与阿尔布瓦什的论点并不矛盾，而是正好相反。

结果，巴塞罗那城是根据自身的能力而发展的，塞尔达规划被用来适应这种发展；规划无力改变城市的政治—经济目标，而只不过是需要遵从的某种托辞或形象。然而，规划的重要性在于，它反映并被当作城市历史中的一个时刻，而与巴塞罗那的经济力量没有关系。

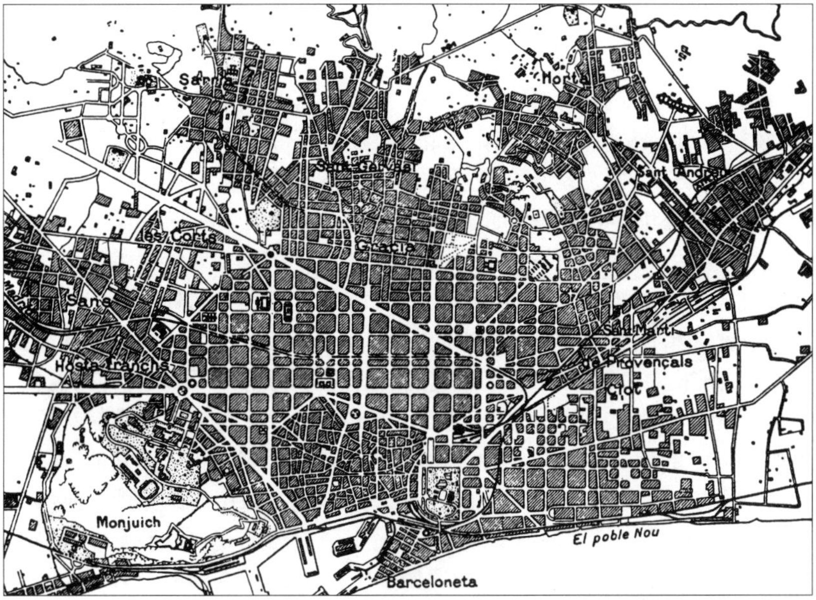

93

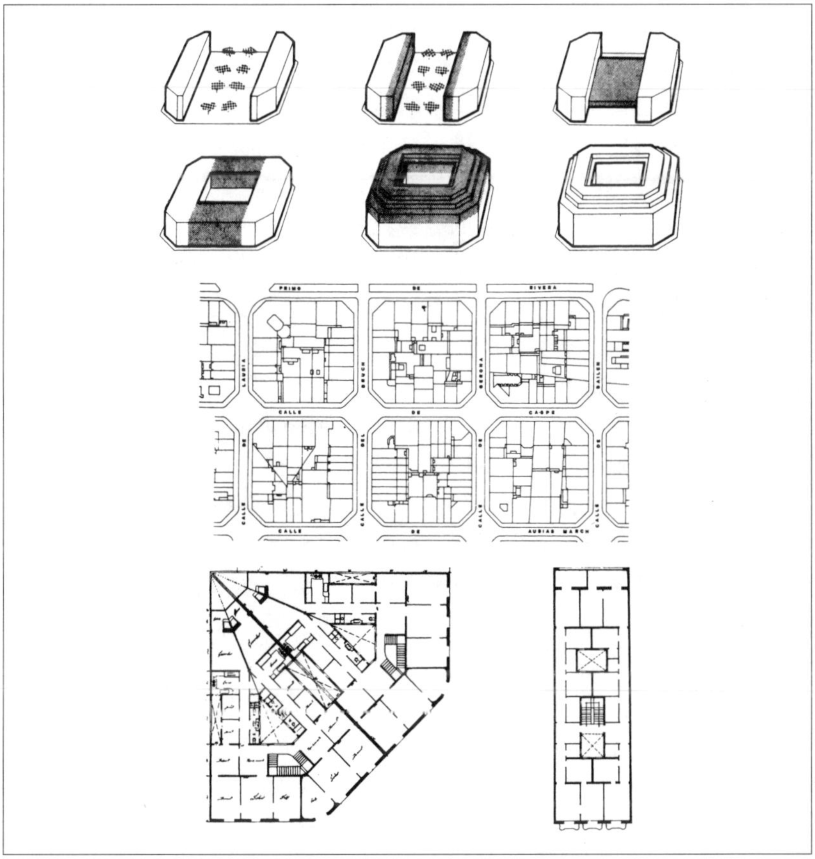

图 93
巴塞罗那城平面图

图 94
塞尔达（Idelfonso
Cerdá）规划中准备扩
大的巴塞罗那地区中
的街区，1859年。上
图：典型街区的密度
渐增；中图：1969年一
房产图中的若干街区；
下图: 左为马提内（Juli
M. Fossas I Martinez）
1907年设计的劳里亚
路80号转角建筑平面
图；右为蒙塔内尔
（Lluis Domènech I
Montaner）1902年设计
的杰罗纳路113号拉
马德里公寓平面图

94

正如我们所说的那样，由于城市是一个复杂的实体，所以，它自然地与为它而做的规划有可能一致（有时完全一致），也有可能不一致。如果不一致的话，要么是因为规划的不足，要么是因为城市所处的特殊历史环境。在每一种情况中，这种关系只能在实际的发展情况以外来评价。所以，埃斯特（Este）公爵为费拉拉城所做的规划就不能从其未被实施和缺乏发展等方面来评价；否则，我们就会因为这些缺点而认为它没有价值。

巴里城的城墙规划是另一个明显的例子[9]，它典型地体现了阿尔布瓦什有关土地征用的定义；和在别处一样，它在此是以一系列明确的政治和历史情况为特征的。这个例子之所以令人产生兴趣，是因为这个出现在波旁（Bourbons）王朝并于1790年被批准的规划，虽然经历了各种的变化，但却一直持续到1918年。尽管规划使那些不利于土地风险投资但却有利于孤立街区的地方发生了各种变化（甚至今天也是这样），但它的存活并不只是由于史学家们所能看到的形象，而是作为城市的具体形式延续下来，从而构成了巴里城的典型结构，其特征是老城与现代城墙围合区域的分离，这种形式也很容易在普利埃塞（Pugliese）的其他城市中看到。

同时，正确的观察表明，我们不仅应当研究城市的发展，而且也应当研究它的衰落；这样，我们就可以进行一种研究，其思路与阿尔布瓦什的相同，但方向却与之相反。例如，下述的看法是毫无意义的：黎塞留[10]这座与著名首席执政官相联系的城市，是随着此人在政治舞台上的消失而迅速衰落的；他也许促进了这个城市中心的确立和具体建设，但城市却本应当有可能根据自身的规则而持续地发展。某些大城市和小城市在数百年中的衰落，以不同的方式改变了这些城市的结构，但却没有损害其初始的质量；否则我们就会认为，像黎塞留和皮恩扎这类城市是由"人工"城市发展而来的，因此它们之中从未有过城市生活。

我们也可以这么来谈论哥伦比亚特区中的华盛顿和俄国的圣彼得堡。我认为，这类城市之间在规模上的差别（通常是悬殊的）并不重要；它实际上肯定了一个事实，即如果我们想得到一个解决问题的科学构架，我们就应当在对城市建筑体的研究中不考虑规模。圣彼得堡的创立可被认为是沙皇的一个武断行动；苏联持续处于莫斯科和现在的列宁格勒之间的两极现象表明，后者发展到准首都而成为世界大都会的地步并不是偶然的。这种发展情况也许与莫斯科中的下诺夫哥罗德的衰落或是与米兰城的以下一段经历一样复杂：在一段时间之后，米兰恢复了其优于帕维亚和其他伦巴第城市的地位。

土地所有制

在《城市及其土地》（Die Stadt und ihr Boden）[11] 一书中，贝尔努利阐明了一个最重要也许也是根本的城市问题，它对城市的发展具有很强的制约作用。这个朴实的研究比其后在这方面的大多数研究更为清楚，更为基本，他在其中强调了两个重要问题。第一个问题不仅牵涉土地私有制的消极特征，而且也与土地被极度细分的有害结果有关；第二个问题与第一个问题紧紧相联，它揭示了这种情况及其在超出某种限度之后对城市形式影响的历史原因。

贝尔努利看到，不管是乡村的土地，还是城市的土地，其所有制都趋于建立在细分的基础之上；城市中复杂且通常为非理性组织的不动产，造成了奇怪的城市地产形状：

"……每一次革新都会立刻引起与之相对的有关自古划定的地界纠纷，这种纠纷在本质上不同于犁耙可以沿其耕作的乡村边界，它与固定不动的边界有关。这些地块不仅以石头围合，而且为建筑物所占有。正如人们所知道的那样，所需建设的新街道和新房屋会好于那些狭窄、肮脏和弯曲的街道以及破败的陋屋，但这只有在解决了有关土地的不可避免的纠纷之后才能实现。解决这些长期的纠纷需要耐心和钞票，而且初始的意图往往会在发展中变形。"[12]

多半说来，是法国大革命这个历史事件开始了分割城市土地的过程。1789年的土地自由，使贵族和教会向中产阶级和农民出售了大片的土地。但行政区的土地所有权像贵族的一样，也多半被解除，大片的国有土地因此而解体。对土地的垄断变成了土地私有制；和其他任何东西一样，土地成了可以上市交易的东西：

"……土地被随意地从社区中划分出去，落入节俭的农民和精明的市民手中，从而很快成为真正实在的土地风险投资的目标……。城市本身再次处于道路的转折关口：土地私有制的权利充分体现在新的建设之中。新的时代出人意料地引起了另一场工业运动，从而为土地拥有者无限制地增加其地皮的价值提供了可能。"[13]

虽然，这个分析十分理性和明确地描述了城市在其历史中某一特定时刻的情形，但贝尔努利却在下述论点中，描述了问题的另一方面。贝尔努利认为，土地细分这个弊病是法国大革命中的一个特定结果，或至少说明，当时的革命者因不了解自己正在转让的公共资产而威胁了城市和乡村的理性发展，因为这些大片的贵族和教会的土地本应作为公共的财产，本应充公且为社区所有，而不是在私人中瓜分。另一方面，在这种情况没有发生的地方中，例如在包括柏林在内的德国大部分地区中，也出现了类似

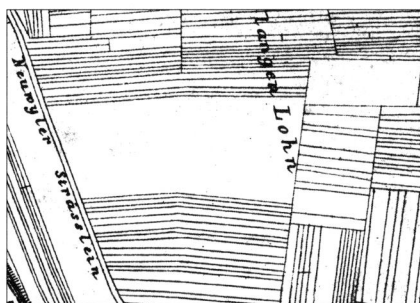

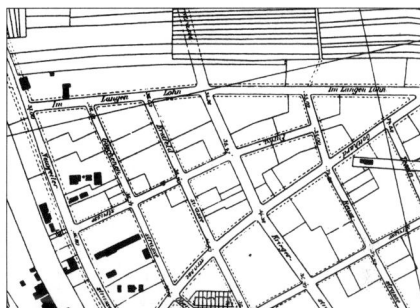

95

图95
瑞士巴塞尔城（Basel）郊区演变过程中的土地组织和细分。土地界线比较：上图，1850年；中图，1920年；下图，1940年。土地最初用于农业，接着被重新划分来用于建房，最后被细分为建筑地块。根据贝尔努利（Hans Bernoulli）研究绘制

的现象。在实施史密斯（Adam Smith）的计划其间，1808年的柏林财政法允许以政府的土地来抵偿政府债务，从而以"尽可能自由且不能挽回的"[14]方式使这些土地变为私有财产，土地在此也是交易的商品，并且成为经济垄断的目标。在对柏林城的现代发展的叙述中，黑格曼（Hegemann）[15]十分鲜明地描述了这种现象给城市和德国工人带来的可怕后果，这种影响一直持续到1853年治安大臣总体规划的出现，这个众人皆知的规划标志了著名的"柏林院落"的开始。

贝尔努利的解释和其他所有这类论点虽然在许多方面很有启发意义，但从其他两方面来看，它们却应受到批判。第一个方面与这种分析的当时的正确性有关。因为它所解释的只是资本主义即资产阶级城市的某些显著的特征而不是那些决定性的特征。况且，这些特征因受到普遍经济规律的支配而总会发生，因此在我看来，它们确实是城市发展中的一个积极要素。简言之，土地的分解一方面导致了城市的衰退，但另一方面又确实促进了城市的发展。

我们可以再次回到阿尔布瓦什的结论上来：一种普遍情况所出现的确切方式并不是头等重要的；它出自需要，但却不会因出现在一种而不是另一种形式，场所和时刻之中而改变意义。我们刚才已经看到，大规模的土地征用和城市土地的日益细分成了法国大革命和拿破仑占领时期的中心问题；其实，这些现象早先已明确地出现在哈普斯堡王朝和波旁王朝的改革之中，最终，它们甚至出现在像普鲁士这类相当保守的国家之中。

总之，这些现象与产生一个所有资产阶级国家都要服从的普遍规律有关，而这样的规律具有积极的意义。大片土地的划分、土地征用和新的土地注册制度的形成，这些就是西方城市演变中所必须经历的经济阶段。各个城市之间不同之处在于，发生这种过程的政治环境不一样，只有在此，政治选择才是有待发现的重大差别。

事实上，像贝尔努利和黑格曼这些社会主义者在这点上所持有的相当浪漫的态度是不能忽视的。这些学者在历史和经济方面的观点与莫里斯（William Morris）的浪漫主义和现代建筑运动的所有起因产生了共鸣，黑格曼抨击出租公寓的方式本身是值得注意的，他没有从卫生、技术和美学方面来探究这些大型出租房屋最终是否与小型住房不同。维也纳和柏林的居住区也受到同样的批评，这种批评是以复兴某些地方特色的形式出现的。显然，这些学者总是求助于哥特城市或霍亨佐伦（Hohenzollerns）的国家社会主义，而从城市的观点来看，这些环境必然会被取代，甚至所付出的代价有可能会使情况变得更糟。

对浪漫社会主义的提及引出了我对贝尔努利论点的第二个方面的批判，因为这个方面与这样一种见解有关，即现代城市化的问题是由城市与工业革命之间的历史关系来决定的。在此见解中，大城市的问题被认为是与工业革命一起出现的；在这个时期之前的城市问题被认为具有性质上的不同。有人在此前提的基础上，提出了下述论点，浪漫社会主义所具有的慈善和理想的出发点本身是积极的，它们甚至构成了现代城市问题的基础，以至于当它们消失时，城市文化便与政治问题相脱离，因而更多地被纯技术过程所塑造，以为统治权利服务。我在此只想关注这个论点的第一部分，因为整个这本书不仅讨论了第二部分，而且还从其所提出的假设条件上否定了它。我认为，大城市问题先于工业革命时期，并且与城市本身有关。

正如巴尔特（Bahrdt）所注意到的那样，有关工业城市的争论产生于工业城市之前；当这种带有浪漫色彩的争论开始时，只有伦敦和巴黎是大城市。这些城市中的城市问题的连续性显然与那种把城市化的弊病（或真实的或虚构的）归结于工业发展的浪漫观点是不相符的。[16] 此外，在19世纪的最初几个十年中，杜伊斯堡、埃森和多特蒙德只是人口不足1万的小城市，而在像米兰和都灵这些大型工业城市中，还不存在工业问题。莫斯科和列宁格勒的情况也是如此。

乍看起来，令人难以理解的是，许多城市史学家能够使浪漫社会主义者的论点与恩格斯（Friedrich Engels）的分析一致起来。简言之，恩格斯的论点就是："大城市使得社会机能的疾病更为尖锐（而这在乡村则是慢性的），这样便揭示了[问题的]真正实质和解决它的办法。"[17] 恩格斯并没有说，工业革命以前的大城市是天堂；相反，在描述英国工人阶级的生活条件时，他强调指出，大工业的兴起只是使原有的那令人难以忍受的生活条件更加明显和恶化。

因此，由大工业兴起而产生的结果并不是大城市所特有的；相反，它们与资产阶级社会相关。恩格斯因此认为，这类矛盾根本无法用空间的手段来解决，奥斯曼的方案，英国城市中清除贫民窟的努力和浪漫社会主义者所提出的方案，都证实了他的这个论断。这意味着，恩格斯也否定了工业化现象必然与城市化密切相关这一观点；实际上，他断言，用空间计划来影响工业过程的观点纯属空想，而且在实际上是一种反动的观点。我认为，在此分析上再加上任何东西都将是错误的。

住房问题

恩格斯对住房问题的研究为其关于社会经济和城市之间关系的见解提供了进一步的证据。这种见解在此是明确的。在他看来，为解决社会问题而关注住房问题的做法是错误的；住房是一个技术上的问题，在特定的地点中，人们也许可以解决，也许解决不了这个问题，但它并不是工人阶级所特有的问题。恩格斯从这方面肯定了我们前述的论点，即大城市的问题先于工业时代。他写道，"……住房短缺并不是目前所特有的；与过去所有的被压迫阶级相比，它甚至不是现代无产阶级所特有的

痛苦之一。与之相反，所有时期中的一切被压迫阶级都或多或少地受到住房短缺的折磨……" [18]

我们现在都清楚地知道，当古罗马城发展为具有许多内在问题的大城市时，其中的住房问题同今天城市中的一样严重。当时的生活条件极为恶劣，我们可以从流传至今的古典作家的描述中看到，住房的问题是首要而根本的；在从恺撒（Julius Caesar）到奥古斯都乃至帝国末期的城市政治中，它一直是这样。整个中世纪时期也一直存在着这类问题；浪漫主义者所描绘的中世纪的城市景象与实际情况完全不符。我们可以从有关哥特城市的文献，描述以及现在仍然存在的实物中清楚地看到，这些城市中被压迫阶级所具有的居住条件是人类历史中最可怜的。

在这个意义上，巴黎的历史与法国无产阶级在大都市生活方式上的全部问题可以作为例证。这种生活方式是大革命的特征性和决定性的元素之一，它一直持续到奥斯曼规划的出现。不管人们会怎么评价，奥斯曼的拆除规划在这方面是进步的；那些对他拆除19世纪城市感到恼怒的人们总是忘记了以下这些事实：它确认了启蒙运动的精神，尽管有些蛊惑人心和头脑简单；老城内那些哥特地区中的生活条件在客观上是无法忍受的，因而改变它们是理所应当的。

在像贝尔努利和黑格曼这类学者的见解中，有一种或隐或显的道德倾向，但这并不妨碍他们用科学的观点来看待城市。任何一个用城市科学认真武装头脑的人都会注意到，一些学者致力于专门研究一座城市，而最为重要的结论总是出现在这些研究之中：巴黎、伦敦和柏林这些城市和博埃特、拉斯姆森[19]和黑格曼这些名字紧紧相连。这些研究有许多不同之处。它们以一种值得仿效的方式，描述了普遍规律和城市特定元素之间的关系。如果说专题研究为每一个科学分支的特定研究对象展示了更为广阔的景象，那么它对城市科学无疑也是有利的；因为城市与艺术品概念相关，所以专题研究可以用某种方式谈论城市所特有的整体元素，而如果我们比较笼统地来研究这个元素，那么它就会有僵化，模糊甚至完全丢失的危险。

从此意义上看，从未忽视与城市建筑体的关系是贝尔努利研究的长处之一。他把每一个一般的论述都同具体的城市建筑体联系起来，但尽管这样，他也没有完全成为一个史学家，而这种情况却出现在芒福德（Lewis Mumford）研究里那些最为令人信服的部分之中。贝尔努利把城市定义为一个建成的实体，这个整体中的每一个元素都因具有自身的特殊性而与其他元素有所区别。

土地和建筑物的关系几乎超出了经济关系的范围，也许由于这个原因，它从未被完整地阐述过。在现代建筑运动理论家的争论中，视居住区为一独特单元的观点使人联想到早先史学家们所提出的大型建筑群体理论；有意义的是，现代主义者在为其城市理论寻找历史根基时，把目

96

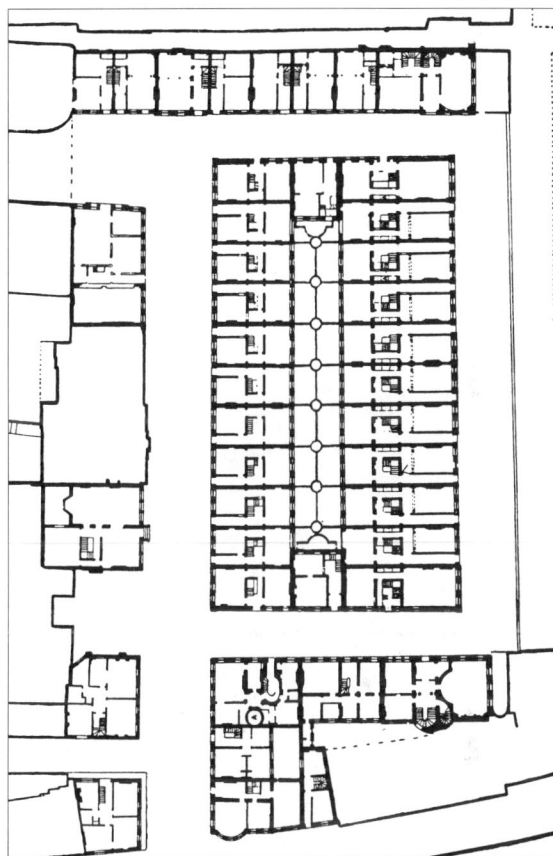

97

图 96

亚当兄弟（James and Robert Adam）设计的伦敦埃得尔菲区。它建于 1768—1772 年间，毁于 1937
年；该区根据达·芬奇草图设计。轴测图表现出不同层面上的道路系统：下层道路系由供货车通
行的开敞道路和用于服务的地下街道组成，它们连接了建筑群的地下层，地下层也通向泰晤士河
的装卸码头。为行人服务的上层道路系统通向底层的各个公寓，并有可以俯瞰泰晤士河的平台。
根据贝尔努利的研究绘制

图 97

1768 1772 年亚当兄弟设计的伦敦埃得尔菲区的底层平面图。根据拉斯姆森（Steen Eiler
Rasmussen）的研究绘制

光转向了文艺复兴时期的伟大理论家，尤其是莱昂纳多·达·芬奇（Leonardo da Vinci）的理论以及他为一城市所做的规划；在此规划中，运送货物的地下道路和运河，用于服务设施的地下层以及房屋底层层面上供行人交通的街道网络组成了一种系统。继莱昂纳多的方案之后，出现了亚当兄弟（Adam brothers）为伦敦的埃得尔菲居住区而做的方案，这两种方案之间的真正而明确的继承关系还有待研究。

埃得尔菲街区位于伦敦市区与威斯敏斯特区之间的斯兰德街的南面，亚当兄弟从这块土地的拥有者圣阿尔班（St. Alban）公爵那里获得了建造权。这个地区足以容纳带有双层道路系统的建筑群体，其中的底层街道将与泰晤士河岸相连。埃得尔菲方案就是用这些特有术语来表现的。但它的重要性仅仅表现在这些术语上吗？莱昂纳多的方案是一个具有异常规模和相当理性冲力的独特方案，但它可以被看作为其他的东西吗？

在贝尔努利看来，莱昂纳多的方案并不完全属于那些旨在表现文艺复兴时期雄伟抱负的方案，因为那些方案要在自然、工程、绘画和政治所允许的范围中，将城市建成一个完美的艺术品。莱昂纳多的方案与它们很不相同，因为它是根据一个真正城市及其种种推定关系而做出的，其真实性就和贝利尼和威尼斯画家们所描绘的广场一样。它与城市的实际经验相联系，并且给莫罗（Lodovico il Moro）时期的米兰城以具体的形式，这就像那家大医院一样，转化了费拉莱特（Filarete）的设计，从而成为一种具体的形式，运河、大坝和新的街道也是具体的形式。任何城市都没有像文艺复兴城市那样被整体地建成；我已经强调过，这种建筑既是标记，又是事件，其基础是比功能更为广泛的秩序。米兰大医院就是这样一个例子，它与莱昂纳多的构想不无关系，甚至在今天，它都没有改变其作为城市构成元素的重要性。

两个半世纪以后，亚当兄弟看到，人们有可能在城市中建造一个完整部分即具体的城市建筑体，尽管这么做会遇到实际的困难。然而，也许这项工程并不那么特别，而只是表明：某种重大的主要元素也许会以一种特殊的方式对住房问题的解决作出回应。

城市规模

在前一部分中，我们已经指出了城市研究中的几种误解：以一般和习惯的方法来过分强调工业发展的重要性，轻视城市建筑体的真正动力；脱离城市具体情况来抽象看问题；某些道德态度所引起的困惑阻碍了城市研究中科学思维习惯的形成。虽然这些曲解和偏见中的大部分并非源于一处，也没有形成明确的思想体系，但它们却对许多意义不明确的观点负有责任，因此，我们值得花较多的笔墨来研究它们的某些方面。

人们可以看到，为解释现代城市根源而武断编造出来的一些论点成了各种有关技术和地区研究的前提。[20]它们与今天的城市这词的问题属性有关；有人认为，这个问题基本上是随着工业化的兴起而从城市的物质和政治的同一性中产生的。工业化这个所有邪恶和美好的根源，成为城市转变中的真正主角。

根据这些论点，由工业所引起的变化经历了三个特征性的历史阶段。第一个阶段是城市发生转变的初始阶段，它是以破坏中世纪城市的基本结构为特征的，而这种结构的基础是同一建筑物中的工作场所和居住地点的完全一致性。因此，生产和消费为一体的家庭经济便结束了。这种对中世纪城市基本生活形式的破坏引起了连锁反应，其最终所产生的各种影响会充分体现在未来的城市之中。工人住房，大量性住房和出租住房同时出现了；住房问题只是在这时才成为一个城市和社会问题。所以，从空间上看，这个阶段的特征标记就是城市面积的扩大，城市中的住所和工作地点开始有所分离。

第二个阶段具有决定性的意义，它是以工业化的逐步扩展为特征的。它增大了住所与工作地点之间的距离，从而破坏了它们与四邻的原有关系。最初的这类集体劳动的方式伴随着人们对住房的选择一起出现，因为住房并不总是紧靠着工作的地点。生产商品的工作场所与不生产商品的工作场所的分离与这个演变是平行的。生产和管理被区别开来，劳动分工开始有了最为严格的意义。工作场所的分工产生了"商业区"（按其英文意义），从而造成了需要相互联系的办公机构之间所特有的彼此依赖的关系。例如，一个工厂的中心管理部门所需要靠近的是银行，行政管理和保险等部门，而不是生产产品的地点。在有足够空间的情况下，这种集中首先出现在城市的中心。

城市转变的第三个阶段是随着私人交通工具的发展和通往工作地点的所有公共交通工具效率的充分发挥而开始的。技术效率的不断增长和公共管理机构在交通设施中的经济投入导致了这种情况的出现。住所的选择越来越独立于工作地点。当城市中心的服务设施进一步发展并且发挥重要作用时，人们在邻近城市的乡村中寻求住房的倾向就比以往任何时候都强烈。在住房的选择中，工作及其地点所起的作用越来越次要。人们可以在任意一个他们想住的地方居住，从而出现了通勤者。住所与工作的关系变得与时间密切相关，成为时间的函数。

这种解释是一系列正确和错误论点的混合体，其最明显的局限性在于它对建筑体的描述之中，这使它对城市的动力做出某种"自然主义"的解释，从而把人的作用，城市建筑体的形成和城市所做的政治选择都认为是被动的。它还导致了下述认识的出现：视某些合理且有技术意义的城市提案（例如，旨在解决交通拥挤和工作与住所关系问题的提案）为目标、原则和规律，而不是手段和工具。尤其，它在以轻易和图解的方式混合众多观点的基础上，产生了一些令人困惑的假设、论断、陈述体系和不同的方法。

这种解释中的主要论点基本上与住房问题和规模相关。限于本研究的范围，我已对住房问题进行了充分的讨论，并且特别提到了恩格斯的观点。规模这个问题需要进行十分详尽的分析。在此，我准备只讨论这个问题的几个重要方面，因为它们与到目前为止所出现的论点有直接的关系。

为了正确对待规模问题，我们应当从领域或区域研究和干预这个论题入手。在本书的第一章和在对场所以及城市建筑体质量的讨论中，我已对此做了论述。我们自然也可以在其他的意义上来运用这种领域的研究，例如在有效规模的意义上来运用它。在此，我只想从有些人所认为的"新型城市规模"这个意义上来谈论规模。

在城市规划师和所有研究城市的社会学家的眼中，城市在近些年中的超常发展，人口城市化、集中、城市面积扩大等问题具有重要的意义。这种范围扩大的现象是大城市共有的，而且在某种程度上到处可见；这种现象有时是超常的。所以，戈特曼用超大城市（megalopolis）[21]一词来描述美国的东北沿海地区（位于波士顿与华盛顿，大西洋和阿巴拉契亚山脉之间）；芒福德已在此之前制造并描述了这个词。[22]如果说这个增长的城市规模的例子是最为惊人的，那么，出现在欧洲各大城市中的扩展现象也是一样。

这些规模扩展的本身构成了现象，我们应当如此来研究它们；有关大城市的各种假设使人们发现了令人感兴趣的材料，这种材料对进一步研究城市无疑是有帮助的。从这方面看，城市区域这个假设也许会真正称为有效的假说。随着其价值的不断增长，它更多地被用来说明以往假说不能完全解释的情况。

然而，我们所要争论的是，这种"新的规模"可以改变城市建筑体的实质。可以想像，规模上的变化会以某种方式改变一个城市建筑体，但却改变不了它的质量。像城市星云这些词汇在技术语言中也许是有用的，但它们什么也解释不了；甚至这词的发明者也强调，这词是用来"解释城市结构的复杂性和不明确性的"，他对美国生态学家中的某个学派的论点提出了质疑；在这些生态学家看来，"下述的旧的城市观念已经死亡：城市是在空间中被限定且不同于周围地区的一种具有结构的核体"，他们认为，"这种核体正在消散，从而形成多少呈胶质状态的组织，被并入经济区域甚至整个国家之中。"[23]

美国地理学家拉特克利夫的见解与我们的观点不同[24]，他也驳斥和否定了那种视大城市问题为规模问题的普遍论点。把大城市问题简化为规模问题的做法完全忽视了某种城市科学的存在，换句话说，这种做法忽视了城市的实际结构和它的演变状况。我在书中所提出的认识城市的方法涉及主要元素，历史形成的城市建筑体和具有影响的区域。这种认识能使我们在有关城市发展的研究中看到，这种规模上的变化不会影响城市发展的规律。

某些更为形象的提法，似乎也可以解释建筑师对"新的规模"所做的不恰当注解。值得回忆的是，萨莫纳（Giuseppe Samona）在争论开始就提醒过建筑师，要避免在方案中出现那种极易由增大的城市规模这一概念所引出的巨型结构的错误。他断言，"就我看来，任何想要发展巨型空间参数的做法都是绝对行不通的。从一种普遍的观点来看，我们和所有时候都一样，处在这样一种与古代类似的环境之中：人类与其生活空间之间有着良好而平衡的比例关系，只是在今天的环境中，所有的空间尺度都要大于50年前那些更为固定的空间尺度。"[25]

政治是一种选择

至此，我们已在本章中提出了一些问题，它们与城市动力的经济问题有着根本的联系，至少它们是由这些经济问题派生出来的。这些问题在前几章中没有出现过，而只是在讨论特里卡的分类系统时稍稍地提到过。我是从描述和评论两种论点入手的：一个是阿尔布瓦什的论点，他的研究大大地提高了我们对城市和城市建筑体性质的认识；另一个是贝尔努利的论点，他是一位思维敏捷的天才理论家。他研究了现代城市中争论最广的问题之一。这两位学者引入了若干讨论的要素，他们反复地出现在本研究之中，有待人们去重新检验。贝尔努利发展了有关土地所有制和城市建筑之间关系的论点，很快建立了一种科学的城市概念；在现代运动的相同背景下，像柯布西耶和希尔伯塞默（Ludwig Hilberseimer）这样的建筑师兼理论家也是这么做的，不过他们是以设计作为出发点的。

在前面，我们还提到过像贝尔努利和黑格曼这类学者的浪漫观点，提到了他们的道德观念最终削弱了他们对现实的研究，虽然这些观念对确立他们的评论家和创新者地位起到了重大的作用。我确信，在评价城市理论家的研究时，我们不能轻易地去掉道德的成分，因为这么做是武断的。

恩格斯的立场无疑是比较容易持久的，他是从外部即从政治和经济的观点来谈论住房问题的。从这种有利于观察的观点出发，他认为住房问题并不存在。这个结论显得自相矛盾，但它也是他论点中最为明确的方面。芒福德在指责恩格斯有关如果合理分配住房，现有住房就已足够的论点，并指责恩格斯把此论断建立在富人占有好房这个未经证实的假设基础之上时，芒福德严重歪曲了恩格斯的思想，虽然这在实质上重新肯定了其论点的价值。[26] 另一方面也并不奇怪，恩格斯的论点不是基于城市研究之上的；它不可能在这方面进行发展，因为它完全来自政治方面。

当我们力图全面理解城市问题的复杂性并且把每种具体解释同城市结构的整体联系起来时，我们还没有在城市建设的思想中说明政治这个构成了城市的最初事实，这样做也许是不应该的。换句话说，如果城市建筑体的建筑就是城市的建设的话，那么，怎么能在这个建设中没有政治这个具有决定意义的要素呢？

当然，在我们已提出的所有论点的基础上，我们不仅肯定了政治的作用，而且还认为，政治是头等重要且具有决定性意义的要素。政治构成了选择问题。人们总是而且只能通过政治体制来最终选择城市的形象，而不是城市本身。那种认为这种选择无关紧要的观点平庸地简化了这个问题。选择并不是无关紧要的：雅典、罗马和巴黎就是其政治形式的体现和集合意愿的标记。

如果我们像考古学家那样，视城市为一种人造物体，那么城市所积累的一切就都是它发展的标记；当然，对于城市的发展和政治选择也会有不同的评价，我们不能轻看这个事实。尽管直到现在，政治似乎还与这种城市论述没有关系或相距遥远，但它却有着自身的面貌并且在关键时刻以恰当的方式表现出来。

城市建筑就是这样，它正如我们已重复了多次的那样，是一种人类的创造物。因此，我们不能用功能和机遇来解释文艺复兴时期的意大利广场。虽然这些广场是形成城市的手段，但这种以手段开始的元素易于成为目的；最终，它们就是城市。所以，城市有着自身的目的，除了体现城市本身的建筑体之外，其他就没有什么可以解释的了。这种存在方式表明了一直以某种特定方式而存在的某种意愿。

这种"方式"创造了古代城市的美丽，这永远是我们进行城市规划的一种范式。某些功能，时间，场所和文化在改变城市建筑形式的同时也改变了城市；但是，只有当这些改变具有像事件和见证那样的作用时，它们才有价值，才能使城市本身明确地表现出来。我们已经看到，出现新事件的那些时期使得这个问题特别明显，而且只有诸因素的适当一致才能产生出一个真正的城市建筑体，而城市本身则在其中体现了自身的思想，并且将它表现在石头上。但是，这种体现应当始终以其出现的具体方式来加以评价。在城市建筑中，传统和机遇之间的关系就像普遍规律和实际元素之间的关系那样绝对而明确。

每一座城市都有富于个性的人物，都有人一般的灵魂，它是由古老的传统、强烈的情感以及难以解答的抱负构成的。当然，城市还不能脱离城市变化的普遍规律。特殊情况的背后是普遍的条件，任何城市发展都不是自发的结果。相反，我们正是应当通过分布于城市不同部分之中的许多团体的自然倾向来说明城市结构的变化。

一个人不仅是一国和一城的居民，而且也是一个范围相当明确的场所之中的居民。当城市的转变也标志了其中居民生活的变化时，我们不可能简单地预测或轻易地获得人们对此所作出的反应；如果试图这么去做，我们就会像幼稚功能主义对待形式一样，把物质环境的作用看成是决定性的。我们应当在城市建筑体的完整结构中来理解它们，因为孤立地来分析反应和关系只会遇到困难。也许，这种困难会使我们在城市发展中寻找某种非理性的元素。和任何艺术品一样，城市是非理性的，其神秘性也许首先可以在那充满奥秘且永不止息的集合意愿之中发现。

因此，城市的复杂结构出现在一个涉及范围仍较零散的论述之中。城市的法则也许就像控制个人生活和命运的那些规律一样。每一部传记都有自身的乐趣，尽管它被限定在出生与死亡之间。当然，作为人类卓越成就的城市建筑就是这部传记的具体体现，它超越了我们所认识的城市的意义和情感。

图 98

1753—1759 年卡纳莱托（Giovanni Antonio Canaletto）绘制的"幻想"景象。意大利帕尔马国立美术馆收藏。画中描绘了帕拉第奥的三个设计作品：维琴察的巴西利卡（Basilica of Vicenza）、威尼斯的里阿尔托桥（Ponte di Rialto）方案和奇埃里卡蒂府邸（Palazzo Chiericati）的部分景象。"人们很容易看到，图中并不缺少小船和冈多拉船，也不缺乏把观众带到威尼斯城的其他东西；但我知道，许多威尼斯人都有这样的问题：这是城市中的什么地方？我们怎么没见过？"[阿尔加罗蒂（F. Algarotti），"绘画和建筑信札集"（Raccolta dilettere seprala pittura e l'architettura）（Livorno，1765 年），第 55 卷]

意文第二版序言

　　在本书第一版和第二版这两个版本间隔的时间里，其他一些研究资料讨论并证实了书中的若干论点。城市研究与建筑之间的密切关系这个论题，已在建筑文化领域内的大部分讨论中占据了特别的主导地位。这种对本书所倡导的方向的确认，使我觉得有必要重新发行这本已绝版之书并使之发挥作用。但我认为，试图通过改动和更新部分章节来反映最新内容的做法是错误的，至少就本书的主要部分而言是这样，因为这样做会破坏本书的整体结构，会强行改变它的全部面貌。

　　以下的事实证明了本书的成功：许多研究都参照此书，采用书中的术语，尤其是恰当或不恰当地广泛引用本书的书名。实际上，城市建筑学一词具有严格的含义，我们有必要简单地来回顾一下：将城市看成建筑就是要清楚地认识建筑学作为一门科学的重要性，这门学科具有自决的自主性，而不是在任何抽象意义上的自主性。建筑学本身就构成了主要的城市建筑体，并且通过书中所分析的所有过程，把过去与现在联系起来。这种观念上的建筑不会因为城市建筑环境或由不同规模所引起的新意图而减弱自身的意义；相反，城市建筑的意义在于关注单体作品，关注作品构成城市建筑体的方法。

　　这种建筑研究不仅来自和考虑过去的所有一切，而且也使现代建筑运动理论在其中占有一席重要的地位；此外，它还是对现代建筑运动这份遗产及其意义的一种评价。在本书第一版发行以来的四年中，许多有关现代建筑运动的论著、翻译和解释相继问世，这些材料表明了评价这份遗产的难度，然而，承认这一点就意味着要对所能获取的材料进行批判性的分析。目前，那种认为现代建筑运动是质的飞跃或为一场道德和政治运动的观点已被抛弃，只有少数固执的逆行者还坚持这个观点，但他们所做的努力并不能提高其所捍卫的财产的价值。本书是对现代建筑遗产的一个初步评价，以便从中努力寻找可以接受这份遗产的合适条件。

　　在重读此书时，我遇到了倾向以及城市分析和设计之间关系这些重要问题。这些问题是相互关联的。几乎没有什么比以下这个明确（或至少是暗示）的假设更能说明一些现代建筑研究的贫乏：科学概念是中性的。中立是在概念和规则的系统中可以采取的一种姿态，但是当问题变为赋予这些概念以价值的时候，中立便毫无意义。建筑和建筑理论同其他所有东西一样，只能根据那些既非绝对又非中性的概念来加以描述，这些取决于自身价值的概念，具有深刻改变人们观察方法的潜力。建筑之中的知识问题总是同倾向和选择相互联系的。缺乏倾向的建筑既没有领地又缺少方式来展现自身。与历史的联系是人们在创立建筑理论时的一种选择，我在本书之后所发表的布雷（Boullee）文章[1] 译作以及为之所写的引言，就是这方面的一个例证。

直到前几年，现代建筑的编史工作才提出了图解式的理性主义，而建设比之更为复杂的理性主义则必须正视现代建筑自身的传统，因为只有与之发生联系，才能发现与现在的正确关系。倾向的缺乏成为许多研究的天然和特有的属性。因此，城市分析和设计之间关系的问题只能在某种倾向构架和一定的体系之中加以解决，而不能用中性的方法去解决。从这方面来看，希尔伯塞默的研究是有意义的；他对城市和建筑结构的分析，成为一种理性主义建筑理论中的那些彼此密切相关的方面。在我看来，分析与设计这两方面可以结合成一个基本的研究领域，有关城市建筑体和形式的研究在其中成为建筑学。建筑学的理性正是在于它有能力通过对当时建筑体的思考来构成自身，其中某些元素在此构成中具有一种整合的能量。对考古学家和艺术家这类人来说，城市的遗迹构成了创新的起点，但只有将它们同一种严格的体系（这种体系的基础则是那些获得并显现自身正确性的明晰假设）联系起来时，人们才能建成一些真实的东西。这种真实的建设是建筑的一种行动，它调解建筑同事物和城市、思想和历史之间的关系。

在写成本书之后，我以书中假设的概念为基础，提出了类比城市的假设，从而努力在其中研究与建筑设计有关的理论问题。我特别阐述了构成的过程，它以城市中某些重要建筑体为基础，而其他建筑体则围绕它们在类比系统的构架中形成。为了说明这个概念，我列举了卡纳莱托（Canaletto）所描绘的威尼斯幻景；在这幅题为"幻想"的作品中，帕拉第奥所设计的里阿尔托桥方案、维琴察巴西利卡、奇埃里卡蒂府邸被并置在一起，就像画家把他所亲眼看到的城市景色描绘出来一样。帕拉第奥的这三个作品虽然都不在威尼斯（其中一个还只是方案，另外两个在维琴察），但它们却构成了类比的威尼斯，这是由同建筑和城市历史相互联系的特定元素组成的。在画中，建筑的地点变换构成了一个我们能清楚认识到的城市，尽管它是一个纯粹展现建筑作品关系的场所。我想通过这个例子表明，逻辑和形式的作用可以转化为设计方法，然后成为建筑设计理论的前提，其中的元素是预先就有且形式明确的，但在作用结束时所涌现出来的意义却使建筑作品具有真实、初始和不可预见的意义和性质。

本书某些部分涉及一些有待于进一步发展的问题，对于完整的建筑研究范围来说，它们是特别重要的。这些问题包括经久性理论、纪念物意义、场所概念、城市建筑体演变以及建筑作为社会制度有形结构所赋予场所的价值。我们现在应当关注一些重要的研究，因为它们已经扩展了首次在此书中加以系统研究的其他问题，例如建筑类型学和城市形态学或建筑中的分类问题。

我仍然坚持我在本书绪论中提出的下列呼吁：我们需要更多的有关城市分析资料，需要尽可能多地了解各类城市的真实情况，以掌握有关城市特有建筑构成的一些必要背景知识。目前，这方面的资料仍然很不完整，因此我们无法进行准确的研究；在这种分析资料所能提供的原理基础之上，我们也许不得不修正我们的理论，从而根据新的情况来逐渐改变我们的假设。我们需要有这方面的专著，因为我们只有首先通过它们，才能完整地解答城市分析的问题。城市结构是一种体系，其中的地形、所有制、法规和阶级斗争等问题同建筑思想缓慢地趋向形成一个单一而严格的构架，每一种一般性的理论都应以此来衡量。近几年的一些研究已经涉足这个领域，为人们提供了具有价值的参考资料。

人们最近对本书所讨论的另一个问题即功能主义也采取了不同的态度；这个问题已经产生了与我的论点相关的有趣资料。我在书中批判了幼稚的功能主义，因为它过分简化了实际情况，贬抑了想像与自由，在它成为构图工具（这种情况在学校中是普遍的）或作为分区制标准时，尤其是这样。这些年来，我还在进行这方面的批判，例如在为布雷文章所写的引言中，我力图用理性主义来取代功能主义。对功能主义的批判应当成为建筑构成的新理论和分析城市的原则。当然，否定幼稚功能主义并不意味着否定功能概念在一定范围中的合理意义。换句话说，正如我在书中指出的那样，人们应当在代数学的意义上来运用功能概念，这就是说，数值是通过多个因式之间的函数关系来确定的，功能和形式之间的关系远比因果线性关系复杂，因为这种线性关系与实际情况不符。

本书赢得了多方面的欢迎，为此，我要感谢所有那些评论，探讨，研究本书中不同方面的人们。我对阿莫尼诺（Carlo Aymonino）、格拉西（Giorgio Grassi）和格雷戈蒂（Vittorio Gregotti）的评论[2]尤感兴趣，因为他们从不同的角度，强调了本书与建筑特别是与我的作品和学说的理论基础之间的关系。这些评论内容既新颖且有权威性，因而成为目前在这方面研究的一部分。我还要感谢塔夫里（Manfredo Tafuri），他在现代建筑理论的研究中，把本书的论点置于一个更大的建筑现象的构架之中，并把我的论著和设计评价作为一个完整的建筑研究。[3] 除了这些学者们的赞许评论之外，他们的认同对我来说是最重要的，因为这种认同出现在我的研究处于最困难和最孤立的时期。最后，我要特别感谢锡德（Salvador Tarragó Cid）将此书译为西班牙文，并感谢他为之所写的长篇引言。[4]

1969 年 12 月

图 99
意大利卢卡城（Lucca）中变为市场的古罗马竞技场的鸟瞰图

葡文版引言

在这篇引言中，我并不想修改或更正书中的某些部分，而是要向学者们介绍一下我的某些研究论题，尤其是书中所代表的倾向的发展情况。自本书问世6年以来，这种倾向已经产生了一些相关的研究。

我认为，读者包括那些责难本书的人已经领会到，本书的意义就是为城市建筑学而设计。所以，人们并没有像通常对待批判性研究那样，去中性地接受本书的主张。但我想强调一下，本书正是以建筑论文为大体模式的；我并不想进行一场批判的战斗，也不想贬低像功能主义这类昔日的偶像，而只想首先对设计过程和形式研究的性质提出一些看法。

我有意很少提及建筑师，但却常常说到其他学科的学者，首先是地理学家和历史学家。我也故意不去严格区分古代和现代建筑师。这似乎有点奇怪，一个关注规定建筑研究"主体"范围的人，居然引用了建筑之外学科的论点。但实际上，我从来也不像有些人推测的那样，认为建筑学是绝对自主的，也没有说建筑是这样。我所主要关注的是确立建筑的一些特征见解。要在理论构架而不是设计构架中进行这方面的工作的愿望，已经引出一些疑问，我怀疑我的建筑作品能否产生这些疑问。

这种近乎自传性的认识出自一个基本的原因。没有这个原因，人们就难以全面理解我的研究。这个原因就是理论与实践的脱节。从特定的历史情况来看，这种原因首先使建筑陷入了严重的僵局。我很少看到理论和实践相结合的例子，即使是那些对自己活动认识很明确的人士也是如此。我们可以从两个不同的方面来理解这个问题。第一个方面具有更为普遍的属性，它与将历史局限于以下范围中有关：编史活动，纯粹收集过去的资料而缺乏面向未来的视野，用对进步的普遍笃信来取代历史观点。我认为，后面这种关系似乎相当清楚，因为艺术和技术的历史与所有的艺术和技术的理论有着不可分割的联系。第二个方面表现在目前的理论概念的不足，当代建筑思想的脆弱性已经说明了这一点，这种思想目前已完全遗忘了现代建筑运动的主张，而将其信念置于通常为纯商业性的趣味之中。

在进一步探讨这种仍然存在的"或理论或实践"以及与建筑机构基木的脱节现象中，我已找到并仔细研究了艺术家们对此问题的评论。克利（Paul Klee）、凡·德·费尔德（Henry van de Velde）、路斯和其他的艺术家们，多少以一种系统的方法，清楚地表明了他们研究的道路。不过，这种道路最初似乎驱使人们去跟随，但最终却常常被遗忘。艺术性的探索因此消失了，而对这个或那个历史时期的语言学研究，对事实的重新认识以及对拘泥于细节的研究却增多了。我并不想否认这些贡献的重要性，然而就设计理论而言，它们并没有什么决定性的意义。当面对现代建筑运动的遗产时，人们便会清楚地认识到这一点，因为这份遗产常常要么被视为教条（尽管人们并没有很好地加以理解），要么只是作为一个史料性的事件。

我曾翻译过布雷的文章并为此写了引言。[1] 我想以布雷的文章作为建筑理论和实践相统一的极好实例，来开始阐述一种建筑理论。在文章中，布雷用这种统一性来说明和评论他自己的作品，并力图建设一种建筑理论。这里的建设是指有关建筑主体论述的创立，它所构成的建筑和艺术的参考构架与科学中的参考构架相同。

对艺术家来说，原有事物和模式的问题，特定工作环境的问题，即在由疑问构成的环境中进行工作的问题，使他自己处于与科学家和哲学家相同的地位上。如果他不在这种环境中工作，艺术就会像科学和哲学一样没有意义。现在很清楚，建筑确实具有使其模式传递的环境。因此，我对伦巴第新古典主义，对路斯[2] 以及布雷的研究只不过偶然带有历史的属性，它们最终只是我建设建筑理论的文化参照。这些研究使我有可能尽量准确地建立一个可以在其中发展某些原则的构架。当然，我认为启蒙运动的历史经验具有特别的参考意义。

建筑的历史最终就是建筑的事实。在建设一个大型和历时的独特工程的过程中，人们可以运用某些变化极为缓慢的元素，来稳步地达到创新的目的。在这些元素中，类型的形式具有特别的意义。在《城市建筑学》一书中，类型学具有重要虽然不是首要的意义。在其后的教学中，我将类型学放在了优先的地位上，并把它作为设计的根本基础。我认为，描述这种发展的道路是有益的。

分类，建筑知识以及类型形式的概念是在类型学论述中发展起来的主要论题，它们彼此相互紧密联系。让我们以城市住房为例。住房是城市建设中具有两重属性的元素：它们既是使用的物体，又是符合建筑常规特征的作品。因此，研究的材料就在建筑的自身领域之中，它们包括对现有类型及其范围的分类，探求住房已有并将继续具有且超出任何预想发展计划之外的意义。

从这个意义上看，建筑体与其所属范畴之间的关系成为分析的对象；这种分析也必然成为对建筑过程本身的分析，成为对特定形式同集体生活之间所不断确立的关系的分析。建筑在其全部复杂的历史轨迹中，即在其构成和成为一门科学的全部历史中，等同于城市，没有城市就无法定义建筑。像法国的旅馆或德国的住房院落这类术语是指一种独特的文化建筑体，它与特定的文化地域相对应；尽管人们可以改变这些术语的原义，以适应各种情况的需要，但它们却始终与具有明确特征的建筑体相对应。只有当城市建筑体处在逻辑连续的情况下，人们才可能比较准确地来评价具体方案的形式特征，评价那些带有乌托邦色彩的方案的形式特征，不管这些理想的方案是历史上的，还是现实中的，或是已被实现或部分地被实现了的。

土地所有制和地形学研究最有力地支持了目前的这方面研究。街区和地区是城市中的经久元素，它们被认为是预先构成的城市结构的组成部分，在此结构中，地形学、社会学、语言学和其他方面的因素被汇集在一起。这些元素可以同时服从整体的个性化和类型的特征化，因而可以揭示地方，地区乃至国家的现象，从而必然成为标准的元素。

普遍性与特殊性之间的关系在此变得更加明确；例如，人们有可能确立与哥特住房（即所谓的零售商住房）类型密切相关的哥特时期的地块特征。人们可以从很多地方，如威尼斯、德国、布达佩斯和整个欧洲，看到这种类型上的关系。所以，每个场所的特征是由自身的特殊方面和明确的建筑构成来决定的。它同时还可以被归结为一种普遍的设计。我们可以把这种普遍设计定义为类型形式。

对各种哥特住房的分类自然地促使我们去识别既联系它们但又使它们更具性格的一般特征；这个一般特征就是形式。形式在通过与不同实体的关系而获得自身的特性之后，便成为一种面对现实的方式，例如土地划分的方式，或在一定历史构架中确立住房性质的方式。在建筑中，这种形式因自主性和对现实的影响能量而具有一种法则的特性。哥特时期地块的狭长形状，固定的虚实关系和预先确定的楼梯位置这些特征给人以一种特别统一的感受。甚至在今天和不同的情况中，这种与形式密切相关的感受依然存在。因此当建筑师在欣赏狭长插入体的优美时，例如勒·柯布西耶所设计的公寓，其依据正是来自从建筑中所获得的特有体验。

类型形式或为在某些时期内被选中的形式，或为具有自身意义的形式，它最终带有过程的综合特征，而这个特征又准确地表现了形式本身。建筑创新总会展现出特定的倾向，但却不会成为类型的创新。类型是经过长期发展而形成的，它与城市和社会有着复杂的联系；有了上面这个认识，我们就可以理解，类型的创新是不可能的。

帕拉第奥对古典类型的运用是一个非常有趣的例子。他不仅对教区和公共元素进行了异常的混合，使宗教建筑成为政府建筑，而且还完全从形式本身出发来运用类型，尤其是集中式布局的神庙所代表的古典类型，而不管这些类型与不同用途之间的关系。在前一种情况中，他在一定范围内的建筑"创新"预示了"革命建筑师们"的最伟大发现；而在后一种情况中，他对居住建筑类型的处理则预示了始于申克尔（Schikel）的所有现代

100

101

102

图 100
图拉真时期西班牙塞哥维亚的输水道

图 101
葡萄牙，普拉塔输水道，位于圣本图－
杜马图（São Bento do Mato）和埃沃
拉（Evora）之间。输水道为古罗马人
所发明；此输水道建于16世纪上半叶

图 102
公元120年左右，在哈德良时期建造的
法国奥朗日剧场，先后被用作堡垒和
采石场

建筑。几乎没有比这更好的例子可以表明，真正而不可改变的类型特征可以使人们做出最为合适的建筑设计。

城市由不同部分组成是本书的另一个论题，它引出了进一步的研究。城市在此被视为由许多自身完整的片段组成的整体，而每个城市以及城市美学的明确特征则是一种动力，它产生于城市中不同地区和元素之间以及各个部分之中。此外，这种由互不关联的部分组成的城市能够容纳较大的选择自由。

这个理论是通过研究城市的物质实体发展起来的，它在城市历史的每一个时期都表现出真实性。我还应当在此提及规划，因为它也是城市的一个部分。在此书之前，我研究了欧洲的一些大城市，尤其是维也纳和柏林 [3]，还研究了米兰城市中的某一部分 [4]；这些研究使我相信，这个原则具有普遍的意义并且构成了基本前提。以后的对威尼托地区中城市的研究（此研究经扩展还适用于所有的地中海和贸易城市），进一步证实了这个前提。有些城市展示出经久的古罗马特征或较强的东方影响，而另一些城市则迅速表现出资本主义及其特有属性。在这方面，威尼斯人聚居区和威尼斯的总体结构是最为有趣的例子之一。

从城市研究和设计的观点来看，我认为所有这些论点将从进一步的科学研究中获益，虽然我也知道，它们容易在学术上被曲解。但从总体上看，信息的日益丰富会引出更为深刻的认识，会产生更大的创新潜力。我特别想到了主要元素和纪念物的论点，它们第一次在本书中得到阐述，而且又为以后的文献所确认。还有几个突出的例子值得进一步研究，其中包括阿尔勒城和维索萨城中的圆形竞技场。

我们应当用研究类型学的方法来发展这个论述，这个方法就是要表明形式即建筑的存在支配了功能组织的问题，从而否定那些企图把类型学问题带回到建筑物组织问题之上的所有理论。当形式作为真正的类型形式而存在时，它与组织没有任何关系。我在本书的开头提到了帕多瓦的拉吉翁府邸，我现在还想不出比这更能说明问题的例子。

在城市这个层次上，南斯拉夫的斯普利特城是一个这方面的例子，但我还没有讨论过它。我认为，如果它不是一个突出的例子，也肯定算得上是一个最有揭示意义的例子。戴克里先宫这座大型建筑物成了一个城市，其内部特征已转变为城市特征，从而表现出建筑中的类比转变通过特定形式而产生作用时的无穷意义。在像维索萨和布拉干萨这样的城市中，城堡成为城市的核心，其最终的转变与更为复杂的围墙问题有关；与这些例子相关的是，斯普利特城的情况体现了外部空间在集合意义即城市意义上的真正转变。与阿尔勒、尼姆和卢卡这些有着不同形态的城市相比，人们更多地在斯普利特城的本身类型形式中看到了整个城市，建筑物因而可以用来类比地表示城市形式。这个例子表明，单体建筑的设计可以通过与城市的类比来产生。

图 103
里斯本附近的卡佩 – 埃什皮谢尔圣殿（Cape Espichel）

当然，这个概念并不仅仅局限于古代和神话中的例子；想想柯布西耶设计的走廊通道和其他现代建筑师在室外陈列空间中设计的变形"街道"，我们便会认识到，两者都运用了同样的预先设定的类型，这个类型就是延伸元素，其上分出通向较小房间的支路。最近，一位意大利考古学家在谈到古典类型的意义时，简要地提到了类型的意义："基于单一类型之上的建筑物具有不同功能这一属性"是普遍的[5]。这个观点对所有建筑来说都是正确的，它表明了纪念物的意义。它最适用于与同类型形式最为吻合的建筑，例如帕拉第奥所采用的集中布局。现代建筑在居住单元和德国建筑中的大型院落（Höfe）[6] 的发展中，也体现出建筑与城市之间的这种关系。

这些思想的发展使我更加认清了类型形式研究和建筑设计之间的关系。在有些情况中，这种关系特别明显，例如在帕拉第奥所采用的类型中；而在另一些情况中，类型和建筑同城市之间的关系变得日趋复杂和重要，例如，我在米兰工学院的讲学中所分析的西妥辛和圣班尼迪克特教堂修道院。

由于认识到这种复杂但却日益有序的关系，所以，在有关威尼托地区城市研究的绪论和其他文章中，我提出了类比城市的理论。这个理论产生于对本书中许多论题的发展。我相信，只要以本书中的思想为出发点，许多途径都可以产生这种设计概念。一种途径是直接从城市研究出发。例如，在分析米兰城的过程中，我遇到了需要进行理论分析的所有难题，但它们却意外地产生了最终进入设计秩序之中的元素表格。这些表格是我与加瓦塞尼（Vanna Gavazzeni）和斯科拉里（Massimo Scolari）共同研究的成果。它们使我们完成了一系列其属性日益具有构成意义的工作。类比城市是一个系统，它将城市与已经确立并且可以产生其他建筑体的元素联系起来。同时，淡化时间和空间界线的严格限制又使设计具有一种张力，它与我们在记忆中所见到的相同。

在这样一种类比系统中，设计与实体建筑具有同样的实在意义；它们构成了所有真正实体的参考框架。在研究米兰城时，建筑师们应将安托利尼设计但却未建的波拿巴广场方案作为一个真实的元素来考虑。这个设计之所以是真实的，是因为其形式后来出现在一系列的建筑体之中。如果没有这个设计方案，这些建筑体就无法解释。

这种研究途径表明了建筑的真正科学方向。同时我也认识到，地理学是本书所特别关注的一门学科，其论题的运用已成为研究的一种严格而封闭的形式。像人们使用建筑材料那样，我努力运用这些论题，来建立一门城市科学和一种建筑理论。在有关威尼托地区城市研究的文章中，我力图解释这种材料并赋予它一种形式，以使其能为这种建筑理论所吸收。

在我看来，从上述所有论点来理解的城市科学，似乎是由许多细丝组成的网状物，其图案变得越来越清楚。如果来考察古代城市围墙的变化，现存的考古实体材料，城市的历史中心，以及由不同部分组成的城市本身，人们就会看到，所有这些总体都是由整合的和不可分割的元素组成的。

最后，我要衷心感谢我的学生和朋友蒙蒂埃罗（José Charters Montiero）和马丁（José da Nóbrega Sousa Martins）将此书译为葡文。他们对葡萄牙和殖民地城市的研究，推进了由本书所开创的研究工作。

1971 年

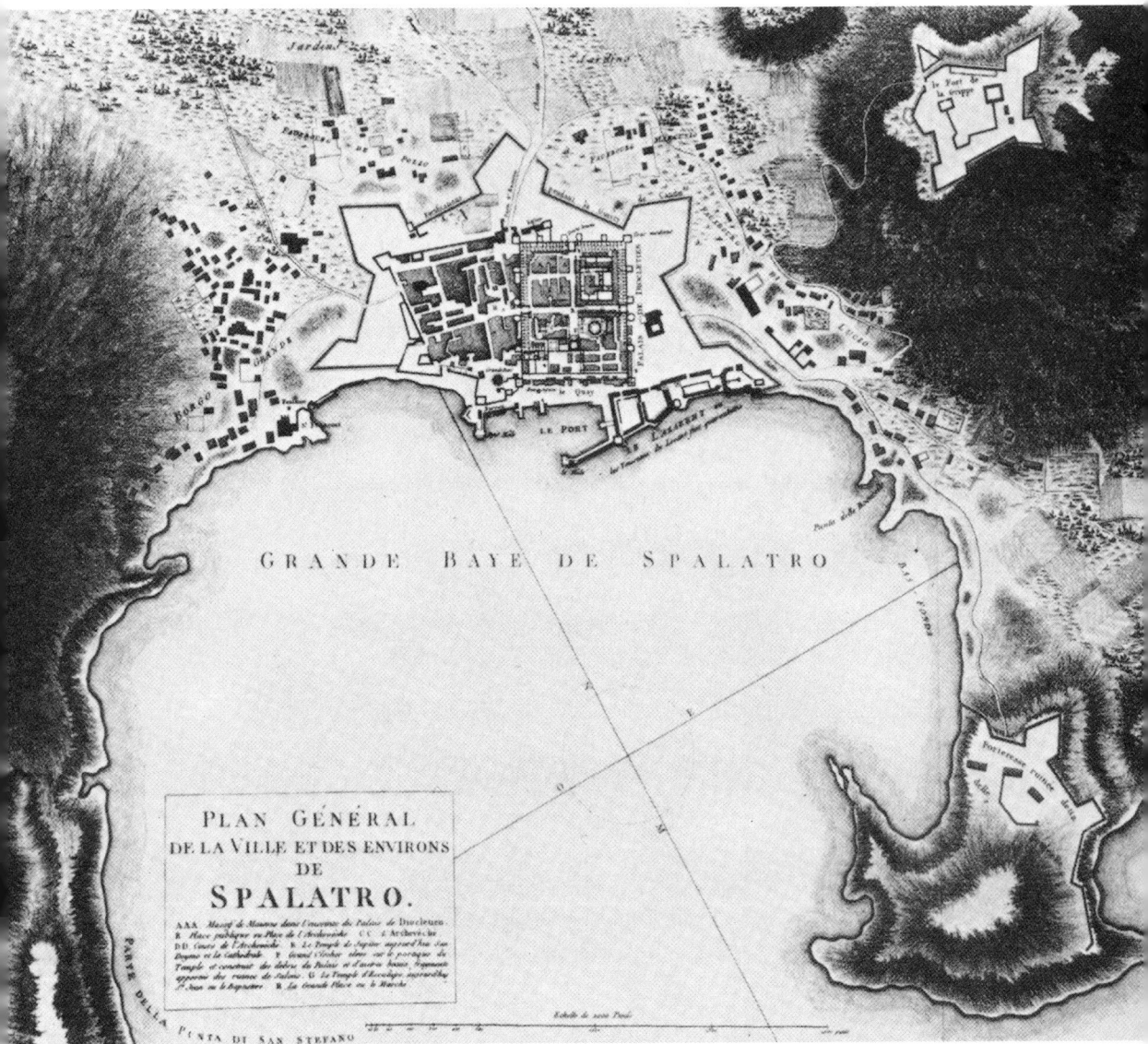

104

图 104
19世纪末期的南斯拉夫斯普利特
城（Split）及其周围环境的总平面
图。1802年由画家和建筑师卡萨
斯（L. F. Cassas）在巴黎绘制

德文版评注

本书是一个建筑作品。它和任何作品一样，更多地取决于与事实的关系，而不是取决于所描写的材料。这个研究的主要目的，就是探索形式的独特性与功能的多重性之间的关系的意义。我今天仍然相信，这种关系构成了建筑的意义。本书所分析的一些元素，已经成为设计理论的基础：城市地形学，类型学研究和作为建筑素材的建筑历史。在这些元素中，时间和空间常常相互交织在一起。地形学，类型学和史学成为实体发生转变的度量物，它们共同限定了一种建筑体系，使无故的创新不可能在其中发生。它们因而从理论上直接与当代建筑的混乱状态相对立。

就像对我的建筑作品一样，人们对本书的理解也各不相同。但是，人们如果试图只发展一个方面，即或坚持城市研究中的客观立场或主张形式的自主性，那么，他们就会使自己误入歧途。这些做法之所以错误，是因为它们掩盖了建筑的复杂本质。我已努力表明，把地形视为建筑师的看法，意味着承认它所具有的内在形式价值，并且首先是为了创立一种设计参照。因此，城市的性质产生了其中建筑物的性质。

贝奈（Adolf Behne）于50年前在论述现代建筑时写道，"我认为，形式概念既不是附属品，也不是装饰品……而是来自建筑物所独具的特征……[现代建筑师]希望以最广泛的适应性来满足最多的需求。"[1] 本书正是在这种理性的基础上，对历史上几个重要建筑物进行了分析。这些建筑物构成了而且还正在构成城市的结构，它们最大限度地适应了当时的新功能。斯普利特城产生于戴克里先宫墙之内，使不可改变的形式产生了新的用途和意义，从而成为建筑意义和建筑与城市之间关系的象征。城市因而具有容纳多种功能的最大适应性，它与一种极其明确的形式相对应。

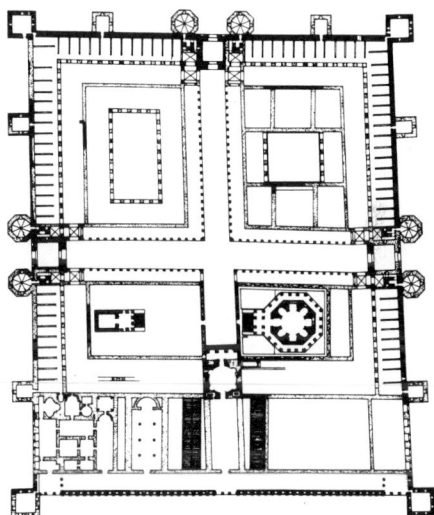

105

图105
南斯拉夫斯普利特城的戴克里先宫（Diocletian's Palace）平面图。1910年根据尼曼（G. Niemann）复原图绘制

1973年8月

注　释

英文版作者引言

1. 罗哈斯和萨奇（Javier Aguilera Rojas & Louis J. Moreno Rexach），《美洲的西班牙式城市化》，（ *Urbanismo español en América* [Madrid：Editora Nacional，1973] ）。

绪论　城市建筑体和城市理论

1. 索绪尔（De Saussure），《普通语言学教程》[*Cours de linguistique général*，ed. Charles Bally & Albert Sechehaye （Paris：Payot，1922）；英文版译者汉德森和查罗纳（W.O. Henderson & W.H. Chaloner，*Course in General Linguistics*；New York：Philosophical Library，1959）]。

2. 库朗热（Numa Denis Fustel de Coulanges），《古代城市：关于希腊和罗马的宗教，法律和制度的研究》[*La Cité antique. Etudes sur le culte，le droit，les institutions de la Gréce et de Rome*；（Paris：Durand，1864）；其后编者按阿歇特（Hachette）；莫姆森 （Mommsen），《罗马历史》（ *Römische Geschite*，4 vols.，2nd ed.，Berlin：Weidmann，1856—1857）；英文版译者迪克森（William P. Dickson；*The History of Rome*；New York：Charles Scribner's Sons，1891）]。

3. 弗雷尔（Freyer），《大型住宅与黑人村落：族长经济制度下巴西家庭的构成》[*Casa-grande & Senzala. Formãçcao da Familia Brasileire sob o Regime de Economia Patriarcal* （Rio de Janeiro：José Olympio，1958）]；Freyer，《地板与小屋：乡村族长权力的衰落和城市的发展》 [*Sobrados e mocambos. Decadência do patriarcado rural e desenvolvimento do urbano* （Rio de Janeiro：J. Olympio，1951）]。

4. 布拉什（Vidal de la Blashe），《人类地理学原理》[*Principes de géographie humaine*，1st ed.（Paris：Armond Colin，1922）]。

5. 米利齐亚（Milizia），《民用建筑原理》[*Principj di Architettura Civile* （Milan，1832），编者安托利尼（ Giovanni Antolini）；2nd ed.（Milan，1847），编者马西埃里和马约齐（L. Masieri，S. Majocchi）；再版时增加了"原作的凸版复制品"（" Riproduzione anastatica conforme all' originale"；Milan：gabrielle Mazzotta，1972）]。

第一章　城市建筑体的结构

1. 芒福德（Mumford）在其最为精彩的论著的绪论中，讨论了城市是艺术品的概念，综合并且发展了那些最为错综复杂和令人鼓舞的城市研究资料，尤其是盎格鲁－撒克逊的文学（其中包括维多利亚折中主义文学）。"城市在本质上是一种实在，如同一个洞穴，一群鲭鱼和一堆蚂蚁一样。但它也是一个有意识的艺术品，在其公共的构架中，它具有更为纯真和富有个性的艺术形式。人的思维在城市中成形，城市也反过来影响人的思维，因为空间和城市一样，被人为地重新组织在城市之中：在界线和轮廓中，在水平面和竖向顶点的组织中，在利用或无视自然地形的设计中……。城市既是一个集体生活的有形容器，同时又是在这种有利环境中所产生的集体共同目标的符号。它和语言本身一起，构成了人类最伟大的艺术品"（Lewis Mumford，《城市文化》[*The Culture of Cities*（New York：Harcourt, Brace & Co., 1938），第5页]。城市为艺术品这个概念是艺术家作品中常有的特征内容和经验，有时艺术家的名字和城市联系在一起。曼恩（Thomas Mann）于1926年6月5日在吕贝克所作的演讲，是关于城市和文学作品之间关系以及城市是艺术品研究方面的一个特别重要的例子。见曼恩，"吕贝克的精神"，载《两次节庆演讲》[Mann, "Lübeck als gestige Lebensform", in Zwei Festreden（Leipzig：Philipp Reclam, June 1928），第7至47页]。蒙泰涅（Michel Eyquem de Montaigne）在其旅行日记中，最早用现代方法综合分析了城市结构。启蒙运动时期的学者，旅行家和艺术家又发展了这种分析方法。见蒙泰涅，《1850年和1851年途经瑞士和德国的意大利之行日记》，三卷本，凯隆（M. De Querlon）注释 [Montaigne, *Journal de voyage en Italie par la Suisse et l'allemgne en 1580 et 1581*（Paris：1774）；编者（Maurice Rat），Paris：Garnier frères, 1955]；英文版译者沃特斯（W. B. Waters, *The Journal of Montaigne's Travels in Italy by way of Switzerland and Germany in 1850 and 1851*, 3 vols.；New York：E.P. Dutton & Co., 1903 ）。

2. 城市和集合建筑体的性质。见莱维－斯特劳斯，《悲伤的热带》[Lévi-Strauss, *Tristes Tropiques*（Paris：Plon, 1955）；英文版译者拉塞尔（John Russell）（London：Hutchinson & Co., 1961）]。在法文版第122页上，作者写道"城市是……人类的杰作。"在第121页上，他初步研究了城市空间质量及其演变的神秘特征。个体行为中的一切都是理性的，但这并不表明，城市中没有无意识的时刻，因为从个体与集体的关系来看，城市提供了一种奇妙的对立。"城市常被比喻为诗歌和交响乐，我认为，这种比较是非常自然的；它们实际上是相同的事物。城市也许更高一层，因为它是自然和人工的结合"（第127页）。从有关人与环境，人与环境创造之间关系的生态学研究中所得出的结论，与莱维－斯特劳斯的这个论述相一致。具体地理解城市意味着把握其居民的个性，即一种作为纪念物自身基础的个性："理解城市除了要理解城市的纪念物和建筑历史之外，还意味着重新发现其居民存在的特定方式。"

3. 阿尔布瓦什，《集体的记忆》[Halbwachs, *La mémoire collective*，迪维里奥（Jean Duvignaud）作序，亚历山大（J. Michel Alexandre）撰写绪论（Paris：Presses Universitaires de France, 1950；rev. & enlarged ed., 1968）]。

4. 卡塔内奥（Cattaneo）的概念。见卡塔内奥，"农业与道德"［"Agricoltura e morale"，first published in *Atti della Societa d'incoraggiamento d'arti e mestieri. Terza solenne distribuzione dei premi alla presenza di S.A.I.R. il Serenissimo Arciduca Vicerè nel giorno 15 maggio 1845*（Milan，1845），第3至11页］；该文后来发表在作者论著的全集第一卷中［*Scritti completi editi ed inediti di Carlo Cattaneo*，ed. Arcangelo Ghisleri，3 vols.（1st ed.，Milan，1925—1926）］。文章现在与作者的另一篇文章再次发表在下面的论著中："Industria e morale"，in the *opera omnia* published by F. Le Monnier：Carlo Cattaneo，*Scritti economici*，3 vols.，ed. Albert Bertolini（Florence，1956），vol. III，第3-30页。引文见第4-5页。在这篇文章中，作者分析了语言学、经济学、史学、地理学、地质学、社会学和政治学如何共同产生建筑体的结构特征，提出了有关自然建筑体概念的完整构架。与他所继承的启蒙运动传统相比，其实证主义的立场更能表现出他研究个别问题的方法。"在德语中，建造艺术和耕作技术是同一个词：'农业'这词不表示耕作，而是指建设；垦荒者就是建设者。当德国原始部落中的人们在鹰隼的阴影下，看见古罗马人在修建桥梁、道路、墙垣等方面所做的努力与其把莱茵河岸和摩泽尔河岸变为葡萄园的工作相差无几时，他们便只用了一个词来表示这两种情况。是的，人们必须建设田地，就像他们建设城市一样"（第5页）。桥梁、道路和墙垣是一种转变的开始；这种转变影响了人的环境，而自身则成为历史。当卡塔内奥用这种理论来探讨区域问题时，理论的明晰性使他成为最早对城市进行研究的现代学者之一；让我们来看看他对由铁路新线所引出的问题的看法。罗沙（Gabriele Rosa）在卡塔内奥的传记中写道："问题是要在米兰和威尼斯之间新开一条干线。数学家精密地研究了地理情况，但却没有考虑人口、历史和当地的经济状况这些与数学原理作对的因素。卡塔内奥以其丰富的知识和远见卓识明确地提出了解决这个新的重大问题的办法……。他力图使新辟的路线能最大限度地同时满足私人赢利和公共设施的需要。他认为，路线的选择无需成为地形之上的牺牲品，新开的路线并不是为了要迅速地通过，而是要使速度有利可图；他还认为，短距离间的来往会更为频繁，而最大的流量则会出现在那些悠久和古老中心的连线上；他由此强调指出，在意大利，谁要是忽视了个人对其祖国的热爱，谁就会永远劳而无获。罗沙，"纪念卡洛·卡塔内奥"（Commemorazione di Carlo Cattaneo）。此文于1896年11月11日在伦巴第文理学院会议上宣读），载于《伦巴第皇家学院财政报告》（*Rendiconti del Reale Istituto Lombardo*；Milan，1869），第1061—1082页；后作为《卡洛·卡塔内奥出版与未出版论著全集》（见本注释）中的绪论"卡洛·卡塔内奥的生活与作品"（Carlo Cattaneo nella vita e nelle opere）重新发表（第一卷，第 XIII—XXXIX 页）。

5. 林奇（Lynch），《城市意象》（*The Image of the City*，Cambridge；Mass：Technology Press and Harvard Uinv. Press，1960）。

6. 索尔（Sorre），"城市地理学和生态学"，载于《城市规划与建筑：纪念皮埃尔·拉夫当的文学和出版研究》（*Urbanisme et architeture. Etudes écites et publiées en l'honneur de pierre Lavedan*；Poris：Henri Laurens，1954），第341—344页；莫斯（Mauss）与伯沙特（M. H. Beuchat），"试论爱斯基摩社团季节性的变化：社会形态学研究"，载于《社会学年鉴，1904—1905年》（"Essai sur les variations saissonières des sociétés eskimo. Étude de morphologie sociale"，in *L'année*

sociclogique，1904—1905；Paris：Félix Alcan，1906），第39-132页。另见第三章注释1。

7. 有关城市是人造物体的研究，见汉德林和伯查德（Oscar Handlin and John Burchard）合编的《史学家与城市》（*The Historian and the City*，Cambridge，MIT Press and Harvard University Press，1963）。在此选集中，萨默森（John Summerson）在"城市形式"（Urban Forms，第165-176页）一文里谈到，"城市是建筑体"。加范（Anthony N.B. Garvan）在"有产费城是建筑体"（Proprietary Philadelphia is Artifact，第177-201页）一文中，从考古学和人类学家的角度说明了这个词的意义，他认为"如果这词完全适用于某个城市群体，那么，它也应当可以用来探讨城市及其生活的所有那些方面，而实体结构、建筑物和纪念物则是城市及其生活的合适工具或建筑体"（第178页）。正是在这个意义上，卡塔内奥视城市为一实体，为人类劳动的成果："劳动产生了房屋、堤坝、运河和街道"（引自"工业与道德"一文，《经济文选》，第三卷，第4页）。

8. 西特（Sitte），《用艺术原则指导城市规划》（*Der Städtbau nach seinen Künisterlichen Grundsätzen*；Vienna：Carl Gräser Verlag，1889）；英文版译者G·R·科林斯和C·G·科林斯（George R. Collins and Christiane Grasemann Collins；*City Planning According to Artistic Principles*；London：Phaidon，and New York：Random House，1965）。引文见英译本第91页。西特的经历很有意思。他基本上是个技术人员；他曾就读于维也纳工学院。并且于1875年在萨尔茨堡创建了后来迁到维也纳的国立职业学校。

9. 迪朗（Jean-Nicolas-Louis Durand），《综合工科学校的建筑学课程授课提纲》，两卷本（*Précis des Leçons d'architecture données à l'Ecole Polytechnique*，2 Vols.；Paris，1802-1805；2d ed.，1809）。引文见第二版，第二卷，第21页。

10. 米利齐亚的论著（见绪论注释5）；引文见第二部分"适用"（Della Comodità），第221页。

11. 昆西（Antoine Chrysostôme Quartremère de Quincy），《建筑艺术中历史，描述，考古，生物，理论，教义和实践等概念的历史词典》，两卷本（*Dictionnaire historique d'architecture comprenant dans son plan les nations historiques，descriptives。archaeoloques，biographiques，théoriques，didactiques et pratiques de cet art*，2 vols.；paris，1832）。引文见第二卷中"类型"部分。昆西对类型的定义，最近被阿尔岗（Giulio Carlo Argan）以一种非常有趣的方式重新提出。见阿尔岗，"关于建筑类型学概念"，载于《方案与命运》（"Sul conettl di tipologia archittonica"，in *Progetto e destino*；Milan：Casa editrice Il saffiatore，1965），第75-81页。另见奥特科尔（Louis Hautecoeur），《法国古典建筑史》，七卷本（*Histoire de l'architecture classique en France*，7 vols.；Paris：A.et J.Picard，1934-1957），尤其第5卷《革命与帝国：1792—1815年》（*Révolution et Empire*. 1792-1851[1953]），作者在第122页上写道，"正如施奈德（Schneider）注意到的那样，昆西证实了，'尺度和形式与它们在人们心目中的印象之间有一种相互的关系。'"

12. 在建筑师对类型学的最新研究中，阿莫尼诺（Carlo Aymonino）在威尼斯建筑学院所做的讲演尤为有趣。在题为"建筑类型学概念的形成"这一讲中，他说，"我们可以努力来区别建筑类型的一些特征，从而更好地认识类型：a）主题的单一性，尽管类型可细分为一种或多种活动，以从有机体中获得一种合理的基础性和明确性；这也适用于更为复杂的情况；b）在理论阐述中，类型与环境即与准确的城市位置无关（重要的可交换性来自这一点吗？），而关系的形成仅仅是自身布局的单一相关边界（一种不完整的关系）；c）克服建筑规范的局限性，使类型以本身的建筑形式为特征。类型实际上受到规范（如卫生，安全等）的制约，但不是只受到它们的制约"（第9页）。阿莫尼诺的讲稿见《建筑类型学及其问题：大型建筑物类型分布资料。学术年鉴 1963-1964 年》（*Aspetti e problemi della tipologia edilizia. documenti dil corso di caratteri distributivi degli edifce. Anno accademico 1963-1964*；Venice：Istituto llniversitario di Architettura di Venezia，1964）；另见《建筑类型学概念的形成：大型建筑物类型分布资料。学术年鉴 1964—1965 年》（*La formazione del concetto di tipologia edilizia. Atti del corso di carltteri distributivo degli edifci. Anno accademico 1964-1965*；Venice，1965）。其中一些讲稿在修改以后重新发表在阿莫尼诺的《城市的意义》（*Il sifnificato della citta*；Bari：Editori Laterza，1975）一书中。

13. 马利诺斯基（Malinowski），《文化的科学理论及其他》（*A Scientific Theory of Culture and Other Essays*；Chapel Hill：Univ. of North Carolina Press，1944）。地理学中的功能主义。拉策尔（Friedrich Ratzel）于1891年提出了有机功能的概念；他从生理学的角度出发，把城市比为一个有形器官；城市的功能是使城市得以存在和发展的那些东西。最近的研究把与中心和总体地区相关的普遍功能和特殊的功能区分开来，其中后者具有更多的空间意义。有关这词的使用与生态学的关系，见本章注释29。地理功能主义从一开始，就在对自然具有突出地位的商业功能的分类中，遇到了很大的困难。在《人类地理学》（*Anrhropogeographie*）一书中，拉策尔把城市定义为"人类与住房长久聚集的地方，它占据了大片土地，并位于主要商业干道的中心。"瓦格纳（Hermann Wagner）也坚持认为城市是商业的汇集之处。见拉策尔，《人类地理学》，两卷本（*Anrhropogeographie*，2 vols.；Stuttgart：J. Englhorn，1882 and 1891；3d.，1909 and 1922）。有关德国地理学家的论点综述，见福希勒 - 豪克（Gustav Fochler-Hauke）所编词典《普通地理学》（*Allgemeine Geographie*；Frankfurt am Main：Fischer Bücherei，1959），尤见格劳尔特（Gunter Glauert）所写条目"居住区地理学"（Siedlungsgeographie），第286-311 页。另见博热 - 加尼埃和沙博（Jacqueline Beaujeu-Garnier and Georges Chabot），《城市地理学论著》（*Traité de géographie urbaine*；Paris：Armand Colin，1963），和莱本（John Harold George Lebon），《人类地理学导论》（*An Introduction to Human Geography*；London：Hutchinson Univ. Library，1952；5th ed. rev.，1963）。

14. 沙博（Chabot），《城市：人类地理学概述》（*Les villes. Aperçu de géographie humaine*；Prmond Colin，1948；3d ed.，1958）。沙博把城市的主要功能分为军事、商业、工业、治疗、智力、宗教和管理。他最后承认，城市中各种功能相互交织，从而最终获得初始建筑体的价值；但他更加关注基本和初始的功能，而不是经久的建筑体。在沙博的理论中，功能与布局是城市生命的要素。因此，他的概念更为丰富和明晰。

15. 韦伯（Weber），《经济和社会：相互理解的社会学概论》，两卷本（*Wirtschaft und Gesellschaft. Grundriss der verstehenden Soziologie*，4th ed. 2 vols.；Tübingen：J.C.B. Mohr-Paul Siebeck，1956），温克尔曼（Johannes Winckelmann）编辑并写绪论。

16. 特里卡（Jean Tricart），《人类地理学教程》，两卷本：第一卷《乡村居住环境》；第二卷《城市居住环境》（*Cours de géographie humaine*, 2 vols.：vol. I, *L'habitat rural*；vol. II, *L'habitat urbain*；Paris：Centre de Documentation Universitaire，1963）。特里卡注意到，"就像每一项建筑体研究一样，城市形态学以不同学科的汇集为先决条件：城市规划、社会学、史学、政治经济学和法学本身。这种以分析和解释具体建筑体和环境为目的的汇集足以使我们认为，它能在地理学的构架中占有位置。"

17. 拉特克利夫（Richard Updegraff Ratcliff），"城市活动位置分布中的功效动力"（The Dynamics of Efficiency in the Locational Distribution of Urban Activities）；载于《城市地理学研究》（*Readings in Urban Geography*；Chicago：Univ. of Chicago Press，1959），第299-324页，引文见第299页；此书为迈耶和科恩合编（Harold Milvin Mayer and Clyde Frederick Kohn）。

18. 博埃特（Marcel Poète），《城市规划导论：城市的演变和古代的启示》（*Introduction à L'Urbanisme. L'èvolution des villes*, *La leçon de l'antiquité*；Paris：Boivin & Cie.，1929）。有关博埃特对城市研究的影响，见在拉夫当（Lavedan）指导下出版的《城市生活》杂志（*La vie urbaine*；sorbonne：Institut d'Urbanisme de l'Universitè de Paris）。从1920年至1940年间，这本杂志每年出三期，刊登有关城市研究的文章。这些文章偏重历史，学术水平很高。博埃特那部不朽的著作《一个城市的生命：从初始到今天的巴黎》（四卷本）（*Une vie de cité. Paris de sa naissance à nos jours*, 4 vols.；Paris：Auguste Picard，1924-1931），在所有的城市研究中是无与伦比的。该书共四卷：第一卷《活力：从初始到现代》（*La jeunesse. Des origines aux temps modernes*；1924）；第二卷《文艺复兴城市：从15世纪中期到16世纪末期》（*La cité de la Renaissance*, *Du milieu du XVe siecle à la fin du XVIe siécle*；1927）；第三卷《古典城市精神：现代城市的起源（16—17世纪）》[*La spiritualité de la cité classipue. Les origines de la cité moderne*（*XVIe - XVIIe siécles*）；1931]；《图集：随文600图例和说明以及一篇历史报告》（album，*Six cents illustrations d'après les documents*, *accompagnées de légends et d'un exposé historique*；1925）。博埃特所著的《巴黎是怎样形成的》（*Comment s'est formé Paris*；Paris：Hachete，1925）一书浓缩了有关巴黎的研究。芒福德认为，这是一本内容丰富，值得终生学习的基本教科书。

19. 博埃特，《城市规划导论：城市的演变和古代的启示》（见本章注释18），第60页。

20. 拉夫当（Lavedan）的著作包括《城市地理学》（*Géographie des villes*；Pris：Gallimard，1936；rev. ed.，1959），《城市规划历史》，三卷本（*Histoire de l'urbanisme*, 3 vols.；Paris：Henri Laurens，1926—1952）：第一卷《古代：中世纪》（*Antiquité. Moyen-Age*；1926）；在1966年的第二版中，与于格内（Jeanne Hugueney）合作，彻底修改了古代部分；第二卷《文艺复兴和现代》（*Renaissance et temps modernes*；1941；rev. ed.，1959）；第三卷《当今时代》（*Epoque contemporaine*；1952）。拉夫当还写下了《法国城市》（*Les villes françaises*；Paris：Vincent，Fréal & Cie.，1960）一书。

21. 启蒙运动思想。例如，在论述建筑物与城市的关系时，伏尔泰（Voltair）写道："许多市民建造了壮观的建筑物，但内部比外观更为精细、满足个人奢华口味的需要甚至比提高城市价值还重要。"见伏尔泰（François Marie Arouet de Voltaire），《路易十四时期》（*Le siècle de Louis XIV*；1768），载于《伏尔泰全集》，四卷本，（*Oeuvres completes de Voltaire*，4 vol.；Paris，1827-1829）。引文见第三卷，第2993页。另见马里埃特（Jean Mariette），《法国建筑图集：新建教堂、宫殿、旅馆、巴黎特别住宅、乡村及近郊府邸和别墅以及法国其他一些地方的建筑物的平面，立面和剖面图，这些图虽不精美，但却是根据实地的精确测量绘制而成的》，三卷本（*L'Architecture française*，*ou Recueil des Plans*，*Elevations*，*Coupes et Profiles des Eglises*，*Palais*，*Hôtels*，*& Maisons particulières de Paris & des Chateaux et Maisons de Campagne ou de Plaisance des Environs*，*& des Plusieurs antres Endroits de Fance*，*Bâtis nouvellement pas les plus hails Architectes et levés et mesurés exactement sur les lieux*；3 vols.；Paris，1727 — 1832）。出版和印刷商马里埃特编辑了这部重要的图集，奥特科尔（Louis Hautecoeur）后又将此书重新编辑在《法国建筑》之中（*L'architecture française*；Paris-Brussels：G. Van Oest，1927）。另见布兰（Anthony Blunt），《弗朗索瓦·芒萨尔和法国古典建筑的起源》（*François Mansart and the Origins of French Classical Architecture*；London：Warburg Institute，1941）。

22. 米利齐亚的著作（见绪论注释5）。他的研究分为三个部分："第一部分：美观"（Parte prima. Della bellezza），"第二部分：适用"（Parte seconda. Della comodità），"第三部分：坚固"（Parte terza. Della solidità delle fabbriche）。

23. 同上，"第二部分"，第371页。

24. 同上，"第三部分和全部作品的结束语"（Conclusione della terza parte e di tuttta l'opera），第663页。

25. 同上，"第二部分"，第418页。

26. 同上，"第二部分"，第420页。

27. 同上，"第二部分"，第235页。

28. 同上，"第二部分"，第236页。

29. 这个问题的研究与生态学的重要论题有关。这些论题在安博特，格里泽巴赫和沃尔明（Humboldt，Grisebach and Warming）的经典著作中得到发展，并持续到现代。见安博特[Alexandre de Humbodt，（Alexandre von Humboldt）]，《论植物地理和赤道地区的自然面貌……》（*Essai sur la géogrophie des plantes*，*accompagnée dun Tableau physique des régions équinoxiales...*；Paris：1805），格里泽巴赫（August grisebach），《根据气候划分的地球上的植物：植物的比较地理学概述》，两卷本（*Die Vegetation der Erde nach ihrer klimatischen Anordnung. Ein Abriss der Vergleichenden Gehgpaphie der Pflanzen*，2 vols，；Leipzig：Wilhelm Engelmann，1872），沃尔明（Eugenius Warming），《植物生态学：植物群落研究导论》（*Oecology of Plants：An Introduction to the Study of Plant Communities*；Oxford：Clarendon Press，1909；原版为丹文，Copenhagen：P.G. Philipsen，1895）。他们研究的出发点是对物种"生长形式"的认识，从而使人们在重视外部因素（物质环境）的同时，注意包括人类在内的生物体之间的相互作用。有关详尽的参考书目，见布吕纳（Jean Brunhes），《人类地理学：试论实证分类：原理和实例》（*La géographie humaine. Essai de classification positive. Principes et examples*；Paris：Félix Alcan，1910；1934年的第四版修订为三卷本并增加了参考书目）；英文版译

者勒孔特（T. C. Le Compte），编者鲍曼和道奇（Isaiah Bowman and Richard Elwood Dodge；*Human Geography；An Attempt at a Positive Classification；principles and Examples*；Chicago：Rand McNally，1920）。这些研究明显表现出对城市科学的兴趣。人类生态学这词是帕克（Robert Park）在1921年提出的。见霍利（Amos H. Hawley），《人类生态学：社区结构理论》（*HumanEcology. A Theory of Community Structure*；New York：Ronald Press，1950）。另见本章注释13和第三章注释1。

30. 下列文章尽管没有把城市作为具体建筑体来研究，但却很有意思：苏里奥（Etienne Souriau），"对城市生理学的贡献：植物城市或节奏与理性"（Contribution à la Physiologie des cités. Le végétal ville ou rhyme et raison），载于索尔的论著中（见本章注释6），第347—354页。

31. 米利齐亚的著作（见绪论注释5），第235页。

32. 波德莱尔（Charles Baudelaire），《恶之花》，第二版（*Les Fleurs du Mal*；Paris：Poulet-Malassis et de Braise，1861）。有关本书的重要版本，尤见克雷贝、布兰和皮什瓦（J. Crépet, G. Blin, C. Pichois）所编的版本（Paris: J. Corti, 1968）。诗句引自"巴黎的景象"中的第89首"天鹅"。波德莱尔是文学界一位知名人士，其直觉对建筑和城市的理解是极其深刻的。

第二章 主要元素和区域概念

1. 城市及其各个部分这类概念是舒马赫（Fritz Schumacher）有关城市理论的基础；它出现在1921年的科隆规划中和更为著名的1930年的汉堡规划中。就舒马赫的理论而言，他写的《从城市建设到州规划以及城市建设布局的问题》（*Vom Städtebau zur Landesplnung und Fragen städtebaulicher Gestaltung*；Tübingen：Ernst Wasmuth，1951）一书是最重要的。尤见第37页上与"城市各个部分的不同需要"这部分内容相关的那段话：现代城市的差别是其个性的主要特征，其中的所有地区因各有明确特征而相互不同。城市形成的方式和目的构成了其结构的特征，而与任何单一法则或形式原理没有关系。有关汉堡规划，见舒马赫，《汉堡的重建》（*Zum Wiederaufbau Hamburgs*；Humburg：Johann Trautmann，1945），此书记录了1945年10月10日在汉堡市政厅内所进行的讨论。此书后重新发表在舒马赫所著的《自1800年以来的德国建筑艺术思潮》一书中（*Strömungen in deutscher Baukunst seit 1800*；Leipzig；E. A. Seemann，1935；2d ed.，Cologne，1955）。另见汉堡和施勒苏益格－荷尔斯泰因州联合规划委员会，《中心思想和建议》（*Leitgedanken und Empfehlungen*；Hamburg Kiel，1960）。有关在原始区域意义上论述区域研究和一些对"自然区域"的解释，见我的研究，罗西，《对建筑类型学和城市形态学之间关系研究的贡献：对米兰研究区域的考察，尤其关注私人参预创造的建筑类型》（*Contributo al problema dei rapporti tra tipologia edilizia e morfologia urbana. Esame di un'area di studio di Milano, con particolare attenzione alle tipologie edilizie prodotte da intervanti privati*；Milan：Istituto Lombardo per gli Studi Economici e Sociali［I. L. S. E. S.］，1964）。

2. 有关美国社会学和芝加哥学派的研究，见下列文章：伯吉斯（Ernest W. Burgess），"城市发展中变化率的确定"（The Determination of Gradients in the Growth of the City），载于《美国社会学学会文献汇编》（*Proceedings of the*

American Sociological Society，XXI，1927），第178-184页；伯吉斯，"城市的发展"（The Growth of the City），载于《美国社会学学会文献汇编》（*Proceedings of American Sociological Society*，XVIII，1923），第85-91页，重新发表在帕克·伯吉斯和麦肯齐（Robert E. Park，Ernest W. Burgess，Roderick D. McKenzie）合著的《城市》一书中（*The City*；Chicago：Univ. of Chicago Press，1925），简诺维茨（Morris Janowitz）后为此书写了绪论（Chicago and London：Univ. of Chicago Press，1967）。

3. 霍伊特（Homer Hoyt），《美国城市中居住区域的结构和发展》（*The Structure and Grouth of Residential Neiborhoods in American Cities*；Washington：Federal Housing Administration，1939）。有关对美国城市社会学家一些论题的讨论，见索尔的文章（见第一章注释6）。

4. 鲍迈斯特（Baumeister）的主要著作为《城市扩建在技术，建设监督和经济方面的关系》（*Stadterweiterungen in technischer，baupolizeilicher und wirtschaftlicher Beziehung*；Berlin：Ernst und Korn，1876）。这是第一本被广为阅读的德国手册。

5. 有关柏林规范，见黑格曼（Werner Hegemann），《石头堆砌的柏林城……》（*Das steinerne Berlin...*），本章注释13；本书在第二章"柏林住房类型问题"那部分中引用了此文。

6. 城市的历史意义和现有的大量资料表明，维也纳城的变迁特别有趣。哈辛格尔（Hassinger）所确认的市区并不是真正的边缘；它以自身的形象为特征，甚至在今天，它也和约瑟夫广场一样，构成了维也纳的一个典型特征。通过研究组成城市的个别地区，尤其是那些与住房密切相关的地区的组成和分布，人们可以很好地理解城市的总体演变。居住区规范在很大程度上说明了维也纳住房的性质。这个规范与在城市中修建哈普斯堡宫有关；由于不能满足宫中众多侍从的居住需要，所以，规范被做了调整，以迫使土地私有者在宫庭会议期间提供所需住房。这意味着要拆除巴洛克时期修建的三层高的哥特式住房，从而建造带有二至三层地下层的六至七层高的住房。在1700年，城墙以内的地价高涨，以至于最贫困的人们和工匠被迫移居到于1683年以后所建成的外部地区中。我们饶有兴趣地看到，对城市化现象的图式般解释，并不能说明直到19世纪时的城市形成过程；1850年以后，当工业时代开始发展时，维也纳老城的部分地区已遭破坏。见罗西，"维也纳的规划"（Un piano per Vienna），载于杂志（*Casabella-continuità*），第277期（1963年6月），第221页，后重新发表在罗西的《建筑和城市文选，1956—1972年》一书中（*Scritti scelti sull'architettura e la città*，1956—1972；Mian：Clup [Cooperativa Libreria Universitaria del Politecnico]，1975），第193—208页，博尼卡尔奇（Rosaldo Bonicalzi）为本书编辑并为之写了绪论；哈辛格尔（Hugo Hassinger），《奥匈帝国都城的艺术史图集和维也纳城中具有历史保护价值的人工与自然纪念物景象一览》（*Kunsthistorischer Atlas der K.K. Reichshaupt- und Residenzatadt Wien und Verzeichnis der erhaltenswerten historischen，Kunst- und Naturdenkmale des Wiener Stadtbildes*；Vienna：Anton Schroll & Co.，1916）；赖讷（Roland Rainer），《维也纳的规划草案》（*Planungskonzept Wien*；Vienna：Verlag für Jugend und Volk，1962）。另见杂志《建设》（*Der Aufbau*）：尤见1961年第4/5期，《公共经济，规划和建设》（*Gemeinwirtschaft，Planen und Bauen*）；1961年第7/8期,《1946年至1961年的15年》(*1946-1961, 15 Jahre*),其中有康迪特(Georg Conditt)的文章,"城市规划与规划基础"(Stadtplanung und Planungsgrundlagen); 1962年第11/12期,《维也纳城近郊》(*Aussenbezirke der Stadt Wien*),其中有迪米特里欧(Sckratis Dimitrou)的文章,"维也纳的戈尔特街"(Die Wiener Gürtelstrasse),费尔蒂内克(Karl Feltinek)的文章,"维也纳城郊的文化中心"(Kulturelle Mittelpunkte in den Wiener Aussenbezirke)。另见迪金森(Robert E. Dickinson),《西欧城市:地理学的解释》(*The Western European City: A Geographical Interpretation*;London:Routledge & Kegan Paul,1951;rev. ed.,1961);尤见此书第十章"维也纳:奥地利都城"(Vienna:Capital of Austria),第184-194页。

7. 林奇的论著(见第一章注释5),第66—67页。

8. 同上,第70—71页。

9. 维奥莱–勒–迪克(Eugène-Emmanuel Viollet-le-Duc),《11至16世纪法国建筑大词典》,十卷本(*Dictionnaire raisonné de l'architecture française du XIe au XVIe siecle*, 10 vols.;Paris:Ancienne Maison Morel,1854—1869);引文见第六卷"住房"(Maison)第214页。

10. 有关居住区规范的解释,见本章注释5。

11. 贝伦斯(Behrens),"维也纳地区的建设"(Die Gemeide Wien als Bauherr),载于《建筑世界》杂志(*Bauwelt*),第41期(1928);在此文以意文发表时,我为其写了绪论,"彼得·贝伦斯和现代住房问题"(Peter Behrens e il Problema dell' abitazione moderna),载于杂志(*Casabella-continuità*),第240期(1960年6月)。我在绪论中认为,这位德国大师有关住房的论点可以归结为主要两点:1)在经过仔细选择和研究的区域中,只有带有花园的低层住房与多层住房相结合的体系,才是和谐,舒适和经济的;2)材料和单体建造构件应当标准化。贝伦斯在1910年之前,已经阐明了新型城市空间的形成过程。有关现代建筑运动的住房问题,见苏黎世新建设国际会议(Internationale Kongresse für Neues Bauen, Zurich),《低收入者住房》(*Die Wohnung für das Existenzminimum*;Frankfurt am Main:Englert & Schlosser, 1930; 3d. ed., Stuttgart:Julius Hoffmann,1933)。这本书汇集了于1929年在法兰克福召开的C.I.A.M.(Congrès Internationaux d'Architecture Moderne, 国际现代建筑会议)第二次会议上的文献资料,其中包括现代建筑运动的建筑师有关住房问题的主要论文,它们中有:迈(Ernst May),"低收入者住房"(Die Wohnung für das Existenzminimum);格罗皮乌斯(Walter Gropius),"城市工业人口住房最低标准的社会学基础"(Die soziologischen Grundlagen der Minimalwohnung für die städtisch Industriebevölkerung);勒·柯布西耶和詹尼特(Le Corbusier and Pierre Jeanneret),"'最低标准住房'问题中基本因素的分析"(Analyse des éléments fondamentaux du problème de la 'Maison Mimimum');施密特(Hans Schmidt),"建筑规定和最低标准住房"(Bauvorschrifter und Minimalwohnung)。此书与1930年在布鲁塞尔召开的C.I.A.M.第三次会议的文献汇编一起被译为意文,阿莫尼诺为其写了长篇绪论。C.I.A.M.第三次会议的文献汇编的中心议题是"理性的建造方法:低层,多层和高层"。有关现代建筑运动的方法问题,见罗杰斯(Ernesto Rogers),"方法(预制化)的问题"(Problemi di metodo「La prefabbricazione」;1944 and 1949);此文重新发表在罗杰斯的《建筑经验》一书中（*Esperienza dell'architettura*；Turin：Giulo Einaudi，1958），第 80-81 页。萨莫纳（Giuseppe Samona）全面而精辟地分析研究了现代建筑运动中的住房问题，并且强调了建筑与城市的关系。我们值得在此看一段他的论述："人们努力探寻与混乱臃肿的现有城市相对立的有机体，它可以使所有的活动和需要与生活相适应，能有序地与所有活动的先验标准相对应，而且能够具有合适的确定规模。用'规模'来度量所有活动尺度的这种惯性思考，阻止了人们从下列方面来体验城市状况：城市状况自身的社会作用以及透过这些状况的不连续和复杂的表层；事实上，这些状况所具有的巨大冲力和相互矛盾的利益不应被简化为单一的体系，尽管这个体系可能是完美的。"萨莫纳，《欧洲国家城市中的城市化和未来》（*L'urbanistica e l'avvenire dellà citta negli stati europei*；Bari：Laterza，1969；2d ed.，enlarged，1971），第一版，第 99 — 100 页。

12. 戈特曼（Jean Gottman），《特大城市：美国东北部沿海地区的城市化》（*Megolopolis. The Urbanized Northeastern Seaboard of the United states*；New York：Twentieth Century Fund，1961；2d ed.，Cambridge，Mass：M.I.T. Press，1964），海克什尔（August Heckscher）为此写了绪论。

13. 我在下文中发展了有关柏林住房的研究；罗西，"柏林住房类型研究"（Aspetti della tipologia residenziale a Berlino），载于杂志（*Casabella-continuità*），第 288 期（1964 年 6 月），第 10 — 20 页；后重新发表在我的论著中（见第二章注释 6），第 237 — 252 页。关于柏林研究的主要论著有：赫伯特（Louis Herbert），《柏林地区的地理划分：地理学研究》（*Die Geographische Gliederung von Grass-Berlin. Länderkümdliche Forschungen*；Stuttgart，1936）；黑格曼（Werner Hegemann），《石头堆砌的柏林城：世界上最大的出租兵营城市的历史》（*Das steinerne Berlin. Geschichte der grössten Mietkasernenstadt in der welt*；Berlin：Kiepenhauer，1930；republ.，Berlin：Ullstenin，1963）；迪金森的论著（见本章注释 6），尤见第 13 章"柏林"（Berlin），第 236 — 249 页；舒马赫，《自 1800 年以来的德国建筑艺术思潮》（见本章注释 1）；黑内尔和查尔曼（Erich Haenel and Heinrich Tscharmann），《现代小住宅》（*Das Kleinwohnhaus der Neuzeit*；Leipzig：J. J. Weber，1913）；米勒 - 沃尔科（Walter Müller-Wulckow），《德国现代建筑艺术》（*Deutsche Baukunst der Gegenwart*；Königstein im taunus-Leipzig：Karl Robert Langewiesche，1909；齐勒（Herman Ziller），《申克尔》（*Schinkel*；Bielefeld-Leipzig：Velhagen & Klasing，1897）；弗雷德（W. Fred），《住房及其设施》（*Die Wohnung und ihre Ausstattung*；Bielefeld-Leipzig：Velhagen & Klasing，1903）；约翰内斯（Heinz Johannes），《附有 168 幅图片的柏林新建设指南》（*Neues bauen in Berlin. Ein Führer mit 168 bildern*；Berlin：Deutscher Kunstverlag，1931）；拉费和克诺费尔（Rolf Rave & Hans-Joachim Knöfel），《1900 年以来的柏林建设》（*Bauen seit 1900 in Berlin*；Berlin：Kiepert，1968）；贝奈（Adolf Behne），《从安哈尔特车站到包豪斯》（*Vom Anhalter bis zum Bauhaus*；1922；重新发表在《建筑世界》（*Bauwelt*）杂志第 41 — 42 期上，1961）；贝伦斯（Peter Behrens），"柏林的未来"（Il futuro di berlino），载于杂志（*Casabella-continuità*），第 240 期（1960 年 6 月），第 33 页，《柏林晨报》（*Berliner Morgenpost*）于 1912 年 11 月 27 日刊登了此文的译本。另见下列杂志，《现代建筑形式》（*Morderne Bauformen*，尤见 1920 年至 1930 年间的）；《建筑世界》；《德国建筑》（*Deutsche Architektur*）；还有柏林的德国建

筑学院和巴特戈德斯贝格的宇宙研究院的出版物。

14. 在意大利文献中，居住区（*Siedlung*）一词被译为街区（*quartiere*），这既不准确，也不恰当，实际上，这词含有"聚居处"和"同类人居地"这些更为普遍的意义；它也被广泛地用来指德国城市边远地区那些新发展起来的居住环境。哈辛格尔给居住区下了这样的定义，"从最广泛的意义上来看，居住区是任何人类的居处，甚至包括流动猎人的庇护所……，包括在某地住上一段时间的游动牧民的营地，或是固定的居住场所，如农场，村落和城市。"见克鲁特（Fritz Klute）编辑的《普通地理学：地理学知识手册》，两卷本（*Allgemeine Geographie. Handbuch der Geographiescher Wissenschaft*；Potsdam：2 vols.，1933），第二卷，第403页。此书是在克鲁特指导下所进行的大规模研究工作的一部分；除了刚才提及的两卷〔第一卷《物理地理学》（*Physikalische geographie*），第二卷《地球上的生命》（*Das Leben auf der Erde*）〕以外，这项研究还包括在1930年至1939年间所发表的十一卷有关区域地理学的论著。第二卷"人类地理学"〔Die geographie des Menschen（Anthropogeographie），第167—542页〕这部分为哈辛格尔所写，其中一章为"居住区地理学"（Siedlungsgeographie），第403—456页。

15. 拉斯姆森（Rasmussen），《城镇和建筑物实录》（*Towns and Buildings Described in Drawings and Words*；1ˢᵗ American ed.，Cambridge，Mass：Harvard Univ. Press，1951）。有关光明城的论述，见柯布西耶的《光明城：适应机器文明时代的城市规划学说基础》〔*La Ville radieuse. Eléments d'une doctrine d'urbanisme pur l'équipment d la civilisation machiniste*；Boulogne-sur-Seine：Editions de L'Architecture d'Aujourd'hui（"今日建筑"），1935；republ.，Paris：Vincent，Fréal & Cie.，1964〕。洛德文（Lloyd Rodwin）对田园城市的评价仍然是最现代的，他对新城和英国城市的评价是准确而实际的。见洛德文《英国的新城政策》（*The British New Town Policy*；Cambridge，Mass：Harvard University Press，1956）。在总结英国各种新城方案时，他指出，"特别就倡议者而言，这些方案又一次地说明了英国的习惯性和创造性的妥协，简言之，这是'英国人的最佳思维：总是既实际又理想的。'在霍华德（Ebenezer Howard）所有的创新中，田园城市被证实是最成功的。芒福德的见解有力地说明了这些思想对某些人们思维的重大影响："20世纪初期，在我们面前出现了两个伟大的文明：飞机和田园城市。它们都是新时代的预兆，前者为人类插上了翅膀，而后者则为人们在落地后提供了更好的居所'"（第12页）。这个评价由洛德文引自芒福德于1945年为下述论著而写的题为"田园城市思想和现代规划"（The Garden city Idea and Modern Planning）的绪论：霍华德，《明日的田园城市》（*Garden Cities of Tomorrow*；London：Faber and Faber，1945；在1898年出第一版时，此书名为《明天：一条通向真正改革的和平之路》（*Tomorrow：A Peaceful Path to Real Reform*）；1902年更名为《明日的田园城市》，2d ed. rev.）。

16. 道格利奥（Doglio）在一篇文章中对英国经验的评价，虽值得商榷但却具启发意义。我认为，在战后意大利有关城市规划的论著中，这篇文章是最深刻和最振奋人心的。此文题为"田园城市的误解"（L'equivoco della città-giardino）载于杂志《城市研究》（*Urbanistica*），XXIII，第13期（1953），第55—56页；此文为杂志《自由》（*Volontà*，VIII，第1—7期〔1953〕）中某篇论文的摘选；重新发表时题名未变，但改用小册子形式（Naples：Edizioni R.L.，1953；2d ed，

Florence：Crescita Politica Editrice，1974）。田园城市及其所有意义构成了欧洲建筑中具有重大意义的焦点，因而需要进行相当实在的研究。

17. 道格利奥的文章（见本章注释16），第56页。

18. 黑尔帕赫（Willy Hellpach），《人类与大城市居民》（*Mensch und Volk der Grossstadt*; Stuttgart：Ferdinand Enke，1939；2d ed. rev.，1952）。引文摘自书中前言（第9页），为黑尔帕赫一篇报告的结束语。这篇报告为1953年在柏林召开的国际人口统计学者会议而作，题目是"城市种族类型的起源和形成"（The origin and formation of urban ethnic types）。

19. 刘易斯（David Lewis），"谢菲尔德帕克山的住宅群：一种革命性的经验"（Comlesso residenziale Park Hill a Sheffield. Un'esperienza rivoluzionaria），载于杂志（*Casablla-continuità*），第263期（1962年5月），第5-9页，引文见第7页。

20. 巴尔特 （Bahrdt），《现代大城市，城市建设中的社会学（*Die moderne Grassstadt，Soziologische Uberlegungen zum Städtebau*; Hamberg：Rowohlt，1961）。

21. 米利齐亚的著作（见绪论注释5），第663页。

22. 封塔纳（Fontana），《梵蒂冈方尖碑的运输和教皇西克斯图斯五世的建筑，教皇建筑师卡罗·封塔纳骑士纪实》（*Della Trasportatione dell'obelisco Vaticano et delle Fabriche di Nostra Signore Papa Sisto V ,fatto dal Cav. Carlo Fontana ,Architetto di Sua Santità*；Rome，1590；2d ed.，Naples，1604），第二部分，第18页；吉迪恩（Sigfried Giedion）在《空间，时间与建筑》（*Space，Time，and Architecture*）一书中引用，第106页。吉迪恩在"西克斯图斯五世（1585—1590年）和罗马的巴洛克规划"［Sixtus V（1585-1590）and the Planning of Baroque Rome，第75—106页］一章中，讨论了大斗兽场的功能转变。吉迪恩第一个认识到了这种转变的意义，尽管其出发点并不相同。

23. 勒乌（Françoise Lehoux），《圣日耳曼的佩雷镇：从初始到百年战争结束》（*Le Bourg Saint-Germain-des-Prés depuis ses origines juspuà la fin de la guerre de Cent Ans*；Paris：the author，1951）；拉夫当，《法国城市》（见第一章注释20）。除了博埃特的论著以外，还有一些特别重要的历史地形研究论述了巴黎的形成。在巴黎历史图书馆的系列藏书中，见阿尔方（Louis Halphen），《卡佩王朝前期（987—1223年）的巴黎：历史地形研究》［*Paris sous les premiers Capétiens（987-1223）. Etude de topographie historique*；Paris：Ernest Leroux，1909］。就城市结构的历史而言，有些研究具有特殊的意义，因为它们所提供的一系列时期和资料，能使人们深刻地理解现代城市形成中的城市变化机制。在同系列中，另见于斯芒（Georges Huisman），《巴黎市政当局的管理权限：从圣路易到夏尔七世》（*La juridiction de la Municipalité paridienne de Saint Louis à Charles VIIe*；Paris：Ernest Leroux，1912）；尤见第七章中的"城市财产权限"，"市政公共财产权限"和"私有财产权限"（La juridiction du domaine de la ville ,La juridiction du domaine municipal public，La juridiction du domaine privé）。

24. 皮雷纳（Pirenne），《城市及其制度》，两卷本（*Les villes et les institutions urbaines*，2 vols.；4th ed.，Paris：Félix Alcan，and Brussels：Office de Publicité，1939）；《中世纪城市；试论经济和社会历史》（*Les villes du Moyen-Age. Essai d' histoire économique et sociale*；Brussels：Maurice Lamertin，1927），英文版译者克莱格（I. E. Clegg；*Economic and social Histiry of Medieval Europe*；New york：

Harcourt，Brace and World，1937）。

25. 皮雷纳，《城市及其制度》（见本章注释 24），第 345 页。

26. 同上，第 338 页。

27. 同上，第 48 页。

28. 里齐（Vincenzo Rizzi），《巴里城筑墙条例：建筑规定细则》（*I cosidetti Statuti Murattiani per la città di Bari . Regolamenti edilizi particolari*；Bari：Leonardo da Vinci，1959）。

29. 霍尔（Hall），《伦敦 2000 年》（*London 2000*；London：Faber and Faber，1963），第 26，162—164 页。

30. 巴拉尔（Barral），《19 座历史城市的形象》（*Diecinueve figuras de mi historica civil*；Barcelona：Jaime Salinas，1961）。

31. 维奥莱 – 勒 – 迪克的著作（见本章注释 9），第八卷 "风格"（Style），第 480 页。建筑是深入观察原则的结果，而艺术可以也必须建立在这些原则之上。建筑师应当探求这些原则，用严密的逻辑方法对其所有结果进行推演。

32. 将这段话与萨默森一文（见第一章注释 7）中的下面一段比较一下："……因为，我要谴责专注建筑而牺牲总体建筑产品的那些城市历史研究，它们也许是优秀的建筑史书，但却不是将城市作为建筑体的史书。我们的史学家应当谈论由大理石、砖块和灰浆、钢材和混凝土、沥青混合物和毛石、金属管道和栏杆等构成的所有物质实体——完整的建筑体。他应当在一定的范围中来全面地研究它。"见萨文第 165—170 页。

33. 贝仑森（Berenson），《文艺复兴时期的意大利画家》（*The Italian Painters of the Renaissance*；London：Phaidon，1952），第 10 页。本书由在 1894 年至 1907 年间分别发表的四篇文章组成。

34. 斯梅尔（Smailes），《城镇地理学》（*The Geography of Towns*；London：Hutchinson Univ. Library，1953；rev. ed.，1957），第一版，第 103 页。

35. 拉夫当，《城市地理学》（见第一章注释 20），第 91—92 页。作者接着写道，"这种发生元素与产生城市的元素不一定相同。例如，我们看到，泉水是许多城市的起因；这些泉水几乎从未影响过道路的组织；相反，它们常常位于人们实际聚居处之外。古时名为迪沃那城的卡奥尔城就是一个这样的例子；吸引最初居民的泉水到古罗马的卡奥尔城的距离同它与中世纪和现代城市的距离是一样的。如果卡奥尔最初是一靠近泉水的城市，那么其布局就会出现在一大道旁……布局的发生元素则与城市中的发展元素相对应，而不是与初始元素相对应。"（第 92 页）。

36. 居斯多（Georges Gusdorf），《成问题的大学》（*L'Université en question*；Paris：Payot，1964），第 83 页。

37. 莱维 – 斯特劳斯的论著（见第一章注释 2），英文版第 126 页。

第三章　城市建筑体的个性；建筑

1. 有关场所和空间划分的理论，见索尔的文章（见第一章注释 6）；索尔，《地理学与社会学的结合》（*Rencontres de la géographie et de la sociologie*；Paris：Librairie Marcel Rivière & Cie.，1957）；莱维 – 斯特劳斯的论著（见第一章注释

2）；莫斯的文章（见第一章注释6）。莫斯在文中谈到，团体名称通常也是地名，爱斯基摩人名字的最后一个音节"mut"表示"某地居民"的意思。原始的人们就是这样来根据领地来表明自己的：此人来自这座山或那条河，等等。从两点的连接意义来看，这种原籍的意义就清楚了；通路因而具有主观的价值。另见阿尔布瓦什，《福音中有关土地神的传奇地形；集体记忆的研究》（*La topographie légendaire des Evangiles en Terre sainte. Etude de mémoire collective*；Paris：Presses Universitaires de France，1941）。弗里德曼（Georges Friedmann）在为阿尔布瓦什另一本书写的前言中，揭示了这部著作的意义；他强调，阿尔布瓦什的研究虽然没有明确地强调这种意义，但却引出了其他的伟大著作，例如斯特劳斯和勒南（David Friedrich Strauss and Ernest Renan）所写的有关基督教起源问题的论著。弗里德曼的前言是为阿尔布瓦什的下面这部作品而写的：《社会阶级心理学概要》（*Esquisse d'une psychologie des classes sociales*；Paris：Librarie Marcel Rivière & Cie.，1955）。

2. 埃杜（Eydoux），《高卢的古迹与珍品：考古新发现》（*Monuments et trésors de la Gaul. Les récents découvertes archéologiques*；Paris：Plon，1958；2d ed.，Union Générale d'Editions，1962）。尤见第二章"沙利昂高卢联邦都城昂特蒙城中的神灵、英雄和艺术家"（Dieux，héros et artistes à Entremont, capitale de la confédération gauloise des salyens）；埃杜（Henri Paul eudoux）还写了《法国的死亡城市和该诅咒的场所》（*Cités mortes et lieux maudits de France*；Paris：Plon，1959）。就城市研究而言，普罗斯旺考古基地上的研究具有特殊的意义，因为那里有尚存的古迹和大量的资料。从这方面看，古罗马高卢的考古地图是一批具有十分重要意义的资料。见法兰西学院铭文和纯文学研究院（Institute de France，Académie die Inscriptions et Belles Lettres），《古罗马世界的面貌：古罗马高卢的考古地图》（*Forma Orbis Romani. Carte archéologique de la Gaule Romaine*；Paris：Ernest Leroux）。地图的前七张（除第三张外）在1931年至1939年间出版，其余各张在战后出版。地图比例为20万分之一，每张包括若干区域。有关普罗旺斯地区中的城市发展研究，另见费弗里埃（Paul-Albert Février），《普罗旺斯地区中的城市发展：自古罗马时期至14世纪末期（考古学与城市历史）》[*Le développement urbain en Provence de L'époque romaine à la fin du XIVe siècle（Archéologie et histoire urbaine*）；Paris：E. de Broccard，1964]。

3. 福西隆（Focillon），《形式的生命》（*Vie des formes*；Paris：Ernest Leroux，1933）；《形式的生命：手的赞歌新续版》（*Vie des formes. Editions nouvelle，suivie de l'éloge de la main*；Paris：Félix Alcan，1939）；英文版（*The Life of Forms in Art*；2d. ed.，New York：Wittenborn，Schultz，1948）。从广义上看，引文中的概念是福西隆进行科学研究的基础。另见福西隆，《西方艺术：中世纪的罗马风和哥特艺术》（*Art d'occident. Le Moyen Age roman et gothique*；Paris：Armand Colin，1938）。福西隆在前言中指出，"我们的研究既无创新的意义，也不是一本考古手册，而是一部历史，是对时空中的事实、思想和形式之间不同关系的研究，其中的形式不能认为仅有装饰的价值。它们参与了历史的活动；它们反映且有力地促成了历史活动的轨迹。中世纪艺术既不是自然的产物，也不是社会的被动表现；中世纪本身在很大的程度上就是中世纪艺术的创造。"

4. 伯克哈特（Jacob Burckhardt），《世界历史研究》（*Weltgeschichtliche*

Betrachtungen；Stuttgart：Alfred Kröner，1963 ）；英译版（ *Force and Freedom：Reflections on History*；New York：Pantheon，1943 ），第 318 页。

5. 路斯（Loos ），《尽管集：1900—1930 年的全部文章》（ *Trotzdem. Gesammelte Aufsätze 1900-1930*；Innsbruck：Brenner，1931 ）。引文见本书中的 "建筑学" 这篇写于 1910 年的文章。《尽管集》是路斯一生所发表的两本书之一，为其文章，讲稿和其他作品的汇编；他著的另一本书为《空洞的评论：1897—1900 年维也纳报纸和杂志中的文章》（ *Ins Leere gesprochen. Aufsätze in Wiener Zeitungen und Zeitschriften aus den Jahren 1897-1900*；Paris：georges Crès，1921；2d ed. rev.，Innsbruck：Brenner，1932 ）。这两本书重新发表在《阿道夫 · 路斯全集》的第一卷中（ *Adolf Loos Sämtliche Schriften*；Vienna-Munich：Herold，1962 ），《全集》为格吕克（Franz Glück ）所编。与此书中论点相关的路斯论著的参考书目以及对路斯研究的评价，见罗西，"阿道夫 · 路斯：1870—1933 年"（ Adolf Loos. 1870-1933 ），载于杂志（ *Casabella-continuità* ），第 233 期（1959 年 11 月），第 5 — 12，23 页，重新发表在罗西的论著中（见第二章注释 6 ），第 78 — 106 页。

6. 雨果（Hugo ），《巴黎圣母院》（ *Notre-Dame de Paris* ），载于《雨果作品全集》（ *Oeuvres complètes de Victor Hugo*；Paris：Albin Michel-Ollendorf，1904；英译版，Boston：Estes and Lauriat，n. d. ）。小说首次发表于 1832 年，引文见英译版第三册第一章，第 170 页。另见本章注释 12。

7. 拉博德（Laborde ），《以历史事实和艺术研究来鉴定按年代分类的法国纪念物》，两卷本（ *Les Monuments de la france classés chronologiquement et considérés sous le rapport des faits historiques et de l'étude des arts*，2 vols.；Paris，1816 — 1836 ）。引文见第一卷，第 57 页。

8. 勒杜（Claude-Nicolas Ledoux ），《从艺术、道德和法律方面研究建筑》（ *L'Architecturée considerée sous le Rapport de l'Art，des Moeurs et de la Législation*；Paris：1804 ）。另见第二版遗著，《克洛德 — 尼古拉 · 勒杜的建筑》（ *L'Architeture de Claude-Nicolas Ledoux*；Paris：Lenoir，1847 ）。

9. 维奥莱 — 勒 – 迪克的论著（见第三章注释 9 ）。对加拉尔城堡的描述见第三卷，第 82 — 102 页。这座靠近安德里斯的城堡是由狮心查理修建的。这座堡垒是通向诺曼底的大门，是用来对付法国国王进攻的。这座城堡式堡垒是塞纳河上一个完整的防御工事体系，在城堡这一位置上，河水可以使鲁昂免受来自巴黎方向的侵袭。实践证明，它的战略布局是卓越的，这在英法之间的战争中尤其明显。维奥莱 – 勒 – 迪克相当重视这个方面，并且提到了德维尔（A. Deville ）的论著，《加拉尔城堡和抵御腓力斯 – 奥古斯都中心的历史，1203 — 1204》（ *Histoire du château Gaillard et du siège Qu'il soutint contre Philippe-Auguste，en 1203 et 1204*；Rouen：E. Frère，1929；1st ed.，1849 ）。

10. 德芒戎（Albert Demangeon ），《人类地理学问题》（ *Problèmes de Géographie humaine*；Paris：Armand Colin，1952 ）。尤见，"法国乡村住房：试论丰要类型的分类"（ L'habitation rurale en France，Essai de classification des principaux types ），第 261 — 287 页；最先发表在《地理学年鉴》上（ *Annales de Géographie* ），XXIX，第 161 期（1920 年 9 月 15 日），第 352 — 375 页。本书于 1942 年作为遗著首次出版，它汇集了德芒戎的文章，其中大部分已在《地理学年鉴》上刊登过。

11. 勒 · 柯布西耶，《思考城市规划的方法》（ *Manière de penser l'Urbanisme*；

Paris：Editions de l'Architecture d'Auiourd'hui；rev. ed.，Editions Gonthier，1963)；皮埃尔弗（Francois de Pierrefeu）和勒·柯布西耶，《人类的住房》（*La maison des hommes*；Paris：Plon，1942)。

12. 有关雨果和建筑的论述，见法国最近出版的一部探讨19世纪的文化和建筑之间所有关系的精彩论著：马里翁（Jean Mallien），《维克多·雨果和建筑艺术》（*Victor Hugo et l'art architectural*；Paris：Presses Universitaires de France，1962)。

13. 人与环境的关系。见索尔的文章（见第一章注释6）；索尔，《地理学与社会学的结合》（见本章注释1）；黑尔帕赫的论著（见第二章注释18）。另见我的文章"大都市人"（L'uomo della metropoli)，载于杂志《持续美好住房》（*Casabella-continuità*），第258期（1961年12月），第22—25页。在重复黑尔帕赫在第23—24页上引用的毕斯马克（Bismarck）的著名评论时，我写道，移民们在威廉城中享受了某种颇为恰当的自由，或至少比其在乡村要自由一些；这种自由还在于它是一种城市形式，其中的某些结构或生长方式适合于整个城市生活。尽管美化市容和增长资本的意图常常掩饰了土地风险投资的强大力量，但所有市民至少可以部分地享受到最终的装修点缀。此外这种资产阶级城市的形式具有一种意义，其市民参与了城市的居住和管理结构的建设，参与了城市的大型项目的建设；当然，黑尔帕赫所说的大都市中的人们可以在那里增强和纯化感知能力，而毕斯马克所说的农民则可以在菩提树覆盖下的宽阔街道上散步，可以坐下来"听些音乐"，"喝些啤酒"。有关资产阶级大城市的争论，另见本书第四章中有关恩格斯和黑格曼论点的讨论。

14. 林奇的论著（见第一章注释5）。

15. 夏泰尔（Chastel），《洛朗·勒·马尼菲克时期的佛罗伦萨艺术和人文主义：关于文艺复兴和柏拉图人文主义的研究》（*Art et Humanisme à Florence au temps de Laurent le Magnifique. Etudes sur la Renaissance et l'Humanisme Platonician*；Paris：Presses Universitaires de France，1959)。

16. 弗雷阿（Paul Fréart Sieur de Chartelou），"卡瓦利埃·伯尔尼尼的法国旅行日记"（Journal du voyage du Cavalier Bernini en France），载于杂志《美术新闻》（*Gazette des Beaux Arts*［Paris］，1883年至1885年间定期出刊）；1815年以摘录形式在巴黎重新发表；意文版译者博塔里（Stefano Bottari；*Bernini in Francia*；Rome：Edizioni della Bussola，1946)。

17. 有关革命建筑师的论述，见考夫曼（Emil Kaufmann）的下列论著：《从勒杜到勒·柯布西耶：自主建筑学的起源和发展》（*Von Ledoux bis Le Corbusier. Ursprung und Entwicklung der autonomen Architektur*；Leipzig-Vienna：Dr. Rolf Passer，1933)；《三位革命建筑师：布雷、勒杜和勒库》（*Three Revolutionary Architects. Boullée，Ledoux and Lequeu*；Philadelphia：the American Philosophical Society，1952)；《理性时代的建筑：英国、意大利和法国的巴洛克及后巴洛克》（*Architecture in the Age of Reason. Baroque and Post-Baroque in England，Italy，and France*；Cambridge Mass：Harvard Univ. Press，1955)。有关革命建筑师一词的创造以及由此发展而来的一种相反论点，见塞德迈尔（Hans Sedlmayr）的下列著作：《现代艺术的革命》（*Die Revolution der modernen Kunst*；Hamburg：Rowohit，1955)；《其中的损失：作为时代征兆和象征的19世纪的造型艺术》（*Verlust der Mitte，Die bildende Kunst des 19 und 20 Jahrhunderts als Symptom und Symbol der*

Zeit；Salzburg：Otto Müller，1948）。有关对这些论点的概括性评价，见我的下列文章："埃米尔·考夫曼和启蒙运动建筑"（Emil Kaufmann e l'architettura del' Illuminismo），载于杂志（*Casabella-continuità*），第222期（1958年11月）第42-47页；"我们所拒绝的批评"（Una critica che respingiamo），载于杂志《持续美好住房》（*Casabella-continuità*），第219期（1958年5月），第32-35页；这两篇文章均重新发表在我的作品中（见第二章注释6）。奥特科尔在其论著中（见第一章注释11），对这些研究和普遍的批判性评价进行了必要的分析。有关对法国大革命时期艺术和科学之间关系的评价，见法耶（Joseph Fayet），《法国大革命和科学：1789——1795》（*La Révolution française et la science. 1789-1795*；Paris：Marcel Rivière & Cie.，1960）。

18. 夏泰尔的著作（见本章注释15），第148页；维特科尔（Rudolf Wittkower），《人文主义时期的建筑原则》（*Architectural Principles in the Age of Humanism*；London：Warburg Institute，1949；2d ed.，Alec Tiranti，1952）。

19. 夏泰尔的著作（同上），第149页。

20. 众所周知，集中式布局是建筑历史中的经典论题之一。在米兰的圣洛伦佐教堂中，建筑和历史一起构成了形象。这是一个非凡的城市建筑体，在具有极强活力的城市之中，它是一个特殊的经久物。教堂的这种形象与有关城市纪念物的集合思想联系。下面是一系列理解和分析研究这座教堂的基本著作：卡尔泰里尼（Aristide Calderini），《不朽的地区：米兰圣洛伦佐教堂》（*La zona monumentale di San Lorenzo in Milano*；Milan：Ceschina，1934）；科特（Julius Kohte），《米兰圣洛伦佐教堂》（*Die Kirche San Lorenzo in Mailand*；Berlin：Ernst und Korn，1890）；基埃里齐（Gino Chierici），"圣洛伦佐教堂的研究"（Un quesito sullabasilica di San Lorenzo），载于《帕拉第奥：建筑历史评论》（*Palladio. Rivista di storia dell'architettura*，II，第1期[1938]），第1-4页；费尔南德和达尔丹（Fernand & Dartin），《伦巴第建筑和罗马-拜占庭建筑起源的研究》，两卷本（*Etude sur l'Architecture Lombarde dt sur les origines de L'Architecture romano-byzantine*，2vols.；Paris：Dunod，1865-1882；在博蒂［Novindustria di Mario Botti］的指导下，于1963年在米兰重印）；汉佩尔（Eberhard Hempel），《弗兰切斯科·波罗米尼》（*Francesco Borromini*；Vienna：Anton Schroll & Co.，1942）；盖米勒（Henry de Geymuller），《附有大量复原图和说明的伯拉孟特、拉斐尔、桑奇奥、弗拉-乔康多、桑迦洛等人所做的罗马圣彼得大教堂初始方案真迹复制的首次发表》，两卷本（*Les projets primitifs pour la Basilique de Saint-Pierre de Rome par Baramante，Raphael，Sanzio，Fra-Giocondo，les Sangallo，etc.，publiés pour la première fois in fac-simile avec des restitutions nombreuses et un texte*，2 vols；Paris：J. Baudry，and Vienna：Lehmann et Wentzel，1875——1880）。

21. 阿莫尼诺（Aymonino），"关于服务和设施之间关系的分析"（Analisi delle relazioni tra I servizi e le attrezzature），第33——45页，引文见第44页。此文重新发表在《城市的意义》（*Il significato della città*）一书中（见第一章注释12）。

22. 有关古罗马城和古罗马广场的论述，见下列论著：卡斯塔尼奥利、切凯利、乔瓦诺尼和佐加（Ferdinando Castagnoli, Carlo Cecchelli, Gustavo Giovannoni, and Mario Zocca），《罗马的地形和城市规划》（*Topografia e urbanistica di Roma*；Bologna：Licinio Cappelli，1958）；卡科皮诺（Jérôme Carcopino），《帝国盛期时

罗马城中的日常生活》(*La vie quotidienne à Rome à l'appogée de l'empire*；Paris：Hachette，1939)；奥莫 (Leon Homo)，《帝国时期的罗马城与古代的城市规划》(*Rome impériale et l'urbanisme dans l'antiquité*；Paris：Albin Michel，1951)；鲁格利 (Giuseppe Lugli)，《古代罗马城：不朽的中心》(*Roma antica. Il centro monumentale*；Rome：Giovanni Bardi，1946)；卡罗尼 (Ludovico Quaroni)，"一座永恒的城市——各有 2700 年的四门课程" (Una città eterna-quattro lezioni da ventisette secoli)，载于《城市规划：罗马城与规划》(*Urbanistica，Romà città epiani*；Turin，n.d.)，第 5—72 页；经增补，重新发表在卡罗尼的《罗马城形象》一书中 (*Immagine di Roma*；Bari：Laterza，1969；2d ed.，1976)；罗马内利 (Pietro Romanelli)，《罗马广场》(*Il foro romano*；Bologna：licinio Cappelli，1959)。有关视古罗马建筑体为连续体一部分的那些极为有趣的资料以及城市建筑体的出现，见卡罗尼的论著，例如在第 15 页上的这段话："从建设的意义上看，我们最感兴趣的是，石围之地曾是城市的界线；我们会说，这是发展规划和建筑规划的界线；界线之外的东西没有价值，因为城市被认为到此为止。从防卫、管理方便和距离合适等方面来看，它被理解为一个连续建设的区域，并且限制很严。自然，没有什么能够阻止人口中那些不能享受所有公民权的最为贫穷的人们在石围之地以外修建违章棚屋；大陆是指大片的村落，正如今天在罗马城周围扩散开来的棚户区和违章的半乡村郊区一样，地价的低廉和交通工具的便利促成了人们的聚居。"从这种分析的观点来看，带有缺陷、弊病和矛盾的古罗马城尤其是帝国时期的罗马城的形象最终与现代大城市的形象有着不可思议的相似之处。卡罗尼接着强调了古罗马的管理和建设原则同罗马城的具体生活条件之间的关系，这种关系表现出初始特征及其与外来的不同元素的混合体的经久性。我们可以根据大量的分析资料来系统地研究罗马城的变迁，这种研究对于城市科学来说是相当重要的。

23. 威吉尔 (Virgil)，《伊尼依德》(*Aenneid*)，第 359-360 页。卡里那埃 (*Carinae*) 位于埃斯奎利内山丘上，在奥古斯都时期，这里曾是罗马城中最富有和最壮观的街区之一；奥内斯蒂 (Rosa Calzecchi Onesti) 注意到，它们位于"今天温科利地段上的圣彼得教堂所在的小高地上和下面的山谷之间。"见奥内斯蒂的翻译本和绪论 (*Eneide*；Turin：Giulio Einaudi，1967)。

24. 利维乌斯 (Titas Livius)，《自罗马建都以来》(*Ab urbe condita*)，第五册，第 55 章。

25. 亚里士多德 (Aristotle)，《政治学》(*Politics*；Cambridge，Mass.：Harvard Univ. Press，1962)，第 7 书，第 593 页。

26. 罗马内利的著作 (见本章注释 22)，第 26 页。

27. 博埃特，《城市规划导论……》(见第一章注释 18)，第 368 页。

28. 卡斯塔尼奥利等人合著作品 (见本章注释 22)。乔瓦诺尼在"第三部分：1870 年罗马的复兴" (Parte Terza Roma dal Rinascimento al 1870) 的附录中引用了图尔隆 (De Dournon) 的评论，见第 537—538 页。另见马尔可尼 (Paolo Marconi)，《若瑟·瓦拉迪埃》(*Giuseppe Valadier*；Rome：Officina Edizioni，1964)，尤见第九章，"法国的占领" (L'occupazione francese)，第 168-187 页。

29. 封塔纳的著作 (见第二章注释 22)，第一册，第 101 页；吉迪恩在其著作 (见第二章注释 22) 中引用，第 93 页。

30. 吉迪恩著作 (见本章注释 29)，第 93 页。

31. 同上，第96-98页。

32. 迪朗的著作（见第一章注释9），第一卷，第17页。另见迪朗，《出现在与此新研究相关的课程目录之前的皇家工学院重建以来的建筑制图专业》(*Partie graphique des cours d'architecture faits à l'ecole royale Polytechnique depius sa réorganisation，précédée d'un sommaire des leçons relatives à ce nouveau travail*；Paris：1821)；阿莫尼诺在其著作（见第一章注释12）中所提及迪朗的部分。

33. 卡塔内奥，《城市是意大利历史的理想起因?》(*La città considerata come principio ideale delle istoria italiane*；Milan，1858)；贝洛尼（G. A. Belloni）编（Florence：vallecchi，1931）；重新发表时更名为《城市》[*La Città*；罗萨（G. Titta Rosa）编；Milan-Rome：Valentino Bompiani，1949]并被编收在《卡洛·卡塔内奥：历史和地理文集》（四卷本）之中 [*Carlo cattaneo. Scritti storici e geografici*，4 vols；Florence：Felice Le Monnier，1957，编者为萨尔维米尼和塞斯坦（Ernesto Sestan）]，第二卷，第384-487页。在为《萨尔维米尼从卡洛·卡塔内奥论著中选出的最精彩部分》(*La più belle pagine de Carlo Cattaneo scelte da G. Salvemini*；Milan，1922)一书所写的绪论中，萨尔维米尼称卡塔内奥的《伦巴第的自然与文明……》(*Notizie naturali e civili su la Lombardia...*；1844)一书为"区域性人类地理学研究的典范，甚至今天在意大利也无与伦比。"（第I-XXXI页），重新发表在萨尔维米尼的《作品》一书第二卷《文艺复兴文选》中（*Opere*，vol.II：*Scritte sul Risorgimento*；Milan：Giangiacomo Feltrinelli，1961，第371-392页）。另见克罗采（Benedetto Croce）的评论，他认为，卡塔内奥的这部著作是意大利历史中的裂缝（"卡塔内奥并没有去写意大利的历史，而是在《伦巴第的自然与文明……》一书中劈开了一条'裂缝'，其值得称颂的客观性令人难以想像它是在1848年的前几年写成的"）。克罗采，《19世纪意大利编史工作的历史》，两卷本，第一卷，第211页。

34. 卡塔内奥论著（见本章注释33），第二卷，第391页。

35. 同上，第416页。

36. 同上，第387页。

37. 同上，第396页。

38. 同上，第386页。

39. 同上，第406页。

40. 同上，第421页。

41. 格拉姆奇（Gramsci），《三号监狱笔记：再生》(*Quaderni del carcere，3：Il Risorgimento*；Turin：Giulio Einaudi，1964)。引文见论述塞拉（Quintino Sella）的段落，第160-161页。有关罗马为都城的争论，见卡拉乔洛（Alberto Caracciolo）的精彩论著，《首都罗马：从意大利复兴时期到自由政府的危机》(*Roma Capitale. Dal Risorgimento alla crisi dello ststo liberale*；Rome：Edizioni Rinascita，1976)；英索莱拉(Italo Insolera)，《现代罗马城：一百年的城市规划历史》(*Roma moderna. Un secolo di storia urbanistica*；2d ed.，Turin：Giulio Einaudi，1962 Cavour)。卡拉乔洛在书中部分地转述了加富尔（Cavour）在1861年3月25日的演讲，其中提到，皮得蒙居民认为，罗马城是"惟一的不仅只有地方性记忆的意大利城市"（第20页）。另见卡拉乔洛书中第10—11页上的段落："在民族运动中，罗马城首先在道德权力方面是一种非凡的统一力量。如果在整个半岛上存有共同传统的话，那么它就是罗马。所有对意大利民族意识起源的研究，都会涉及罗马在悠久历史中所具有的巨大吸引力。"在意大利的历史中，每一次为恢复统一而做的努力，都不得不通过这种或那种途径回到罗马城上。古罗马城的力量和教皇罗马城的权威，成了决定且充满意大利2000年历史的特征元素。半岛上的每种积极力量都应考虑这座历史名城所凝聚的宗教、政治和道德力量……。同样罗马这个名称在文艺复兴初期，与新教皇党以及自由主义和民主主义俗人一起常常出现，因为教会的问题总在那里，以至于罗马城制约了每一次统一和复兴的成功。人们可以企图毁掉它，冷落它，或使它处于中性的地位，但却决不可能忽视这座在意大利具有决定性影响的城市。"

42. 阿尔布瓦什的著作（见第一章注释3），第132页。

43. 伯克哈特的论著（见第三章注释4），第163页。

44. 克仑伊（Károly Kerényi），《希腊神话：神灵和人类的故事》（*Die Mythologie der Griechen，Die Gotter-und Menschheitgeschichten*；Zurich：Rhein-Verlag，1951）；《希腊英雄》（*Die Horoen der Griechen*；Zurich：Rhein-Verlag，1958）；英文版译者罗斯（H.J. Rose；the Heroes of Greeks；London：Thames and Hudson，1959）。引文见英文版第213页。另见容（Carl Gustav Jung）和克仑伊，《神话本质导论》（*Einführung in das Wesen der Mythologie*；Zurich：Rascher，1941）；英文版译者赫尔（R.F.C. Hull；*Essays on a Science of Mythology*；London：Routledge and Kegan Paul，1951）。我本想探讨克仑伊对场所概念和城市建筑体起源意义的一些研究，但这么做不仅超出了此研究的范围，而且还需要进行多年的工作和大量的分析资料。在《神话的科学》（*Science of Mythology*）一书中，克仑伊探究了城市的创立问题。这是他在对希腊神灵和英雄的研究中所不断涉及的论题；他既揭示了构成城市的多重性与独创性，又阐明了城市创立者和城市初始设计的意义。"并不只是心理学家才发现了三分与四分体系共同存在这一现象。从古代传统中，人们可以看到三这个数字在城市布局中的意义，例如伊特鲁里亚和罗马城本身的布局就是这样的：它们各有三座塔，三条街道，三个区域和三所神庙，或是由三部分组成的神庙。我们必须注意多重属性，甚至在探求独特和共有特性时也应如此：这就是初始的性质。这至少意味着已经回答了这样一个问题，即是否有必要研究那些在不同地方和时间中所出现的构成物的独特起因。"

45. 马克思（Karl Marx），《政治经济学批判》（*Zur Kritik der politischen Oekonomie*），载于《马克思－恩格斯选集》（*Marx-Engels Werke*；Berlin：Dietz，1961），第13卷。引文见马克思于1857年8月至9月写成的导言中。英译版载于马克思的《论历史和人民》（*On History and People*）一书中，见马克思丛书第7卷，帕多弗编（Saul K. Padover；New York：McGraw-Hill，1977），第79—80页。

46. 博埃特，《城市规划导论……》（见第一章注释18），第232页。

47. 卡塔内奥的论著（见本章注释33），第二卷，第384—385页。

48. 同上，第386页。

49. 同上，第386-387页。

50. 博埃特的著作（见本章注释46），第215页。

51. 马尔丹（Roland Martin），《古希腊的城市化》（*L'urbanisme dans la Grèce antique*；Paris：A. & J. Picard，1956；2d ed. enlarged，1974）。

第四章　城市建筑体的演变

1. 阿尔布瓦什，《巴黎的土地征用与价格（1860—1900年）》（*Les expropriationset le prix des terrains à Paris［1860-1900］*；Paris：E. Cornély，1909）；《记忆的社会环境》（*Les cardres sociaux de la mémoire*；Paris：presses Universitaires de France，1925）；《一百年来巴黎的人口和街道路线》（*La population et les tracés de voies à Paris depuis un siècle*，第二版为本注释中第一本论著的第一部分的增补；Paris：Presses Universitaires de France，1928）；《工人阶级需要之演变》（*L'évolution des besoins dans les classes ourrières*；Paris：Presses Universitaires de France，1933）。

2. 贝尔努利（Hans Bernoulli），《城市及其土地》（*Die Stadt und ihr Boden*；Erlenbach-Zurich：Verlag für Architektur，1946；2d de. Rev.，1949）。

3. 阿尔布瓦什，《一百年来……》（见本章注释1）。有关我的研究方法和结果的运用；另见罗西的论著（见第二章注释1）。

4. 阿尔布瓦什的著作（见本章注释3），第4页。

5. 罗西的论著（见第二章注释1）。此研究中的米兰城内的地区是由原西班牙堡垒，相汇于密索里广场的意大利街和罗马门街以及南面原维让提诺公社的一部分所构成的三角形区域。

6. 罗西，"米兰新古典建筑中的传统概念"（Il concetto de tradizione nell' architettura neoclassica milanese），载于杂志《社会》，XII，第三期（1956年6月），第474—493页；重新发表在罗西著作中（见第二章注释6），第1—24页。在这篇以分析米兰城历史作为开头的文章中，我已预示了建立一个更为广泛的城市理论的可能性，它可以说明具有多重属性的城市建筑体发展的统一性。因此在我看来，18世纪的建筑象征了理性和启蒙的城市概念同特定环境的意义的对比。与拿破仑的米兰城规划的形成有关的主要事实如下：根据1807年1月9日的总督法令，米兰和威尼斯市政当局成立了装饰委员会，它拥有很大的权力和行动范围。委员会的具体任务是"规划出城内街道的总体形制，为今后的体系化服务；根据市政当局的要求，着手制定必要的计划：均匀地改善临街的房屋，扩大这些房屋并使其直线排列；制定实施这些计划的细节……；关注与建筑物相关的公共安全等等……"这个由政府任命的委员会由当时米兰的著名人士组成，其中有卡尼奥拉和卡诺尼卡（Luigi Cagnola & Luigi Canonica）。该委员会所做的第一项工作自然是总体规划，方案于当年完成；在1807年至1814年间，这个规划在持续而直接地指导和推进城市发展方面，在为城市发展制定规划方面，发挥了积极的作用。总体规划的主要内容如下：修建由安托利尼（Anotolini）设计的波拿巴广场这个大型的新中心，它位于斯福萨城堡之前；拿破仑大道（约在今天的但丁街这个位置）将从这里出发，在围绕Cordusio形成一有趣的三角形广场之后，便继续呈直线延伸，而以大医院和圣拿萨罗教堂为对象。另一条几乎与之平行的街道始于圣乔万尼大街的端部，通向台巴尔底的圣西巴斯底阿诺神庙，这座孤立的神庙立于一大的矩形广场之中，其围绕集中布局的扩建突出了自身的体量。感恩大街（原为东门大街，现为威尼斯门大街）将连通主教住所和法院大厦。在不破坏古罗马时期方格网布局的前提下，扩大主教堂广场。正如我在自己论著的结尾中所写的那样，"它们最终考虑和尊重了城市中具有艺术质量的建筑物和历史记忆；纪念物被视为城市历史的根据和见证，它们成了笔直街道的对景和广场的中心，并且几乎就是那个更大建设规划和秩序的组成元素，城市在这些由历史所造就的纪念物中体现出来。"罗西论著（见第二章注释6），第21页。人们可以看到许多有关米兰城市历史的分析资料和重要评价。

7. 博伊加斯（Oriol Bohigas），《巴塞罗那：在塞尔达规划与障碍之间》（*Barcelona, entre el Plan Cerdá i el barraquisme*；Barcelona：Edicions 62，1963）。塞尔达（Ildefonso Cerdá），《城市化普遍理论及其原则的应用，改革的学说与巴塞罗那的扩建》，两卷本（*Teoría General de la Urbanización y aplicación de sus principios y doctrinas a la Reforma y Ensanche de Barcelona*，2vols；Madrid：Imprenta Español，1867）；埃斯塔佩（Fabián Estapé）所编的有关下面内容的摹真复制：塞尔达论著的书目提要和主要作品（Barcelona：Instituto de Estudios Fiscales-Editorial Ariel-Editorial Vicens Vives，1968）。博伊加斯也许最先关注到塞尔达的规划及其学说；他在研究中注意到，塞尔达在1867年的研究要比施蒂本（Joseph Stubben）的《城市建设》（*Der Städtbau*；Darmstadt：Bergsträsser，1890）一书早23年；后一本书为施蒂本所著的《建筑手册》（*Handbuch der Architektur*；1883—1890年）中的第四部分第九册，被认为是研究城市的第一部专著。有趣的是，我们可以摘录博伊加斯也曾引用过的塞尔达著作中的一些段落，其中包括加泰隆学者对塞尔达研究及其巴塞罗那规划的评价："大城市……与车站和旅馆差不多……。它将总有一条或数条来自公路网络的街道。从这些主要街道上再引出其他道路，以构成整个城市的活动网络，而从这些城市道路上又分出通向单体住所的通路……。由城市道路的相互交错所形成的地区应远远小于由主要街道所构成的地区。这些较小的地区被称为街区……。当人们想离开那令人激奋的运动潮流时，这些街区便成为专供人们进行短暂逗留或永久居住的庇护所。"博伊加斯清楚地表明，塞尔达的许多论题尽管根植于浪漫的文学之中，但却完全独立地表现出城市分类和分析具体环境的重要性。

8. Illa 的复数形式为 illes，在加泰隆语中为"街区"之意。

9. 里齐的著作（见第二章注释28）。

10. 拉夫当，《法国城市》（见第一章注释20），第102—103页。黎塞留城是由路易十三时期的首席执政官在1635年至1640年间创建的。1638年前后，人们动工兴建城墙，教堂和一些建筑物。1641年，整个布局似乎已经完成。布局相当规则，突出的中心轴线将城市分为两个对称的部分。在这条始于城门的轴线两侧，排列着一式的住房，轴线的终端是一四角封闭的方形广场，其中立有主要的建筑物。在黎塞留城，人工秩序不仅体现在广场和街道上，而且也体现在整个城市之中；这个壮丽雄伟的整体一直保留至今。另一方面，城堡消失了；从一开始，它就从未与城市有过联系。在城市设计中，本应以城堡作为发展元素的城市格局从未出现过。法国的另一个重要城市凡尔赛被发展为皇室宅邸所在地，它包含了更为复杂的类型演变。

11. 见本章注释2。

12. 同上。

13. 同上。

14. 同上。

15. 黑格曼的著作（见第二章注释13）。黑格曼的著作是对柏林城历史研究的一个最重要的贡献。这是一部优秀论著，在精通城市发展的基础上，黑格曼讨论了城市制度的民主更新。黑格曼认为，柏林城由于其令人遗憾的政策规范而拥有大量的"出租兵营"，但它同时也具有很大的更新潜力。尤见杂志《持续美好住房》（*Casabella-continuità*）第288期（1964年6月）中的摘录，第21—22页。

16. 巴尔特的著作（见第二章注释20）。尤见书中第一部分，"大城市批判的批判"（Kritik der Grossstadtkritik），第12—34页。

17. 恩格斯（Engels），"住房问题"（Zur Wohnungfrage），三篇文章于1872年发表在杂志《人民国家》之中（*Volksstaat*）（2d ed. rev.，Leipzig，1887）；英文版译者杜特（C.C.Dutt；*The Housing Question*；London：Lawrence and Wishart，1936）。

18. 恩格斯的论著（见本章注释17），英文版第一部分，第21页。

19. 拉斯姆森（Steen Eiler Rasmussen），《伦敦：非凡的城市》（*London，The Unique City*；英文第一版对1934年的原版[丹文]做了修订，London：Jonathan Cape，1937；repub. Cambridge，Mass.：M.I.T. Press，1967）。有关博埃特和黑格曼的研究，分见第一章注释18和第二章注释13。

20. 例如，见《城市面貌的变化》（*Städte verändern ihr Gesicht*；Stuttgart：Stadt und Vermessungsant Hannover，1962），书中有许多与这类问题相关的社会–经济方面的参考书目。但我们应当记住，那种认为第一次工业革命是城市的质的飞跃的假设，是与有关现代建筑运动的全部编史一起出现的，这种假设同时也使编史失去了力量。

21. 戈特曼的著作（见第二章注释12）。

22. 芒福德的论著（见第一章注释1）。

23. 戈特曼，"从今天的城市到明日的城市：向新城的转变"（De la ville d'aujourd'hui à la villd de demain. La transition vers la ville nouvelle），载于杂志《展望》（*Prospective*），第11期（1964年6月），第171-180页。另见马塞（Pierre masse）为这期杂志所写的有关城市化的绪论，第5-16页。

24. 拉特克利夫的文章（见第一章注释17）。

25. 萨莫纳（Samonà），对"关于城市规划的组成及其参与手段的圆桌会议"的贡献（Tavola rotondo sulle componenti urbanistiche e gli strumenti di intervento），载于《城市领地：关于罗马千托切莱区集中管理的一次指导性尝试》（*La città territorio. Un esperimento didattico sul centro direzionale di Centocelle in Roma*；Bari：Leonardo da Vinci，1964），第90—102页；引文见第91页。

26. 芒福德的著作（见第一章注释1），第168页；有关对恩格斯的评论，见带有注释的参考书目，第519页。

意文第二版序言

1. 罗西，"介绍布雷"（Introduzione a Boullée），载于布雷（Etienne-Louis Boullée）的《建筑学：科学的证明》（*Architettura.Saggio sull'arte*），意文版译者罗西（Podua：Marsilio，1967），第7—24页。

2. 阿莫尼诺（Aymonio），"为了城市科学的形成"（Per la formazione di una scienza urbana），载于杂志《复兴》（*Rinascita*），第27期（1966年7月2日）；格

拉西（Grassi），"城市建设的逻辑"（La costruzione logica della città），载于《建筑书籍：由 LUVA 文献资料部编辑的文献目录情报杂志》（*Architettura libri. Rivista di informazione bibliografica a cura del servizio di documentazione della CLUVA*），第2/3期（Venice，1966年7月），第95—106页；格雷戈蒂（Gregotti），"城市建筑学"（L'architettura della città），载于杂志 Il Verri，第23期（1967年3月），第172—173页。

3. 塔夫里（Tafuri），《建筑理论与历史》（*Teorie e storia dell'architettura*；Bari：Laterza，1968），第90—92，114，160，190，192-193，201-202页。

4. 锡德（Tarrage Cid），"西文版绪论"（Prológo a la edición castellana），载于罗西的《城市建筑学》（*La arquitectura de la ciudad*；Barcelona：Gustavo Gili，1971，1976），西文版译者费利-费利和锡德（Josep Maria Ferrer-Ferrer and Salvador Tarragó Cid），第9—42页。

葡文版引言

1. 罗西的绪论（见意文第二版注释1），第7—24页。

2. 罗西的文章（见第四章注释6和第三章注释5）。

3. 罗西的文章（见第二章注释6和注释13）。

4. 罗西的著作（见第二章注释1）。

5. 曼苏埃利（Guido Mansuelli），《建筑与城市: 古典世界的问题》（*Architettura e città. Problemi del mondo classico*；Alfa，1970）。

6. Hof（复数 Höfe），院落或院子。

德文版评注

1. 贝奈（Adolf Behne），《现代实用建筑》（*Der moderne Zweckbau*；Munich：Drei Masken，1923），再版时由康拉兹（Ulrich Conrads）撰写绪论（Frankfurt am Main and Berlin：Ullstein GmbH，1964）。

图片来源

图 1b　出自《迷宫》（*Labirinti*）一书，克恩（Hermann Kern）著，（Milan：Giangiacomo Feltrinelli Editore，1981）。

图 2—3　德雷耶（Peter H. Dreyer）提供。

图 4　出自《阿道夫·路斯：现代建筑的先锋》（*Adolf Loos: Pioneer of Modern Architecture*）一书，孟斯（Ludwig Münz）和孔斯特勒（Gustav Kunstler）著（New York and Washington：Frederick A. Praeger，1966）。

图 5　由哈恩斯伯格（Douglas Harnsberger）提供。

图 6　由罗斯贝瑞（Ed Roseberry）提供。

图 7　由沙皮诺（Lindsay stamm Shapiro）提供。

图 8—9　出自《巴西亚的遗迹》（*Relíquias de Bahia*）一书，法尔切（Edgard de Cerquairo Falcão）著，（São Paulo，Brazil：Romiti & Lanzara，1940）。

图 10　来自匡溪艺术学院艺术博物馆收藏。

图 11　由圣路易斯的黑尔姆斯（Hellmuth），奥巴塔（Obata）和卡萨宝姆（Kassabaum）提供。

图 12　出自苏黎世的礼物（*Souvenir dela Suiss*），迪肯曼（R. Dikenmann）的 19 世纪版画集。

图 13　出自《美洲的西班牙式城市化》一书（*Urbanismo español en América*），罗哈斯（Javier Aquilera Rojas）和莫雷诺·雷萨奇（Luis J. Moreno Rexach）著。

图 15　由杜毕尼（Giulio Dubbini）提供。

图 18，上图，图 71，图 87，图 91a，图 91b，由米兰的伯塔雷利（Raccolta Bertarelli）提供。

图 18，下图，由帕多瓦公共博物馆提供。

图 19—21　出自《民用建筑原理》（*Principj di Architettura Civile*）一书，第二版修订本，米利齐亚（Francesco Milizia）著。

图 22　出自《民用建筑原理》一书，米兰第一版，米利齐亚著。

图 1a，图 23，图 25，图 26，图 66，图 70，图 90，由弗雷诺（Roberto Freno）提供。

图 14，图 24，图 37，图 40—42，图 44—45，图 50，图 54，图 57a，图 57b，图 67，图 72，图 78，图 81，图 84—85，图 88—89，图 92—93，图 99—102，图 105，由作者提供。

图 27—28，图 30—31，出自《帕拉第奥：重温建筑史》（*Rivista di storia dell'architettura*）第一卷中的"罗马帝国建筑史"（Contributo alla storia dell'edilizia imperiale romana）一文，卡尔查（G. Calza）著。

图 29　出自《奥斯提亚发掘，普遍地形学》（*Scavi di Ostia. Topographia generale*）一书，卡尔查（G. Calza）等编，（Rome：Libreria dello Stato，1953）

图 32—34　由国际莲花社（*Lotus International*）提供。

图 35—36，图 38，出自《西班牙的阿拉伯古迹》（*Antichità arabe in Spagna*）一书。这是一本在 1830 年左右发表的建筑图集，由伯塔雷利提供。

图 39　出自由芝加哥商业协会在 1909 年发表的一张平面图。

图 43　出自《11 至 14 世纪法国建筑原理词典》（*Dictionnaire reisonné de l'architecture française deXI^e auXVI^e siècle*）一书第六卷，维奥莱–勒–迪克（Eugène Emmanuel Viollet-le-Duc）著，（Paris，1854-1859）。

图 48—49　出自杂志《持续美好住房》（*Casabella-Continuità*），第 288 期，1964 年 6 月。

图 46　出自《住房性质与问题手册》（*Handbuch des Wohnungswesens und der Wohnungsfrage*）一书第四版，埃伯施达特（Rud Eberstadt）著，（Jena：Verlag von Gustav Fischer，1920）。

图 47，图 53　出自《柏林的建设》（*Das stinerne Berlin*）一书，黑格曼（Werner Hegemann）著，（Berlin：Kiepenhaur，1930）。

图 51—52　出自《1900 年以来的柏林建设》（*Bauen seit 1900in Berlin*）一书，克勒夫（Hans-Joachim Knöfel）和雷夫（Rolf Rave）著，（West Berlin：Verlag Kiepert，1968）。

图 55　出自《古代的法国》（La France antique）一书，埃杜（Henri Paul Eydoux）著，（Paris：Librairie Plon，1962）。

图 56　出自一本由阿尔伯茨（Alberts）发表的版画集，（The Hague，1724；此图首见于多米尼科·封塔纳的《关于多米尼科·封塔纳骑士在罗马和拿波利一些建筑的思考的第二本书》[*Libro Secondo in cui si ragiona di alcune fabriche fatte in Roma et in Napoli dal Cavaliere Domenico Fontana*，（Naples，1603）]一书中，伯塔雷利提供。

图 58　出自《佛罗伦萨圣克罗斯地区的未来》（*Il quartiere di S. Croce nel fururo di Firenze*）一书，阿迪格（Achille Ardigo）等合著（Rome：Officina edizioni，1968）。

图 59　出自《富拉维奥笔下的卡洛·封塔纳》（*L'anfiteatro Flavio descritto e delineato dal Cavaliere Carlo Fontana*）一书，卡洛·封塔纳（Carlo Fontana）著（The Hague，1725）。

图 60　出自一本由阿尔伯茨发表的版画集，伯塔雷利提供。

图 61　出自《根据科学原理设计街道》（*Corso di disegno per I licei scientifici*）一书，第五卷，本尼沃洛（Leonardo Benevolo）著，Bari：Editori Laterza，1974—1975）。

图 62　出自《中东地区古罗马时期的城市化》（*Dell'antica urbanistica romana nel Medio Oriente*）一书，多迪（Luigi Dodi）著（Milan：Politecnico di Milano. Istituto di Urbanistica della Facoltà di Architettura，1962）。

图 63—64　由伯沙德（Max Bosshard）提供。

图 65　出自贾尔雷（L.and P.Giarré）兄弟在 1845 年的版画，由伯塔雷利提供。

图 68—69　出自《11 至 14 世纪法国建筑原理词典》一书第三卷，维奥莱–

勒-迪克著。

图73—74，图76　出自《罗马帝国的建筑》（*The Architecture of the Roman Empire*）一书，麦克当劳（W.L. MacDonald）著（New Haven：Yale University Press，1965）。

图75　出自《罗马和帝国艺术》（*Rome e l'arte imperiale*）一书，凯勒（Heinz Kähler）著（Milan：IlSaggiatore，1963）。

图77　出自《城市设计》（*Design of Cities*）一书中由斯特罗伯（Alois K. Strobl）绘制的一张平面图，书的作者为贝肯（Edmund Bacon）（New York：Viking Press，1967）。

图79—80　由布拉吉里（Gianni Braghieri）提供。

图82—83　出自《根据科学原理设计街道》一书，第二卷，本尼沃洛著。

图86a，图86b，图86c　出自英国杂志《建设者：建筑师，工程师，考古学家实录周刊》（*The Builder: An illustrated weekly Magazine for Architect，Engineer，Archeologist...*），第14卷，159期（1858年3月）。

图94　上图，出自《城市的建设》（Constrcción de la Ciudad），1972；中图，出自建筑小组，《6号方案研究，住房及其发展在现代城市转变中的作用》；下图，出自《巴塞罗那建筑指南》（Arquitectura de Barcelona，Guiá）一书第二版，克罗斯（J. Emili Hernández-Cros）等合著（Barcelona：editorial La Gaya Ciencia，1973）。

图95—96　出自《城市及其土地》（*Die Stadt und ihr Boden*）一书第二版修订本，贝尔努利（Hans Bernoulli）著（Erlenbach-Zurich：Berlag für Architektur，1949）。

图97　出自《伦敦：独特的城市》（*London: The Unique City*）一书修订本，拉斯姆森（Steen Eiler Rasmussen）著（Cambridge，Mass：the M.I.T. Press，1967）。

图98　由住房出版社（Casa editrice Electa）提供。

图103　由马丁（José da Nóbrega Sousa Martins）提供。

图104　出自《伊斯特里和达尔马提历史和图片游览》（*Voyage pittoresque de l'Istrie et de la Dalmatie*）一书，卡萨斯（L. F. Cassas）著（Paris，1802）。

《城市建筑学》出版史

意文版 *L'architettura della città*

1966 年第一版（Padua：Marsilio Editori，1966），建筑和城市化丛书第八本，齐卡瑞利（Paola Ceccarelli）任该丛书主编；1970 年第二版，作者加了前言；1973 年第三版；1978 年第四版［Milan：Clup（Coorperativa Libreria Universitaria del Politecnico）］，维塔尔（Daniele Vitale）编，注释有修改，增加了之前发表的意文和葡文版的绪论和图例。

西班牙文版 *La arquitectura de la ciudad*

1971 年第一版（Barcelona：Editorial Bustavo Gili，1971），由费尔瑞（Maria Ferrer-Ferrer）和锡德（Salvador Tarragó Cid）翻译，锡德作序，拉米欧（Joaquim Romaguera i Ramio）修订了目录索引，为建筑和评论丛书中一书，鲁比欧（Ignacio de Solá-Morales Rubió）任该丛书主编；第二，三，四，五版分别于 1976，1977，1979，1981 年发表，为点线文集丛书。

德文版 *Die Architektur der Stadt, Skizze zu grundlegenden Theorie des Urbanen*

1973 年出版（Dusseldorf：Verlagsgruppe Bertelsmann GmbH/ Bertelsmann Fachverlag，1973），由基阿齐（Adrianna Giachi）翻译，作者写了序言；该书为基本建设丛书中第 41 本，孔拉兹（Ulrich Conrads）任丛书主编。

葡文版 *A Arquitectura da cidade*

1977 年出版（Lisbon：Edições Cosmos，1977），蒙蒂埃罗（José Charters Montiero）和马丁（José da Nóbrega Sousa Martins）编译，作者写了绪论。

法文版

即将出版。

英汉人名地名对照

Abercrombie，Patrick　阿伯克龙比

Adam，James and Robert　亚当兄弟

Alberti，Leon Battista　阿尔伯蒂

Alexandre，J. Michel　亚历山大

Alexandria　亚历山大城

Algarotti，Francesco　阿尔加罗蒂

Amiens Cathedral　亚眠主教堂

Andalusia　安达卢西亚

Antioch　安条克城

Antolini，Giovanni　安托利尼

Appenzell-am-Rhein　莱茵河畔的阿彭
　策尔州

Argan，Giulio Carlo　阿尔岗

Aristotle　亚里士多德

Arles　阿尔勒城

Astronomers of Brera　布雷拉天文台的
　天文学家们

Athens　雅典

Acropolis　卫城

　Parthenon　帕提农神庙

　Propylaea　山门

　Temple of Anthena Patroos　雅典娜·
　　帕特鲁斯神庙

Augustus Caesar　恺撒

Aymonino，Carlo　阿莫尼诺

Babylon　巴比伦

Bahia，Church of Rosario　巴西亚的罗
　萨里奥教堂

　Sanctuary of Senhor do Bomfim　圣纽
　　尔杜邦芬圣殿

Barcelona　巴塞罗那城

Bari　巴里城

Barral，Carlos　巴拉尔

Bartning，Otto　巴特宁

Basel　巴塞尔城

Bassi，Martino　巴齐

Baudelaire，Charles　波德莱尔

Bauhaus　包豪斯

Baumeister，Reinhard　鲍迈斯特

Baveno，Via Crucis　巴维诺，克鲁西
　斯大道

Beaujeu-Garnier，Jacqueline　博热－加
　尼埃

Behne，Adolf　贝奈

Behrens，Peter　贝伦斯

Bellini，Giovanni　贝利尼

Berenson，Bernard　伯伦森

Berlin　柏林城

　Charlottenhof　夏洛腾霍夫

　Fredrichstrasse　弗雷德里希大街

　Fritz Reuter Allee　弗里茨洛伊特大道

　Goebel Strasse　格贝尔街

　Gross-Siedlung Britz　布里茨大型居
　　住区

　Gross-Siedlung Siemensstadt　西门
　　子城居住区

　Grünewald　格辉瓦德区

　Henningsdorf　汉宁斯多夫区

　Jungfernheideweg　容费恩海德路

　Pankow　潘可欧区

　Siedlung Friedrich Ebert　弗雷德里
　　希·埃伯特居住区

　Siedlung Tempelhofer Felde　腾玻尔

Domenech I Montaner，Lluis　蒙塔耐尔

Dortmund　多特蒙德城

Duisburg　杜伊斯堡城

Durand，Jean-Nicolas-Louis　迪朗

Duvignaud，Jean　迪维里奥

Eberstadt，Rud　埃贝施达特别

Ehn，Karl　埃恩

El-leggun　埃尔－莱贡

Engels，Friedrich　恩格斯

Essen　埃森城

Este，Duke of　埃斯特公爵

Estremadura，Merida Bridge　埃斯特雷
　　马杜拉的梅里达桥

Evora　埃沃拉

Eydoux，Henri Paul　埃杜

Fawcett，C.B.　福塞特

Fayet，Joseph　法耶

Feltinek，Karl　费尔蒂内克

Ferrara　费拉拉城

Fevrier，Paul-Albert　费弗里埃

Fichte，Johann Gottlieb　菲西特

Filarete，Antonio Averlino　费拉莱特

Florence　佛罗伦萨

　　Pazzi Chapel　巴齐礼拜堂

　　Santo Croce district　圣克罗斯地区

Focillon，Henri　福希隆

Fontana，Carlo　封塔纳

Fontana，Domenico　封塔纳

Fossas i Martinez，Juli M　马提内

Fossati，Giorgio　佛萨蒂

Frankfurt am Main　法兰克福城，美因
　　河畔

Fréart，Paul，Sieur de Chantelou　弗
　　雷阿

Fred，W.　弗雷德

Freud，Sigmund　弗罗伊德

Freyre，Gilberto　弗雷尔

Friedmann，Georges　弗里德曼

Fustel de Coulanges，Numa-Denis　库
　　朗热

Gaillard Castle　盖拉尔城堡

Galveston　加沃斯顿城

Garvan，Anthony　加范

GATEPAC　推动当代建筑进步的西班
　　牙建筑师和技师组织

Gavazzeni，Vanna　加瓦塞尼

Geymüller，Henry de（Henry von）　盖
　　米勒

Giarré，L. and P.　贾尔雷

Giedio，Sigfried　吉迪恩

Giovannoni，Gustavo　乔瓦诺尼

Gismondi，Italo　吉斯蒙迪

Glauert，Günter　格劳尔特

Göttingen　格丁根城

Gottman，Jean　戈特曼

Gramsci，Antonio　格拉姆奇

Granada，Alhambra　格拉纳达

Grassi，Giorgio　格拉西

Gregotti，Vittorio　格雷戈蒂

Grisebach，August　格里泽巴赫

Grobler，Building Assessor　格罗布勒，
　　房屋平估员

Gropius，Walter　格罗皮乌斯

Gusdorf，George　居斯多夫

Hadrian　哈德良

Haenel，Erich　黑内尔

Halbwachs，Maurice　阿尔布瓦什

Hall，Peter　霍尔

Halphen，Louis　阿尔方

Hamburg　汉堡城

Handlin，Oscar　汉德林

Häring，Hugo　黑林

Hassinger，Hugo　哈辛格尔

Haussmann，Georges-Eugène，Baron
　　奥斯曼

Hautecoeur，Louis　奥特科尔

Hawley，Amos H.　霍利

Heckscher，August　海克什尔

Hegemann，Werner　黑格曼

Hellpach，Willy　黑尔帕赫

Hempel，Eberhard　汉佩尔

Scamozzi, Vincenzo　斯卡莫齐

Schinkel, Karl Friedrich　申克尔

Schmidt, Hans　施密特

Schneider, R.　施奈德

Schumacher, Fritz　舒马赫

Scolari, Massimo　斯科拉里

Sedlmayr, Hans　塞德迈尔

Segovia, Aqueduct　塞哥维亚，输水道

　　The Seine　塞纳河

Sella, Quintino　塞拉

Serlio, Sebastiano　塞利奥

Seville　塞维利亚

　　Corral of Valvanera　巴尔瓦内拉庭院

Sheffield　谢菲尔德

Sitte, Camillo　西特

Sixtus V　西克斯图斯五世

Smailes, Arthur E.　斯梅尔

Smith, Adam　史密斯

Smithson, Alison and Peter　史密森夫妇

Sorre, Maximilien　索尔

Souriau, Etienne　苏里奥

Spengler, Oswald　施彭乐

Split　斯普利特城

　　Diocletian's Palace　戴克里先宫

Stockholm　斯德哥尔摩

Strabo　斯特拉波

Strauss, David Friedrick　斯特劳斯

Stübben, Joseph　施蒂本

Stuttgart　斯图加特城

Summerson, John　萨默森

Tafuri, Manfredo　塔夫里

Taranto　塔兰托城

Tarragó Cid, Salvador　锡德

Taut, Bruno　陶特

Trajan　图拉真

Tricart, Jean　特里卡

Tscharmann, Heinrich　查尔曼

Turin　都灵城

Tuscany　托斯卡纳

Unwin, Raymond　安文

Van de Velde, Henry　凡·德·费尔德

Varese, Sacro Monte　瓦雷色，圣山

Veneto　威尼托

Venice　威尼斯

　　Doge's Palace　总督府

　　Piazza San Marco　圣马可广场

　　Ponte di Rialto project　里阿尔托桥
　　方案

Verona, Marketplace　威若纳城市场

Versailles　凡尔赛

Viana, Calle Pais Vasco　比亚纳，巴
　斯克巷

Vicenza, Basilica of　维琴察，巴西
　利卡

　　Palazzo Chiericati　奇埃里卡蒂府邸

Villa Capra Rotonda　卡普拉(圆厅)别墅

Vienna　维也纳

　　Heiligenstädter Strasse　神圣居民大街

　　Josefplatz　约瑟夫广场

　　Karl Marx-Hof　卡尔·马克思公寓

　　The Ring　环行区域

Vila Vicosa　（维拉）维索萨城

Viollet-le-Duc, Eugène-Emmanuel　维
　奥莱－勒－迪克

Virgil　威吉尔

Virginia, University of　弗吉尼亚大学

Vitruvius　维特鲁威

Voltaire, Francois Marie Arouet de　伏
　尔泰

Wagner, Herman　瓦格纳

Warming, Eugenius　沃尔明

Washington, D.C.　华盛顿特区

Weber, Max　韦伯

Welwyn　韦林

Wilhelm I　威廉一世

Winckelmann, Johannes　温克尔曼

Wittkower, Rudolf　维特科尔

Ziller, Hermann　齐勒

Zocca, Mario　佐加

Zurich　苏黎世

作者生平

    阿尔多·罗西，1931年5月3日生于米兰（卒于1997年，中文版译者注）。他曾在米兰工学院学习建筑学，1959年获得学位。在校期间和毕业以后，他曾在建筑杂志《连续美好住房》工作，当时该杂志在意大利文化中扮演着领导潮流的角色。在罗杰斯（Ernesto Rogers）任杂志社负责人时，罗西以好几种身份参与了杂志社的工作：先是文章的合作者（1955—1958年，杂志第208—219期），然后为研究中心的成员（1958—1960年，杂志221—248期），最后是编者（1960—1964年，杂志249—294期）。

    1963年，罗西在阿雷左（Arezzo）开始了他的教学生涯，成为卡罗尼（Ludovico Quaroni）的助教，参与了城市化这门课程的教学活动。1963年至1965年，他在威尼斯建筑学院担任助教，协助阿莫尼诺（Carlo Aymonino）开设的课程：建筑物的组织特征。1965年他加盟米兰建筑学院的教师队伍，参与了由意大利学生运动所促成的重要文化运动。从1972年至1974年，他任教于苏黎世高等工科学院（Eidgenössische Technische Hochschule in Zurich）。自1975年起，他成为威尼斯建筑学院的设计教授。1976年9到10月间，他在西班牙圣地亚哥·德孔波斯特拉主持了首届国际研讨会，主题是"设计和历史城市"（1st S.I.A.C., Seminario Internacional de Arquitectura en Compostela；会议论文发表在由 S·T·锡德（Salvador Tarrago Cid）和贝拉孟蒂伦编著的《设计和历史城市》一书中[Santiago de Compostela，1977]）；接着又在1978年主持了第二届研讨会。1977年和1980年，他先后在纽约城的库珀联盟建筑学院和耶鲁大学建筑学院任访问教授。他在欧洲，拉丁美洲和美国参加了许多学术会议。

    罗西的主要论著《城市建筑学》发表于1966年，已被译为多种文字（请参照《城市建筑学》一书的出版史）。罗西的另一些理论研究发表在下面一些论著中：《城市分析和进步建筑技术》（L'analisi urbana e la progettazione architettonica）（Milan，1970），其中包括他所指导的米兰建筑学院研究小组的研究成果；《城市与建筑研究文选》（Scritti Scelti sulla'architettura e la citta 1956—1972），（Milan，1st.ed.，1975；2nd.ed.，1978），以及许多在意大利和其他地方发行的杂志。从1965年到1972年，他为

帕多瓦一家出版社（Editoria Marsilio）指导了一系列建筑和城市化研究
（Polis-Quadernidi architettura e urbanistica）。1973年他指导了米兰第15
届三年会的国际建筑部分的工作。当时，集体合著的《理性建筑》
（Architecttura Razionale）一书出版，罗西为该书写了绪论。罗西的《科
学的自传》（Scientific Autobiography）一书于1981年发表在对抗系列丛
书中。

　　自萨维（Vittorio Savi）出版了《阿尔多·罗西的建筑》（L'architettura
di aldo Rossi）（Milan：FrancoAngeli，1976）一书以来，有关罗西的文
章和专著先后发表，其中包括由弗兰姆普敦（Kenneth Frampton）编著的
《阿尔多·罗西在美国：1976—1979》（Aldo Rossi in America 1976—
1979）（Institute for Architecture and Urban Studies，Catalogue 2），埃森
曼（Peter Eisenman）为此书写了绪论。有关从1954年到1979年详尽的
罗西论著或研究罗西的文章的参考书目录，请参见《阿尔多·罗西，作
品与绘画1962—1979》（Projects and Drawings 1962—1979），莫西尼
（Francesco Moschini）编（New York：Rizzoli，1979）。

　　罗西的设计作品与其论著密切相关。他的主要建筑设计作品有：在米
兰的一公寓群（Unita di abitazione for the Societa Monte Amiata complex in
Gallaratese 2，Milan），1969—1974；在瓦尔西（Varese）的一所小学校
（the elementary school of Fagnano Olona），1972—1977。1977年，他与
阿莫尼诺（Carlo Aymonino），布拉吉瑞（GianniBraghieri）和萨维合作，
在设计佛罗伦萨指导中心的设计竞赛中获胜。最近罗西参加了IBA
（Internationale Bauausstellung，国际建筑博览会）有关柏林一住房的设计
竞赛，获得了头等奖；在重新设计瑞士伯尔尼城中历史区域的竞赛中，罗
西获得了特别提名奖；他还完成了威尼斯的世界剧场设计。他的摩德纳
（Modena）的墓地建筑，布罗尼（Broni）的一所小学和在意大利不同地区
的一些住房设计正在施工中。

译后记

　　20世纪80年代后期，应大学同窗温益进先生之约，我开始了此书的翻译工作，后来由于版权的问题，译文出版一事被搁置下来。直到2000年前后，在东南大学建筑系教授刘先觉先生的热心过问和积极努力下，版权与出版一事有了进展。由于中国建筑工业出版社得到了浙江大学建筑系后德阡教授的帮助，联系上了原版权单位（意大利的 UTET Libreria），得到了正式授权；同时承蒙刘先觉先生应允为本书译稿审校，于是，我拿出放在书橱中多年的译稿，开始了新的一轮全面核对和修改工作，并在夫人罗湘宁的大力协助下，将译稿打入计算机中。

　　在《城市建筑学》一书中，罗西力图把以往城市研究中的那些很有价值但却零散的成果和发现，纳入到一个更为理性和科学的理论构架之中，以逐步建立一门自主的城市建筑科学，即在城市层次上的建筑学。这个构架的核心理论就是城市建筑体以及其他一些重要概念（如研究区域、主要元素、纪念物、场所等），罗西讨论了城市建筑的组成、结构和特征，探讨了在城市建设发展中那些作用于城市建筑实体之上的基本力量（如历史、集体意愿、经济、社会、政治等）。从历史和艺术的宏观意义上，罗西认为，城市是人类的杰出产品，一件凝聚了市民集体意愿的艺术作品。尽管罗西并没有具体说明这种集体意愿的成分和结构，也没能深入讨论城市建筑的艺术属性，但他却以独特而经久的城市建筑体为主线，把集体意愿和艺术属性这两个重要议题联系在一起，丰富和深化了城市建筑研究的方法和内容。

　　罗西的论著涉及多门与城市建筑相关的学科（如地理学、生态学、社会学、经济学、心理学、政治学等），因而突破了以往传统建筑学以及由现代建筑运动所开创的现代城市建筑理论的局限，以丰富和实在的研究内容和方法，开拓了城市建筑研究领域的新视野。在罗西的讨论中，这种跨学科的研究内容并不是泛泛而谈城市建筑与其他学科的联系，或是把属于建筑工业研究的内容作为城市建筑的研究内容。也不是以其他学科来"削减"或取代建筑学，而是要在具体实在的各种城市力量的作用场中，探求普遍存在于城市建筑之中的自主构成原则和发展逻辑。探求原则和逻辑的一个十分重要的方法就是，考察具体城市建筑在当时变化中的重要事实。城市中的重要建筑体（富有特征和持续活力的街道、单体建筑、区域等）在历史中形成，在社会和文化演变中来到现在。现在因此包含了历史的尺度，而这种现在与历史的辩证关系，又影响并在相当程度上决定了未来的城市建筑。在罗西看来，历史上形成的重要城市建筑体，以一种特别而具体的方式，使人们在体验现代城市环境的同时，又部分地感受到城市的历史及其延续，从而成为连接城市历史王国和人们记忆世界的桥梁。这种城市环境和心理世界的微妙而根本的联系具有特别积极而重要的意义。在这方面，罗西在书中对意大利帕多瓦的拉吉翁府邸的讨论是一个很精彩的例子。

罗西的工作开辟了城市研究的新道路。他提出了许多重要但却很富有争议的研究议题和论点，以理性和挑战性的态度推进了城市建筑的研究。虽然书中的不少重要观点和理论还处于一种探讨和发展的阶段，但我相信，他的精彩而丰富的研究内容和科学理性的研究方法，会有力地促进中国的城市建筑研究，尤其是推动对中国具体城市在历史中演变发展的专门研究，从而发展、充实、证实或修正罗西的城市建筑理论，对世界范围内的城市建筑研究做出特别的贡献。

在《城市建筑学》一书中文版付印之际，我要非常感谢后德仟先生和刘先觉先生为解决本书版权所做的努力，感谢刘先觉先生和马鸿杰先生对译稿的认真审阅。我还要感谢家庭和一些朋友对我翻译工作的支持和帮助。

黄士钧

2006 年 5 月

校后记

　　本书是根据美国麻省理工学院出版社 1982 年英文版《The Architecture of the City》译出的。原作者阿尔多·罗西是意大利人，原版为意文，后曾翻译成德文、葡萄牙文、西班牙文、英文和法文，在世界范围内产生了广泛影响。《城市建筑学》作为一本经典之作，在中国也早已为业内人士所熟知，但是由于其理论深奥，行文辩证，论题广泛，用词典雅，因此很少有人能全面了解其真谛。今美国友人黄士钧先生翻译此书，不仅可以填补我国建筑理论界的空缺，而且对广大读者也是幸事。黄先生在美国先后已近 20 载，不仅英语娴熟，而且中文用词亦很到位，我在审校过程中，与其说对译稿作了一些修改，还不如说仔细领悟了一次翻译工作的艰辛与毅力，并赞赏他过硬的翻译基本功。

　　由于版权问题，中译稿在长期内无法落实出版，后有幸经过中国建筑工业出版社的努力，得到了浙江大学建筑系后德仟教授的支持，联系上了原版权单位，于是版权问题与出版事宜才算得到了解决，因此这里要特别感谢后德仟先生的大力帮助和出版社的努力，致使本书能够得以和读者见面。

刘先觉

2006 年 5 月于南京